中国南方牧草志

第一卷

豆科

中国南方草地牧草资源调查项目组
刘国道　杨虎彪　主编

科学出版社
北京

内 容 简 介

本书共收录了豆科牧草107属357种（含变种、亚种）和33个栽培品种，其中包含了一批国家级珍稀濒危草种资源、特有草种资源（中国特有种和地方特有种）、栽培草种的野生类型和野生近缘种等重要的中国南方牧草种类。全书以翔实的数据和精美图片展示调查成果，建设性地将南方牧草种类、评价信息、形态特征图片及腊叶标本等结合为一个整体，这是现阶段南方草地牧草资源保护的一项基础性工作。

本书可供草学、种质资源学、植物学或农学等相关专业的科研院所、大专院校的师生参考使用。

图书在版编目（CIP）数据

中国南方牧草志．第一卷，豆科 / 刘国道，杨虎彪主编．—北京：科学出版社，2022.1

ISBN 978-7-03-070760-4

Ⅰ．①中… Ⅱ．①刘… ②杨… Ⅲ．①豆科牧草－概况－南方地区 Ⅳ．①S540.292

中国版本图书馆CIP数据核字（2021）第246476号

责任编辑：罗 静 王 好／责任校对：严 娜

责任印制：肖 兴／书籍设计：北京美光设计制版有限公司

科学出版社 出版

北京东黄城根北街16号

邮政编码：100717

http://www.sciencep.com

北京汇瑞嘉合文化发展有限公司 印刷

科学出版社发行 各地新华书店经销

*

2022年1月第 一 版 开本：880×1230 1/16

2022年1月第一次印刷 印张：51 3/4

字数：1 752 000

定价：848.00元

（如有印装质量问题，我社负责调换）

《中国南方牧草志》
顾问委员会

《中国南方牧草志　第一卷　豆科》
编撰委员会

丛书序一

《中国南方牧草志》即将出版，我应邀为该丛书作序。批阅这些精美的图片和文字，如老友重逢，引发我回想过往旧事，感慨良多。1978年改革开放的春风骤起，我如一片草叶，被吹送到祖国的南方，至今已四十多年。我奔走、逗留于岭南地区，长江中下游地区，独具特色的四川盆地，云贵高原的喀斯特地区，以及澜沧江流域。陈年往事，历历在目，伴我终生。

我国南方能不能发展草地畜牧业，这在20世纪80年代改革开放初期曾一度争论不休。针对这个问题，1982年，在农业部和贵州省的支持下，我们考察了除黔东南以外的大半个贵州后，发现贵州的草地植被类似于新西兰，这里正是改变中国传统“耕地农业”为现代草地农业的最佳试验区。此后，我把余年托付给了贵州和南方其他各省的草业事业。我和我的团队首次在南方提出和实践草地农业系统的构想，草地农业系统是指一个能满足现代人的食物结构，并使得生态和生产二者兼顾且能持续发展的现代农业系统，具有多层次性、互补性和开放性的特点，我们先后建立了威宁彝族回族苗族自治县草地绵羊系统、独山县草地肉牛系统和草地奶牛系统，以及曲靖市草地牛羊系统。这应该是我国草地农业系统在农村较为全面的一次组建尝试，在国际上也产生了一定影响。在对南方草地的多年研究中，我对我国的草地畜牧业和草地农业有了比较完整的认识。进入晚年之后，南方草地情景挥之不去，我习惯性地关注南方草业。

我国是草地资源大国，草地资源既是经济发展的生产资料，又是生态建国的基础。我国南方草地资源水热贮能远高于北方，潜力可观。进入21世纪后，我国以生态文明建设为目标，对我国南方草地资源提出了新的定位。坚持走绿色和谐的可持续发展道路，我国南方草业率先进入这一全新阶段，理应走在全国前列。

南方草业研究队伍把握住历史契机，集中精力，完成了中国南方草地牧草资源调查，收集了大量的草种资源信息、种质材料、标本、图片等，汇集为书，《中国南方牧草志》是其硕果之一，其内涵和装帧不但领先国内同类著作，也可比肩世界巨著而无愧色。

浏览既往，见成果之辉煌。展望未来更寄予殷切期望。望再接再厉，把计划中的杂类草资源尽快撰写成卷，做出新贡献。

任继周

中国工程院院士

2021年季春于涵虚草舍

丛书序二

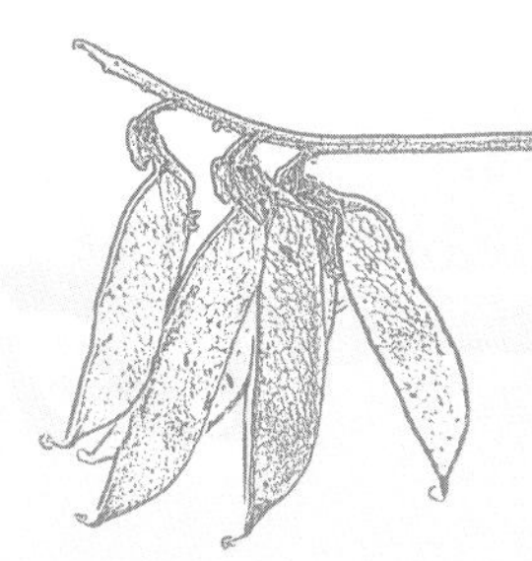

《中国南方牧草志》是中国热带农业科学院刘国道研究员和杨虎彪副研究员主编，诸多学者共同完成的大型学术专著，是国家科技基础资源调查专项“中国南方草地牧草资源调查”项目的重要成果之一。

草地（grassland）包括天然草原（rangeland）、栽培草地（pasture）和观赏草地（amenity grassland 或 turf），是全球最大的陆地生态系统。我国是世界草地大国，按 1988 年全国草原资源普查资料，草地面积占国土面积的 41.7%。最近完成的第三次国土资源调查的结果显示，草地面积仍然占到国土面积的近三分之一。草地在解决人类面临的诸多全球性挑战、践行生态文明思想、实现可持续发展中，发挥着日益重要且不可替代的作用。

南方草地是指淮河—秦岭以南、青藏高原以东广大区域的草地，当地习惯称为草山草坡。这一区域包括 19 个省（自治区、直辖市）的部分或全部区域，横跨 25 个经度（东经 100° ～ 125° ），纵跃 18 个纬度（北纬 15° ～ 33° ），海拔由南向北、由东到西呈阶梯状抬升，从南部的 0 ～ 200 m，到中部和南部的 200 ～ 2000 m，再到西部的 2000 ～ 5000 m。经度地带性、纬度地带性和海拔地带性的相互交织，构成了纷纭复杂的生态系统多样性。这里有层林尽染、峻岭耸天的山川，阡陌成行、五彩缤纷的沃野，更有烟波浩渺、百舸争流的江河湖泊，构成了一幅大气磅礴的山水画卷，草地是这一雄伟壮阔画卷的底色。这不仅是因为南方草地面积大，占全国草地总面积的 15%，占南方各省区国土面积总和的 30%，更是因为草地在山水林田湖草沙生命共同体中处于基础性的地位，发挥着重要的保障、支撑与调节作用。有了草便有了青山、绿水、良田、茂林，便锁住了肆虐的风沙。如何发挥草地资源在南方经济社会发展中的重要作用，始终是我国政府和学者们关注的领域之一。早在上世纪，已故的卢良恕、张新时和李博等院士，便先后对南方草地进行了考察，分别提出了相关的建议。20 世纪 80 年代初，任继周院士率领团队在南方开展了草地农业的研究，建立了生态与生产兼顾、脱贫致富的示范样板，被国家和地方政府称之为“灼圃模式”和“晴隆模式”，大力推广。近 20 年来，我以较大的精力奔波在广西、云南、贵州、四川等南方省区，推动草地农业的发展，和这里的草业工作者和群众建立了深厚的友谊，对南方草地资源也有了更深刻的了解。与北方草地相比，这里具有得天独厚的水热资源优势，预示着有更大的发展潜力。这里生物多样性丰富，由贾慎修和陈默君主编完成的《中国饲用植物》一书中，所记载的饲用植物种，有三分之二分布在南方。改革开放以来，随着工业化、城镇化等现代化进程，土地利用方式发生了巨大的变化。尤其是南方发达地区，草地面积不断减少，皮之不存毛将焉附，牧草种质资源不断丧失，一些我国特有的植物种已经灭绝或处于濒危状态。另一方面，由于大江、大山的阻隔，有的地区可能尚未开展过系统的牧草资源调查。随着天堑变通途，这些地区的牧草资源可能在我们尚不了解的情况下，便已经丧失。对新形势下南方草地的牧草资源进行调查研究已迫在眉睫。因此，科技部根据国家经济发展的重大需求，下达了“中国南方草地牧草资源调查”项目，主要任务是系统调查我国南方草地重要牧草资源种类，收集草种资源，开展评价和利用研究，建立南方草地牧草资源数据共享平台，并撰写出版《中国南方牧草志》。

牧草是指全部或者部分可以用作家畜饲料的植物，以草本为主，也包括半灌木和灌木。广义而言，还包括可用作饲料的木本植物。牧草是草地资源的主体之一，首先了解和掌握南方草地的牧草资源，不仅可发展草食家畜养殖业，满足人民对美好生活日益增长需求，也是提供多种生态服务功能的基础，只有丰富的生物多样性，才能保证多种的生态系统服务功能。

该项目由中国热带农业科学院热带作物品种资源研究所主持，2017 年启动。我有幸受聘为项目的专家组长，与专家组其他成员一起，为项目的发展提供咨询与建议。在历时 5 年的项目实施过程中，见证了项目的进展。无比欣慰地看到项目组圆满完成了预定的各项任务：收集牧草种质资源 5000 份，制作腊叶标本 9700 余份，并建立了我国南方草地牧草标本馆，拍摄了草地及牧草资源照片 2 万余张，采集的资源基础数据超过 5 万条。呈现在读者面前的《中国南方牧草志》，便是这一项目的部分成果。

《中国南方牧草志》的出版是最近 30 余年来，我国对南方草地牧草资源系统研究的最新成果。草地与牧草资源的监测、收集、保存、评价，始终是重要的科技基础性工作，也是当前我国草业科技领域亟须加强的工作。20 世纪 50 年代，国家组织了大规模的自然资源考察，初步掌握了重点草原牧区和牧草资源的现状。1988 年，在农业部的主持下，开展了历时 10 年的全国草地资源普查，成果之一是基本摸清了我国主要的草地植物资源。2012 年，农业部布置各省开展本省的草原资源清查，为明确新形势下草地与牧草资源的现状提供了重要基础。但由于缺少统一的调查与采集规范和标准，各省所获成果参差不齐，为全国和区域性的资料汇总与应用带来一定的困难。该书的作者们根据统一的规范与标准，对我国南方草地的牧草资源进行了系统的调查。《中国南方牧草志》是该项目的重要成果，本阶段出版的第一卷和第二卷分别收录了豆科和禾本科两大类最重要牧草种质资源的信息，共 227 属 642 种野生草种和 113 个栽培品种，其中包含了我国新记录种 34 个种，国家重点保护野生植物 11 种，中国特有种 30 种，栽培草种的野生类型和野生亲缘种 96 种，是我国南方草地豆科及禾本科牧草的最新成果。对每一个植物种的描述均包括中文名、拉丁名、形态特征、生境与分布、饲用价值、栽培要点及关键识别特征图片，突出了作为饲用植物的特征。该成果将为国家建设与社会经济发展，以及草业科学学科建设提供重要的支撑和基础。

《中国南方牧草志》的出版是我国南方草业科技工作者大力协同、联合攻关的集中体现。在项目主持单位中国热带农业科学院热带作物品种研究所的主持下，联合全国 12 家从中央到地方的科研院所和高等院校，组织百余人开展了研究。主编刘国道研究员因其他任务，不能担任项目主持，但他不计个人得失，以高度的责任心，丰富的学术积累和出色的协调能力，积极组织推动，为项目的顺利实施做出了重要贡献。项目主持人白昌军研究员，全力以赴投入到相关工作中，但在项目实施一年后，赴国外开展牧草资源调查的工作中，突发心脏病辞世，将51岁的生命，永远定格在牧草种质资源调查的实践中。他的英年早逝为项目的执行和我国牧草种质资源研究带来了不可估量的损失。青年科技人员杨虎彪临危受命，担当起了项目重任，在刘国道研究员的指导与帮助下，带领大家圆满完成了各项任务。项目组谱写了一首团结一致、协同创新的凯歌。

中国热带农业科学院热带作物品种资源研究所坚持服务国家需求，坚持南方牧草资源调查、评价与利用研究，形成了明显的优势与特色。在项目执行的5年期间，完成广大区域的资源收集、保存、评价并建立数据库，撰写了《中国南方牧草志》。任务十分艰巨，但项目组依靠多年的积累与优势，克服了时间紧、任务重等种种困难，按时完成了各项任务。他们之所以有这样的实力，完全取决于多年的积累。海不择细流，故能成其大；山不拒细壤，方能就其高。正是有了这种日积月累、积沙成塔、集腋成裘的精神，才获得了这样的成果。这也是推动草业科学发展的重要需求。

该著作的出版也体现了编者们与时俱进、不断进取的精神。饲用植物的著作多以文字描述，辅以生物描图，以帮助读者了解植物的形态特征。而《中国南方牧草志》收录了作者们拍摄的高质量的植物形态特征照片，创造性地将牧草种、评价信息、形态特征、高质量的照片及腊叶标本有机地整合为一个整体，更有利于读者的理解，也为将来数字化奠定了重要的基础。

《中国南方牧草志》是我国南方牧草种质资源研究的一项重大成果。本阶段完成了豆科和禾本科两卷，我希望项目组能够继续总结，将其他重要科植物也编写成册、陆续出版，并希望国家有关部门对这项工作继续给予支持，使其发挥更大的作用。我期待着南方的草业得到更大的发展，山川更加秀美，人民更加富裕，山水画卷更加壮丽。

谨以此为序！

南志标

中国工程院院士

兰州大学教授

2021年12月

丛书序三

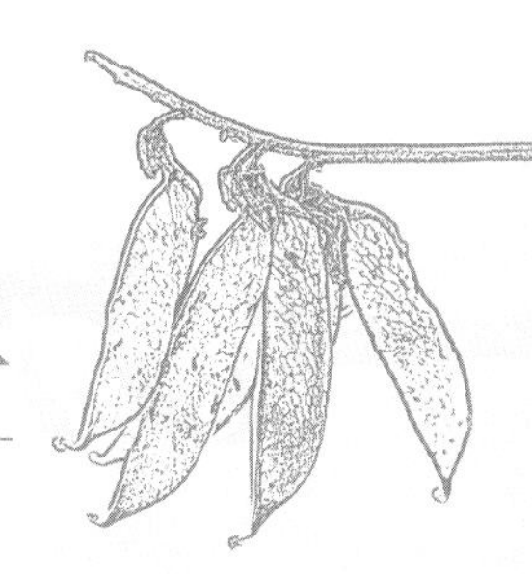

“国以民为本，民以食为天”，这是中国古老的智慧，言简意赅，高度强调了粮食是国之根基。新中国成立以来，如何养活我们自己，一直是国家领导和各级政府首要关切的问题，习近平总书记在2013年中央经济工作会议上就强调“中国人的饭碗任何时候都要牢牢端在自己手上，我们的饭碗应该主要装中国粮”。粮食问题，终究是种业问题，粮食安全的保障必须寄托于自主知识的种业创新。

种质资源是培育优良作物品种的基础材料，是保障国家粮食安全的重要物质基础，乃国之重器。历史上发生过多次生物和粮食安全事件，充分证明一个物种可以左右一个地区的经济命脉，甚至可以影响到国家的兴衰。随着经济发展和自然科学的进步，种质资源保护的巨大优势以及对人类社会可持续发展的重大作用逐渐被全球所认知，至今全球有各类作物种质资源库达1750座，最著名的有美国国家植物种质资源体系、瓦维洛夫种子库、斯瓦尔巴全球种子库、英国的千年种子库和日本理化研究所种子库。我国的作物种质资源收集保护事业从1950年开始，截至2020年长期保存的作物种质资源量达52万份，目前我和我的团队还在推进第三次全国作物种质资源普查工作，我国总体上已经步入作物种质资源保存量世界前列的门槛，然而作物种质资源科技创新力度仍落后于发达国家。

我国是世界上生物多样性最丰富的国家之一，维管植物种类排全球第三，很多古老的作物资源也起源于我国，如稻、黍、稷、菽等，另有很多特色水果、蔬菜资源亦起源于我国，西方国家的“植物猎人”早在18世纪末就大量在我国猎取资源，为其所用，最为世人熟悉的有猕猴桃、大豆、山茶花、牡丹、芍药资源，不胜枚举。然而，我国的作物种子进口量逐年增长也是不争的事实，种业创新力度离发达国家还有距离。2020年中央经济工作会议再次强调，保障粮食安全，关键在于落实藏粮于地、藏粮于技战略。要加强种质资源保护和利用，加强种子库建设。要尊重科学、严格监管，有序推进生物育种产业化应用。要开展种源“卡脖子”技术攻关，立志打一场种业翻身仗。足可见，我们的作物种质资源收集保护不能停下脚步，种业创新任重道远。

草地畜牧业是我国大农业的重要单元，它在农牧民脱贫致富、实施乡村振兴战略中发挥着不可估量的作用。健康饲料资源是这个产业发展的重要保障，尤其在习近平总书记生态文明发展理念指导下，既要保护好草地生态，又要保证农牧民增产增收，还要维护好市场稳定供给，唯有依靠草业科技的发展壮大。我国牧草资源研究起步稍晚于大作物，但两者是联动的关系，粮食、蔬菜、花卉等作物的野生种或近缘种很多属于草类饲用植物，尤其是禾本科家族。因此，很多研究工作是相互渗透、相辅相成、共同推进的，如董玉琛先生和我担任总主编的《中国作物及其野生近缘植物·饲用及绿肥作物卷》就是由我国牧草遗传资源研究领域的开拓者蒋尤泉研究员负责完成的。经过几代人的努力，发展至今，牧草资源保护体系也趋于完整，设有中期库、备份库等，但我们仍面临一个共同的挑战，即如何突破种业科技“卡脖子”的问题。根据中国种子贸易协会的数据，2019 年中国农作物种子进口量前十大作物中有 5 个属于草类，分别是白三叶、紫苜蓿、草地早熟禾、羊茅和黑麦草，改变这些现状，刻不容缓，重点是继续抓好草种资源建设工作。

加强作物种质资源普查、收集工作是开展评价利用研究的基础保障。南方草业研究队伍针对我国南方草地的生态保护和草种资源的持续性发展利用开展了这么大区域的调查，这是一项充满挑战和具有划时代意义的基础研究工作，不仅有来自南海岛礁的调查材料，也有来自川、滇、藏高海拔区域的资源，这是庞大的调查任务，调查成果对于未来草种科技创新具有战略性的意义。《中国南方牧草志》是其调查成果之一，涵盖了南方重要的草种资源，其信息量庞大，且每一份资源都以精美的图片展示其特性，这是很难得的工作，值得作物种质资源研究者参考学习。

最后，衷心祝愿《中国南方牧草志》顺利出版，祝愿南方草业研究更加辉煌！

刘旭

中国工程院院士

中国农业科学院作物科学研究所研究员

2021 年 3 月

丛书前言

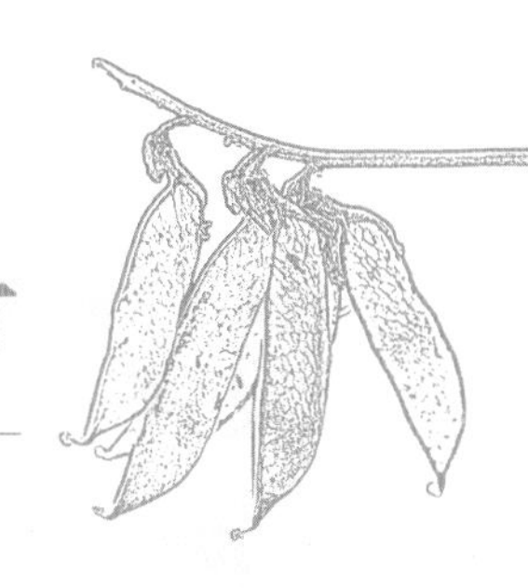

中国南方草地为秦岭—淮河以南、青藏高原以东广大地区的所有草地，行政区域包含甘肃南部、河南南部、江苏南部、上海、安徽、浙江、福建、江西、湖南、湖北、四川、重庆、云南、贵州、广西、广东、海南、台湾及西藏东南部，共19个省（自治区、直辖市）。中国南方地域广阔，地理、气候梯度变化明显，形成了植被各异的草地类型，从南至北分布有干热稀树灌草丛、热性灌草丛、热性草丛、暖性灌草丛、暖性草丛、山地草甸及高寒草甸等。南方地区水热资源丰富，这是发展草地农业的独特优势，丰富的水热条件也孕育着多样性丰富的牧草资源，因此关于南方草地畜牧业发展前景广阔的学术共鸣由来已久。

据统计，中国南方草山草坡的总面积约占区域土地面积的30%，这是发展草地畜牧业的一个可观数字。南方草地与北方草原有极大区别，在地理格局上，整个南方地势西高东低，地形为平原、盆地、高原和丘陵复杂交错。东部平原面积广大，河流纵横交错，湖泊星罗棋布；南部低山和丘陵交互密布；西部以高原和盆地为主。复杂的地理地貌造就了南方草地的基本特点：以零星化、片段化和隐域性为主要特点；而面积稍大的山地草甸往往分布于高原或山巅，并长期受到交通阻隔而鲜被深入调查研究。新中国成立至20世纪末，相关部门针对南方草地资源断断续续开展了若干调查，基本掌握了分布格局。然而，改革开放之后在以粮为纲的农业发展思路和城市化建设浪潮的驱动下，土地资源迎来了全面的结构性调整，大量草地资源被开发为旱地、水田、果园、林地或建设用地，华南、华东沿海区域最为突出，原记录的干热稀树灌草丛、热性草丛、热性灌草丛等被开垦为水稻田、香蕉地、甘蔗地，或改植为木麻黄林、桉树林、松树林等，这阶段南方草地迎来了退化萎缩的整体变局。总体而言，南方的草地资源一是受地理格局的影响而缺少深入跟踪调查，二是受社会发展的冲击影响显著而局部发生了实质性的改变。

南方发展草地畜牧业的优势在于牧草资源的多样性。根据中国饲用植物的区系特点，2/3以上的饲用植物重点属分布于南方，尤其是一些大型的高产优等牧草的野生祖先集中分布于南方，如栽培杂交狼尾草系列品种的原始亲本象草（*Pennisetum purpureum*）、狼尾草（*P. alopecuroides*）、牧地狼尾草（*P. polystachion*）等均分布于该区。由此可见，南方草牧业的发展优势与丰富的牧草资源多样性息息相关，丰富的草种资源是实现种业创新的战略性物质基础，这是打赢牧草种业翻身仗的关键，这在种业创新“卡脖子”攻关中已经上升到空前的高度。天然草地包含了土壤、水分、矿物质、微生物等重要生态因子，是牧草种质资源形成的重要载体，牧草种质资源是天然草地的主体，两者密不可分，前者是后者演化形成的基本条件，后者所表现的资源特性是前者综合属性的体现。至此，应深刻认识到，南方草地面临的问题直接影响牧草种质资源多样性的稳定和可持续开发利用。反观南方草地的特点及发展瓶颈，便可知晓当前南方牧草种质资源面临的主要问题：一是南方牧草种质资源缺乏深入的调查收集，资源挖掘亟待纵深推进；

二是代表性草地一直处于退化萎缩的状态，尤以低海拔缓坡区或沿海平坦开阔区域最为突出，伴随的是生态位的挤压、破碎，导致牧草种质资源的不断流失，如海南曾经广有分布的香根草（*Chrysopogon zizanioides*）、水禾（*Hygroryza aristata*）、菰（*Zizania latifolia*，野生类型）等已难觅踪迹，估计已发生区域灭绝，其中水禾已被纳入《国家重点保护植物名录》，属于国家 II 级重点保护野生植物。因此，加强牧草种质资源系统调查，有效开展草地牧草种质资源的广泛收集，是现阶段应对南方草地发展变局和打赢牧草种业创新翻身仗的重要任务之一。

2017 年，“中国南方草地牧草资源调查”（2017FY100600）项目获科技部立项资助。项目任务是，以上述问题为研究背景，系统调查中国南方草地牧草资源的现状，集中收集一批重要牧草种质资源，并开展精准鉴定和科学评价，为种业创新储备重要遗传材料。项目设为 4 个课题组，分别为华南课题组，负责华南各省的草地牧草资源调查，承担单位为中国热带农业科学院热带作物品种资源研究所；西南课题组，负责西南各省的草地牧草资源调查，承担单位为四川农业大学；华东课题组，负责华东各省的草地牧草资源调查，承担单位为江苏省农业科学院；华中课题组，负责华中各省的草地牧草资源调查，承担单位为湖北省农业科学院畜牧兽医研究所。项目历时 5 年完成了我国南方草地的全面普查，收集牧草种质资源 5000 份，制作腊叶标本 9737 份，拍摄草地及牧草资源照片 20 000 余张，以精美的图片展示了各类草地和牧草的真实面貌，对发生巨大变化的各类草地进行了重新评估，采集的资源基础数据超过 50 000 条，基本掌握了现阶段南方草地牧草资源的本底情况。

回顾项目执行，思绪万千，项目启动第二年主持人白昌军研究员因病辞世，这对任务的推进是极大挑战，项目团队精诚团结、青蓝相济，顺利推进后续任务，从项目的立项到成果的取得是我们共同付出了不遗余力的努力所致，特借此告慰热带牧草专家白昌军同志，也感谢四川农业大学、江苏省农业科学院、湖北省农业科学院畜牧兽医研究所等 12 家参与单位全力以赴的协作。最后，感谢中国科学院植物研究所、昆明植物研究所、西双版纳热带植物园及华南植物园等单位的同行在标本鉴定中给予的帮助。项目的顺利执行，还得到了科技部基础司、农业农村部科教司和项目执行专家组及各承担单位管理部门的关心指导，在此一并谢忱！

编　者

2021 年 12 月于海南儋州

前　言

本书是国家科技基础资源调查专项“中国南方草地牧草资源调查”（2017FY100600）项目和“滇桂黔石漠化地区特色作物产业发展关键技术集成示范”项目（SMH2019-2021）资助的重要成果。

本卷收录豆科牧草107属357种（含变种、亚种）和33个栽培品种，收录中国新记录种：旱生千斤拔（*Flemingia lacei*）、沼生田菁（*Sesbania javanica*）、西非猪屎豆（*Crotalaria goreensis*）等26种；收录国家重点保护野生植物：锈毛两型豆（*Amphicarpaea ferruginea*）、烟豆（*Glycine tabacina*）、短绒野大豆（*G. tomentella*）、野大豆（*G. soja*）和任豆（*Zenia insignis*）；收录特有种（含中国特有种和地方特有种）牧草资源：三棱枝杭子梢（*Campylotropis trigonoclada*）、绒毛杭子梢（*C. pinetorum*）、海刀豆（*Canavalia rosea*）、小刀豆（*C. cathartica*）、河北木蓝（*Indigofera bungeana*）、苏木蓝（*I. carlesii*）、滨海木蓝（*I. litoralis*）、羽叶拟大豆（*Ophrestia pinnata*）、食用葛（*Pueraria edulis*）、锈毛两型豆（*Amphicarpaea ferruginea*）、海南蝙蝠草（*Christia hainanensis*）、云南鹿藿（*Rhynchosia yunnanensis*）和云南链荚豆（*Alysicarpus yunnanensis*）；收录作物珍稀野生近缘种：野豇豆（*Vigna vexillata*）、滨豇豆（*V. marina*）、三裂叶豇豆（*V. trilobata*）、长叶豇豆（*V. luteola*）、乌头叶豇豆（*V. aconitifolia*）、贼小豆（*V. minima*）、野大豆、烟豆、短绒野大豆、白虫豆（*Cajanus niveus*）、大花虫豆（*Cajanus grandiflorus*）、歪头菜（*Vicia unijuga*）和小巢菜（*V. hirsuta*）等；收录栽培草种的野生类型或近缘种：木蓝属、决明属、苦参属、山毛豆属、山蚂蝗属、胡枝子属、葛属、柱花草属、黄芪属、野豌豆属、苜蓿属及车轴草属的众多物种；新增的中国饲用植物有爪哇决明（*Cassia javanica*）、日本羊蹄甲（*Bauhinia japonica*）、川西白刺花（*Sophora davidii* var. *chuansiensis*）、克拉豆（*Cratylia argentea*）、沼生田菁、刺荚木蓝（*Indigofera nummulariifolia*）、三叉刺（*Trifidacanthus unifoliolatus*）、伞花假木豆（*Dendrolobium umbellatum*）、灰毛山蚂蝗（*Desmodium cinereum*）、大荚山蚂蝗（*D. macrodesmum*）、楔叶山蚂蝗（*D. cuneatum*）、长柄荚（*Mecopus nidulans*）、直生刀豆（*Canavalia ensiformis*）、密花葛（*Pueraria alopecuroides*）、大花葛（*P. grandiflora*）、食用葛、琼豆（*Teyleria koordersii*）、巴西木蝶豆（*Clitoria fairchildiana*）、三裂叶豇豆、长叶豇豆、白虫豆、大叶柱花草（*Stylosanthes guianensis* var. *gracilis*）、细茎柱花草（*S. gracilis*）、灌木状柱花草（*S. fruticosa*）、灰岩柱花草（*S. calcicola*）、粘毛柱花草（*S. viscosa*）、光荚柱花草（*S. leiocarpa*）、法尔孔柱花草（*S. falconensis*）、长喙野百合（*Crotalaria longirostrata*）、矮猪屎豆（*C. pumila*）和西非猪屎豆。

本书基本涵盖了中国南方的重点豆科牧草种类，亮点是在实现南方重要牧草资源较完整收集保护的基础上，准确提供草种资源丰富的基础信息，为中国南方重要牧草种类的多样性保护与创新利用研究提供指导性依据。中国南方草地牧草资源调查项目的推进集多方参与，共同努力，耗时 5 年才完成调查及后续工作，入选种类仍有缺漏，期待后续更新完善；另外，鉴于总结时间较仓促，不足之处在所难免，敬请专家和广大读者批评指正。项目任务的顺利实施，承蒙各级管理部门、同行前辈、专家学者的鼎力支持，在此表示衷心的感谢！

编　者

2021 年 12 月于海南儋州

目　录

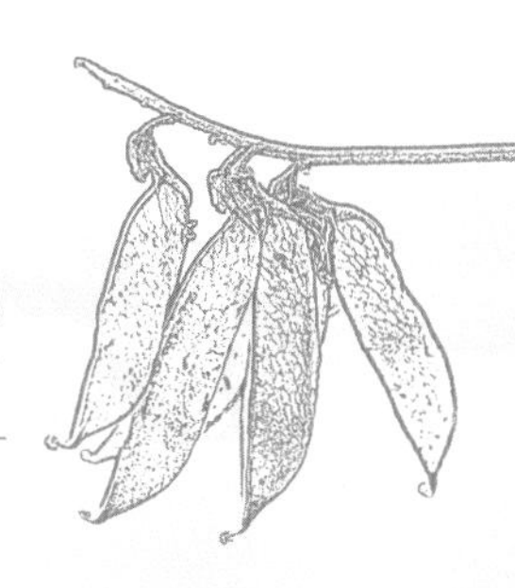

概述篇

资源篇

概述篇

一、中国南方地理气候概述

中国南方是指中国东部季风区的南部，是中国四大地理区划之一，主要指秦岭至淮河一线以南的地区，约占全国陆地面积的25%，地势西高东低，地形为平原、盆地、高原和交错的丘陵。东部平原面积广大，长江中下游平原是我国地势最低的平原，区域内河流纵横交错；东南部以丘陵为主，包括江南丘陵、闽浙丘陵和两广丘陵，大多有东北至西南走向的低山和河谷盆地相间分布；南岭地区则多以石灰岩为主体的丘陵和低山交错密集；西部以云贵高原和四川盆地为典型。根据地理气候特征，中国南方总体上可分为热带地区和亚热带地区，北缘的少数高海拔区域具有温带气候特征。

（一）热带地区

热带地区地理位置为北回归线以南，从西北到东南呈斜长带状分布，在云南西南部和广西西部的北界可上升到北纬24°～25°，而南界则为北纬4°左右的南沙群岛。东西跨越海南全省，云南东南至南部、广西南部、广东南部和台湾东南部。由于我国热带北界曲折多变，东西部差异极大，因而在自然条件和地理概貌上呈现复杂多样的特点，有冲积平原、滨海沙地、珊瑚岛礁、丘陵山地和石灰岩低山等地形。整个热带地区地势由东到西逐渐上升，东部属于东南沿海丘陵低山区，地势较平缓；西端属云贵高原的南缘和喜马拉雅山的南翼侧坡，高山深谷，起伏陡峭，立体气候和垂直植被的分布特点十分明显（陈咸吉，1982；戴声佩等，2012）。

受热带季风气候影响，全年无明显冬季，一般每年11月至翌年4月西南季风将印度半岛北部干热空气引导向北，形成干季；5～10月在东南季风的影响下又转为湿季，干湿两季明显。年平均温度20～26℃，最冷月平均温度12～21℃，最热月平均温度约28℃，绝对温度不会降到0℃以下；年降雨量在1500 mm以上，东部较西部雨量丰富，为我国降雨量最丰沛的地区（郑景云等，2013）。海拔100～500 m以下的丘陵台地，土壤以砖红壤为主要代表，随着海拔升高，红壤逐步过渡为山地红壤、山地黄壤和草甸土。

（二）亚热带地区

亚热带地区北起秦岭至淮河以南，包括浙江、江西、湖南、福建、贵州等省全境，四川、重庆、江苏、上海、安徽和湖北的大部分地区，广东、广西、云南和台湾北部，甘肃和河南的南部少量地区，以及西藏东南部，涉及18个省（自治区、直辖市）。总体地势是西高东低，境内平原、盆地、丘陵、高原和山地均有，但以山地丘陵为主，东部为低山连丘陵地区，地势起伏和缓，海拔一般不超过200 m；西部到云贵高原的地势明显抬升，大部分为海拔1000～2000 m的高原山岭，至横断山脉和青藏高原则呈现出由西北走向东南的深切裂谷（杨勤业等，2006）。

亚热带地区具有明显的季风气候特点，四季节律较明显；年平均温度14～16℃，一般不超过22℃，最冷月平均温度2.2～12℃，最热月平均温度28～29℃；年降雨量800～2000 mm，降雨一般在夏季，东部较西部为大；冬季短期霜冻，全年无霜期240～300天（郑景云等，2013）。根据纬度地带性的水热差异，习惯将亚热带地区划分为北亚热带、中亚热带和南亚热带。北亚热带主要包括江苏、安徽、湖北等省的部分狭窄地区，具有亚热带向暖温带过渡的地带性特点；中亚热带主要包括江苏、浙江、安徽、江西、福建、湖南、贵州、湖北、广西、四川等省（自治区）的全部或部分地区；南亚热带主要包括台湾中部，福建南部、广东大部、广西西部、海南和云南南部，基本位于北回归线附近。亚热带地区广泛分布着各种红壤和黄壤；秦岭—淮河至长江流域以北主要分布有黄壤和黄棕壤；长江以南至南岭主要分布有黄壤和红壤；广西和贵州的石灰岩山地主要分布有石灰土；亚热带高、中海拔的山脊或山顶地带主要为草甸土。

二、中国南方饲用植物区系概述

植物区系的形成是植物在自然历史环境中发展演化和时空分布的综合反映。一个特定区域的植物区系，不仅反映了这一区域中植物与环境的因果关系，而且反映了植物区系在地质历史时期中的演化脉络，植物区系分区的目的是根据各个地域分布的植物，综合它们所形成的历史和地理等诸多因素，划分为不同的区域，从而为植物资源的引种、开发、多样性保护，以及农、林、牧的远景规划提供科学依据。根据《中国植物区系与植被地理》和中国种子植物区系地理的相关研究，中国南方的植物区系主要分属于古热带植物区和东亚植物区（吴征镒，1965，1980；吴征镒等，2011；陈灵芝等，2014）。

古热带植物区主要由热带雨林、季雨林、稀树草原和热带荒漠构成，其重点特征是由许多特有科属组成，尤其以热带雨林、季雨林为主，两者具有较多的原始类群。我国的古热带植物区系可分为5个地区：台湾地区、南海地区、北部湾地区、滇缅泰交界区和东喜马拉雅山南翼地区。分布的主要饲用植物包括禾本科粽叶芦属（*Thysanolaena*）、三芒草属（*Aristida*）、类芦属（*Neyraudia*）、千金子属（*Leptochloa*）、画眉草属（*Eragrostis*）、龙爪茅属（*Dactyloctenium*）、尖稃草属（*Acrachne*）、鼠尾粟属（*Sporobolus*）、细穗草属（*Lepturus*）、虎尾草属（*Chloris*）、肠须草属（*Enteropogon*）、真穗草属（*Eustachys*）、狗牙根属（*Cynodon*）、结缕草属（*Zoysia*）、茅根属（*Perotis*）、求米草属（*Oplismenus*）、黍属（*Panicum*）、膜稃草属（*Hymenachne*）、囊颖草属（*Sacciolepis*）、露籽草属（*Ottochloa*）、凤头黍属（*Acroceras*）、毛颖草属（*Alloteropsis*）、臂形草属（*Brachiaria*）、尾稃草属（*Urochloa*）、砂滨草属（*Thuarea*）、雀稗属（*Paspalum*）、地毯草属（*Axonopus*）、狗尾草属（*Setaria*）、类雀稗属（*Paspalidium*）、钝叶草属（*Stenotaphrum*）、狼尾草属（*Pennisetum*）、鹧鸪草属（*Eriachne*）、野古草属（*Arundinella*）、黄金茅属（*Eulalia*）、金发草属（*Pogonatherum*）、金须茅属（*Chrysopogon*）、细柄草属（*Capillipedium*）、孔颖草属（*Bothriochloa*）、沟颖草属（*Sehima*）、鸭嘴草属（*Ischaemum*）、水蔗草属（*Apluda*）、裂稃草属（*Schizachyrium*）、须芒草属（*Andropogon*）、香茅属（*Cymbopogon*）、菅属（*Themeda*）、黄茅属（*Heteropogon*）、牛鞭草属（*Hemarthria*）、毛俭草属（*Mnesithea*）、筒轴茅属（*Rottboellia*）、蜈蚣草属（*Eremochloa*）、薏苡属（*Coix*）、多裔草属（*Polytoca*）及磨擦草属（*Tripsacum*）的草种；豆科银合欢属（*Leucaena*）、金合欢属（*Acacia*）、决明属（*Cassia*）、羊蹄甲属（*Bauhinia*）、相思子属（*Abrus*）、木蓝属（*Indigofera*）、灰毛豆属（*Tephrosia*）、崖豆藤属（*Millettia*）、耀花豆属（*Sarcodum*）、田菁属（*Sesbania*）、假木豆属（*Dendrolobium*）、排钱树属（*Phyllodium*）、山蚂蝗属（*Desmodium*）、舞草属（*Codoriocalyx*）、狸尾豆属（*Uraria*）、密子豆属（*Pycnospora*）、葫芦茶属（*Tadehagi*）、蝙蝠草属（*Christia*）、链荚豆属（*Alysicarpus*）、胡枝子属（*Lespedeza*）、黧豆属（*Mucuna*）、刀豆属（*Canavalia*）、乳豆属（*Galactia*）、毛蔓豆属（*Calopogonium*）、葛属（*Pueraria*）、琼豆属（*Teyleria*）、华扁豆属（*Sinodolichos*）、两型豆属（*Amphicarpaea*）、距瓣豆属（*Centrosema*）、蝶豆属（*Clitoria*）、拟大豆属（*Ophrestia*）、四棱豆属（*Psophocarpus*）、硬皮豆属（*Macrotyloma*）、豇豆属（*Vigna*）、大翼豆属（*Macroptilium*）、木豆属（*Cajanus*）、野扁豆属（*Dunbaria*）、千斤拔属（*Flemingia*）、鹿藿属（*Rhynchosia*）、合萌属（*Aeschynomene*）、柱花草属（*Stylosanthes*）及猪屎豆属（*Crotalaria*）的草种。

东亚植物区是我国植物区系的主体，华中地区、岭南地区、滇桂黔地区大部和南横断山脉地区归入东亚植物区，其特有性成分较高，特有科有31科，种级水平上中国特有种约占我国特有种总数的50%以上，且特有种在区系中的比例由西南到南部递增、由东向西递增。此区系在中国南方分布的主要禾本科牧草有羊茅属（*Festuca*）、鸭茅属（*Dactylis*）、早熟禾属（*Poa*）、剪股颖属（*Agrostis*）、黑麦草属（*Lolium*）、臭草属（*Melica*）、雀麦属（*Bromus*）、披碱草属（*Elymus*）、以礼草属（*Kengyilia*）、落草属（*Koeleria*）、三毛草属（*Trisetum*）、发草属（*Deschampsia*）、燕麦属（*Avena*）、拂子茅属

（*Calamagrostis*）、棒头草属（*Polypogon*）、看麦娘属（*Alopecurus*）等的草种；豆科牧草主要有苦参属（*Sophora*）、木蓝属、胡枝子属、菜豆属（*Phaseolus*）、野豌豆属（*Vicia*）、豌豆属（*Pisum*）、大豆属（*Glycine*）、落花生属（*Arachis*）、锦鸡儿属（*Caragana*）、黄芪属（*Astragalus*）、棘豆属（*Oxytropis*）、苜蓿属（*Medicago*）、车轴草属（*Trifolium*）、草木樨属（*Melilotus*）、紫雀花属（*Parochetus*）、百脉根属（*Lotus*）、高山豆属（*Tibetia*）、野决明属（*Thermopsis*）等的草种。

三、中国南方草地资源区划

草地作为一种生物资源，是畜牧业生产的物质基础。同时，草地又是一个自然综合体，是为各种草食家畜提供放牧场地和割制干草的一种土地资源。我国是一个草地资源大国，第三次全国国土调查显示有各类草地26 453.01万hm^2（《第三次全国国土调查主要数据公报》2021年8月25日）。各类草地由于其所处地理区域的不同，各项自然经济特性是很不相同的，如北方是草原，西北是荒漠，东南是灌草丛，西南青藏高原是高寒草原和高寒草甸等。草地与环境条件是统一的整体，我国各地的自然环境条件很不相同，草地分区就是对草地资源进行空间分布的一种科学划分。它根据各地不同的自然条件、草地资源特点、社会经济和草地生产特性，按照各地区之间的差异性，归纳一个地区内的共同性，把草地划分成具有不同概括程度的区域。根据中国草地资源区划，全国被划分为东北草甸草原区、蒙宁甘干旱草原区、西北荒漠区、华北暖性灌草丛区、东南热性灌草丛区、西南热性灌草丛区以及青藏高原高寒草甸和高寒草原区。其中，中国南方大部属于东南热性灌草丛区和西南热性灌草丛区；少数区域处于青藏高原高寒草甸和高寒草原区的东端，位处南方北缘的甘肃省甘南藏族自治州、四川省甘孜藏族自治州和阿坝藏族羌族自治州属于青藏高原东部高原山地高寒草甸亚区，而与藏东南接壤的滇西北高原属于东喜马拉雅山南翼暖性灌草丛和山地草甸亚区（表1）（廖国藩和贾幼陵，1996；胡自治，1997；任继周，2008）。

（一）东南热性灌草丛区

东南热性灌草丛区地处中国的东南部，东南临东海、南海，北依秦岭，西以大巴山、巫山、武陵山至云贵高原东缘一线为界。行政区域包括上海、浙江、江西、广东、福建、江苏、安徽、湖北、湖南、广西、海南等大部地区。草地类型以热性灌草丛类为主，兼有热性草丛类（图1）、干热稀树灌草丛类、暖性草丛类、暖性灌草丛类、低地草甸类和山地草甸类草地。

表1 中国南方草地资源分区表

东南热性灌草丛区
1. 长江中下游北亚热带平原山地热性灌草丛亚区
长江下游平原黄背草、白茅和低地草甸小区
长江中游平原丘陵山地白茅和芒小区
2. 江南中亚热带低山丘陵热性灌草丛亚区
浙赣闽山地五节芒、白茅和芒小区
浙赣闽低山丘陵白茅、野古草小区
3. 华南南亚热带低山丘陵热性灌草丛亚区
闽南、广东山地丘陵平原鸭嘴草、五节芒小区
广西山地丘陵五节芒、白茅、青香茅小区
4. 热带丘陵山地热性灌草丛和干热稀树灌草丛亚区
雷州半岛丘陵台地桃金娘、白茅、鹧鸪草灌草丛小区
海南岛山地丘陵台地白茅灌草丛和黄茅、华三芒干热稀树灌草丛小区

续表

西南热性灌草丛区
1. 四川盆地及盆周山地热性灌草丛亚区
四川盆地白茅、狗牙根草丛和零星草地小区
川鄂湘边境山地芒、白茅灌草丛小区
川西南山地河谷黄茅、黄背草灌草丛小区
2. 云贵高原山地热性灌草丛亚区
贵州高原山地芒、白茅灌草丛和山地草甸小区
滇东北、滇中山地白茅灌草丛和穗序野古草草甸小区
3. 滇西南高山峡谷热性灌草丛亚区
西双版纳山地棕叶芦灌草丛小区
青藏高原高寒草甸和高寒草原区
1. 青藏高原东部高原山地高寒草甸亚区
甘孜阿坝高山紫羊茅、四川嵩草高寒草甸小区
2. 东喜马拉雅山南翼暖性灌草丛和山地草甸亚区
滇西北山地羊茅、剪股颖和杂类草草甸小区

图1　东南热性灌草丛区典型的山地热性草丛类草地

图2　华南沿海红树林

东南热性灌草丛区跨越的范围较大，地形变化复杂，山地、丘陵、台地、盆地和平原交错分布，总体上以丘陵、平原为主。北部丘陵，海拔500～1000 m；中部江南丘陵与南部的两广丘陵相连，海拔200～1000 m。平原有长江三角洲平原、鄱阳湖平原、洞庭湖平原、江汉平原、珠江三角洲平原及漫长的沿海冲积平原，海拔10～50 m。南岭山地横断本区南部，武夷山纵贯本区东南部，罗霄山脉处于本区的中北部，主要山峰海拔均在1500 m以上。雷州半岛和海南岛北部的琼雷台地及其周边台地、河谷台地海拔约80 m。

东南热性灌草丛区气候温暖湿润，雨热同期，属亚热带、热带气候。海南岛、雷州半岛为热带气候；广东、广西、台湾及湖南、江西、福建南部为南亚热带气候，南亚热带北缘至长江为中亚热带气候，长江以北为北亚热带气候，冬季较冷。气温由北向南逐渐升高，年平均温度15～28℃。降雨量由南向北递减，多集中在7～9月，相对湿度70%～80%，表现出明显的湿润特点。而海南、广东和广西在每年10月至翌年1月往往出现秋旱或春旱。东南热性灌草丛区土壤类型多样，从南至北分布有砖红壤、赤红壤、红壤、黄壤、黄棕壤5种类型，非地带性的水稻土、燥红土、草甸土、石灰土和盐碱土分布范围较广。

东南热性灌草丛区植被分布具有明显的地带性。从南至北，随降雨量和热量递减，发育形成的地带性植被在雷州半岛、海南岛及南海诸岛等地分布有热带雨林、季雨林、矮灌林和红树林（图2），福建、广东、广西南部沿海为过渡性热带杂木林和半长绿季雨林，由此往北为亚热带常绿阔叶林，再往北为常绿针阔叶混交林、落叶阔叶林、杂木林及亚热带过渡性落叶栎林和马尾松林。除各种地带性森林植被分布居主体外，在平原河湖滩地还分布有以中生、湿生禾草为优势种的隐域性低地草甸。

根据上述地理、气候和植被特征，东南热性灌草丛区可划分为长江中下游北亚热带平原山地热性灌草丛亚区、江南中亚热带低山丘陵热性灌草丛亚区、华南南亚热带低山丘陵热性灌草丛亚区，以及热带丘陵山地热性灌草丛和干热稀树灌草丛亚区。

1. 长江中下游北亚热带平原山地热性灌草丛亚区

本亚区位于长江中下游平原区，境内地形由平原和山地组成，伏牛山、大别山、黄山由西北向东南贯穿全境，海拔1000～1900 m。亚区内河流纵横交错，湖泊众多，水系发达。本亚区属北亚热带湿润季风气候，年平均温度14～17℃，无霜期210～260天，年降雨量900～1600 mm。草地植被主要是森林破坏后形成的热性灌草丛类和热性草丛类草地，在北部伏牛山一带分布少部分暖性草丛类草地，此外尚有隐域性的山地草甸、低地草甸和零星草地。

2. 江南中亚热带低山丘陵热性灌草丛亚区

本亚区位于中部的江南丘陵地区，行政区域包括浙江、江西、湖南、福建、广东及广西的低山丘陵区域，本亚区地形以丘陵、山地相间，北部江南丘陵地势较低，南部南岭山地及东部浙江、福建丘陵地势较高，境内有雪峰山、武夷山、雁荡山、罗霄山、武功山、庐山等，海拔一般在500 m以上。本亚区属中亚热带季风气候，年平均温度15～19℃，无霜期250～355天，年降雨量1300～1900 mm。常绿阔叶林是本亚区的地带性植被，草地植被为次生的热性灌草丛、热性草丛（图3）、低地草甸或隐域性草地。

3. 华南南亚热带低山丘陵热性灌草丛亚区

本亚区地形复杂，丘陵、山地、平原、台地交错分布，山地有十万大山、云雾山等，海拔均在500 m以上。地势由北向南倾斜，南部有著名的珠江三角洲，沿海有大片的沿海冲积平原。本亚区的无霜期为300～365天，年降雨量1600 mm以上。土壤有赤红壤、红壤、黄壤、黄棕壤、砖红壤等。季风常绿阔叶林是本亚区的地带性植被，草地植被是次生的热性灌草丛（图4）和热性草丛，此外还有少量低地草甸。

图3　武夷山热性草丛（冬季）

图4 华南山地热性灌草丛

4. 热带丘陵山地热性灌草丛和干热稀树灌草丛亚区

本亚区由雷州半岛、海南岛及金沙江、元江流域的干热河谷组成。本亚区地形包括丘陵、山地、台地及河谷。属热带季风气候，年平均温度22℃以上，无霜期365天，年降雨量1500～2000 m。土壤有砖红壤、赤红壤、黄壤等。干热半常绿季雨林是本亚区地带性植被，草地植被为次生的热性草丛（图5）、热性灌草丛（图6）、干热稀树灌草丛，是由森林破坏后反复砍烧和放牧形成的。

（二）西南热性灌草丛区

西南热性灌草丛区位于我国西南部，东以大巴山、巫山、武陵山、云贵高原东缘线为界，北以秦岭、大巴山为界，西以邛崃山、峨眉山、横断山脉等青藏高原东缘一线为界，南面与缅甸、老挝、越南等国接壤。行政区域包括贵州全境，四川、云南大部，甘肃、陕西、湖北、湖南、广西等省（自治区）

图5 滇东南干热河谷山地热性草丛

图6 海南岛中部山区以桃金娘和黑莎草为优势种的热性灌草丛

的一部分。西南热性灌草丛区被划分为四川盆地及盆周山地热性灌草丛亚区、云贵高原山地热性灌草丛亚区和滇西南高山峡谷热性灌草丛亚区。地形特征以山地、丘陵和高原为主，海拔为500～2500 m。本区属于亚热带、热带气候区，年平均温度12～20℃，无霜期200～365天，年降雨量800～1200 mm。气候最大特点是随地形起伏垂直变化十分显著，在同一地区往往具有从河谷亚热带到高山永冻带的各种小气候，还有些地区因受纬度和地形影响，虽然海拔相同，但气候差异却很大。土壤水平地带性分布，由南向北依次为砖红壤、赤红壤、红壤、黄壤、黄棕壤5种类型。

植被以森林居主体地位，分属于西部热带季雨林、雨林区和亚热带常绿阔叶林区。除广泛分布各种森林外，还分布有南方最丰富的次生草地类型，包括热性草丛、热性灌草丛、暖性草丛、暖性灌草丛及隐域性的高寒草甸、亚高山草甸、山地草甸和低地草甸。亚高山草甸分布于区内西南亚高山，山地草甸分布于区内各山地，低地草甸主要分布在四川盆地。此外，在云南、四川的干热河谷还分布有干热稀树灌草丛。

图7 湖南永州热性灌草丛

1. 四川盆地及盆周山地热性灌草丛亚区

本亚区位于四川盆地及其盆周山地，行政区域包括四川省除甘孜藏族自治州、阿坝藏族羌族自治州以外的所有地区，陕西省商洛市、安康市、汉中市等地区，湖北省宜昌市、恩施土家族苗族自治州，以及湖南省湘西地区。地形由盆地、山地、丘陵组成，秦岭、大巴山、巫山、武陵山位于北部和东部，海拔1000～3000 m。属于中亚热带和北亚热带季风气候，年平均温度12～18℃，年降雨量900～1200 mm。常绿落叶阔叶林和常绿阔叶林是其地带性植被，草地植被是次生的热性草丛和热性灌草丛（图7）、暖性草丛和暖性灌草丛，此外，局部还有山地草甸、低地草甸和沼泽等草地。

2. 云贵高原山地热性灌草丛亚区

本亚区位于云贵高原，行政区域包括贵州省，云南省昆明市东川区和昭通市、曲靖市、玉溪市、文山壮族苗族自治州、楚雄彝族自治州、大理白族自治州和红河哈尼族彝族自治州，湖南省邵阳市、怀化市，广西壮族自治区柳州市、桂林市、河池市及百色市。地形主要是高原和山地，云南海拔2000 m左右，贵州平均海拔1000 m。亚区内有金沙江、雅砻江经过，南盘江、北盘江汇入珠江，湖泊有草海、滇池和抚仙湖。本亚区属中亚热带季风气候，年平均温度12～18℃，年降雨量1000～1200 mm。常绿阔叶林是其地带性植被，草地植被主要是热性草丛、热性灌草丛（图8）以及干热稀树灌草丛。

3. 滇西南高山峡谷热性灌草丛亚区

本亚区位于滇东南、滇南的高山峡谷地区，行政区域包括云南省保山市、普洱市、临沧市、德宏傣族景颇族自治州、西双版纳傣族自治州，以及红河哈尼族彝族自治州的元阳县、红河县、金平苗族瑶族傣族自治县、绿春县等。地形由高山、峡谷组成，海拔900～2000 m，山地主要有无量山、大雪山、高黎贡山等。河流主要有怒江、澜沧江和元江。本亚区属南亚热带和北亚热带季风气候，年平均温度16～22℃，无霜期310～365天，年降雨量1000～2000 mm。土壤有砖红壤、赤红壤、红壤、黄壤等。植被主要是季风常绿阔叶林和半常绿季雨林，草地植被主要是热性草丛和热性灌草丛，其次为暖性草丛和暖性灌草丛。干热稀树灌草丛（图9，图10）草地面积较小，主要分布于金沙江、元江及澜沧江河谷台地上。

图8　云贵高原山地热性灌草丛亚区最典型的热性灌草丛（黄茅为优势种）

图9　元江流域典型的干热稀树灌草丛 1

图10　元江流域典型的干热稀树灌草丛 2

（三）青藏高原高寒草甸和高寒草原区

青藏高原高寒草甸和高寒草原区的草地类型多样，高原的东部和东南部边缘地带海拔较低，气候温暖湿润，植物种类丰富，从河谷往上依次为热性灌草丛、暖性灌草丛、山地草甸和高寒草甸。本区的主体以青藏高原为核心，南部的滇西北高原和东南部的川西北高原是中国南方草地的最北缘。本区地理位置上归入南方的有甘孜阿坝高山紫羊茅、四川嵩草高寒草甸小区和滇西北山地羊茅、剪股颖和杂类草草甸小区，前者的草地类型以温、寒性草甸类为主，包括亚高山草甸、高山草甸、高山矮灌丛草地等（图11，图12）；后者以山地草甸为主，以丽江市、迪庆藏族自治州及怒江傈僳族自治州局部为核心。

图11 云南德钦县高山垫状灌草丛

图12 四川阿坝高寒草甸

四、中国南方草地牧草资源

根据中国南方草地牧草资源调查，按热性草丛类草地牧草资源、热性灌草丛类草地牧草资源、干热稀树灌草丛类草地牧草资源、干旱河谷灌草丛类牧草资源、低地草甸类草地牧草资源，以及温寒山地植被类草地牧草资源的顺序，整体呈现南方代表性草地类型的牧草资源情况。

（一）热性草丛类草地牧草资源

我国的热性草丛类草地是在热带、亚热带的气候条件下，由于原生植被受到连续破坏或过度放牧等影响，植被发生变化而形成的。热性草丛类草地的群丛一般比较高大，高禾草平均高度80 cm以上，中禾草高度30～80 cm，矮禾草平均高度30 cm以下。该类草地的种类组成、生产能力、饲用价值等经济特性受自然因素和人为因素的综合影响，不同地区有较大差别，但始终以禾本科牧草占绝对优势，其中以高、中禾草占主导地位，如芒属、野古草属、菅属、白茅属、狼尾草属等的生态幅度较广，从低海拔到高海拔，从北到南均可形成以其为优势的不同草地，代表性的有五节芒草地、芒草地、狼尾草草地、黄茅草地、拟金茅草地、黄背草草地、刺芒野古草草地和类芦草地等。

1. 五节芒草地

五节芒草地是热性草丛类高禾草草地组中具有代表性的草地之一，其群落结构在不同地区亦有所不同，生长发育良好的地段，种的优势度多在90%以上，伴生种少；生长发育较差的地段，伴生种有所增加，常见的有野古草（*Arundinella anomala*）、纤毛鸭嘴草（*Ischaemum ciliare*）、白茅（*Imperata cylindrica*）、芒萁（*Dicranopteris pedata*）等。五节芒平均高度在100～150 cm，最高可达300 cm以上，草量很高，既可放牧，又可打草利用，但植株高大、草质粗糙，只能在生长前期利用，生长后期则不能作为饲草利用。五节芒喜湿热，主要分布于长江以南的低山丘陵、沟谷两侧和低中山土壤水分条件较好的区域，海南主要分布于五指山、鹦哥岭等湿度较高的中部低山丘陵及林缘；广东主要分布于粤北丘陵，呈零星的片状和块状；福建、江西、浙江、贵州等省常见于海拔1000 m以下的中山带或林缘；云南多分布于澜沧江、怒江下游湿热区域的沿岸或支流沟谷。五节芒草地的牧草种类较为单一（图13～图15），伴生的禾本科草种有野古草和白茅等，另外群落边缘常见有粽叶芦（*Thysanolaena latifolia*）或类芦（*Neyraudia reynaudiana*）等大型禾草，而伴生的豆科草种相对较少，主要有喜生于林缘湿润区的草种，海南、广东、广西、福建及云南各省（自治区）的情况基本相似，常见的有黧豆属、葛属、野扁豆属及鹿藿属，其中黧豆属最常见的有黄毛黧豆（*Mucuna bracteata*）、刺毛黧豆（*M. pruriens*）、海南黧豆（*M. hainanensis*）（图16）、狗爪豆（*M. pruriens* var. *utilis*），葛属重要草种有葛（*Pueraria montana*）、葛麻姆（*P. montana* var. *lobata*）（图17）、三裂叶野葛（*P. phaseoloides*），野扁豆属有白背野扁豆（*Dunbaria incana*）、长柄野扁豆（*D. podocarpa*），千斤拔属有大叶千斤拔（*Flemingia macrophylla*），鹿藿属有鹿藿（*Rhynchosia volubilis*）。

图13 五节芒株丛

图14 华南低山丘陵五节芒草地群落

图15 湖南燕子山国家草原自然公园五节芒草场

图16　五节芒草地边缘豆科草种海南黧豆
（栽培草种的野生近缘种）

图17　五节芒草地边缘常见豆科草种葛麻姆
（栽培草种的野生近缘种）

2. 芒草地

芒草地是热性草丛类草地的代表性类型（图18，图19），其与五节芒草地有一定的相似性，也属于高草草地，两者亦有所不同，前者的优势草种——芒的适应性更广，耐冷性、耐旱性均强于五节芒，因此芒草地的分布海拔往往高于五节芒草地，较集中地分布于中亚热带以北海拔1000～2000 m的中山带，草地土壤以山地红壤、黄红壤和黄壤为主。

图18　柘荣县的芒草地外貌

图19 赣西典型芒草地外貌（秋季）

南方除海南极少有芒草地外，其余各省均有大量分布，尤其福建、江西等是其主要分布区。福建多分布于闽东、闽中及闽北一带，江西分布于赣东、赣东南一带山区，广东多分布于粤北山区，广西主要分布于桂东北山区。海拔越高，芒草地的优势度越明显，分布于山顶区域的群落外貌表现出类似于山地草甸的特征，极少有伴生草种。海拔稍低的区域，群丛的种类组成在不同地区也有所差别，在长江中下游地区，伴生草种资源有白茅、野古草、孟加拉野古草（*Arundinella bengalensis*）、黄背草（*Themeda triandra*）、荩草（*Arthraxon hispidus*）等；在南亚热带及热带地区，常见的伴生草种资源有细毛鸭嘴草、金茅（*Eulalia speciosa*）、四脉金茅（*Eulalia quadrinervis*）、刚莠竹（*Microstegium ciliatum*）、粽叶芦、芒萁等。芒草地极少伴生有豆科草种资源，偶见山蚂蝗属的小叶三点金（*Desmodium microphyllum*）（图20）、胡枝子属的春花胡枝子（*Lespedeza dunnii*）及截叶铁扫帚（*L. cuneata*）（图21）。

图20 芒草地低海拔区域重要豆科草种资源小叶三点金（栽培草种的野生近缘种）

图21 芒草地低海拔区域重要豆科草种资源截叶铁扫帚（栽培草种的野生近缘种）

3. 狼尾草草地

狼尾草喜生于地势平坦、土壤肥沃、水分条件较好的区域，相较于其他草地，狼尾草草地的面积不大，多数呈零星状分布，但利用率较高，且狼尾草是栽培草种的野生祖先，是培育优良杂交狼尾草品种的重要育种材料。狼尾草草地往往是原生植被受毁退化后逐渐发育形成的，也有的是农业用地长期撂荒或退耕还草后形成了群落成分较为单一的狼尾草草地（图22）。

狼尾草草地主要分布于华南、华中的低海拔地区，西南及华东地区也有少量分布，此外西藏墨脱也有分布。海南主要分布于琼东北至万宁、琼海；广东主要分布于粤西南及南部低海拔区；广西常见于桂西南；福建南部、西南部及江西东部、东南部的农区也普遍有分布；云南则主要分布于南部湿润区。狼尾草草地呈片状或点状分布（图23和图24），但草种优势度十分明显，伴生草种主要为铺地黍、狗牙根、竹节草（*Chrysopogon aciculatus*）及地毯草（*Axonopus compressus*）等，土壤湿度较大的地区也常见李氏禾（*Leersia hexandra*）、水生黍（*Panicum dichotomiflorum*）、千金子（*Leptochloa chinensis*）及膜稃草等草种，杂类草常见有草龙（*Ludwigia hyssopifolia*）、毛草龙（*Ludwigia octovalvis*）、水蓼（*Polygonum hydropiper*）等。

图22 狼尾草草地群落外貌

图23 华南狼尾草草地

图24 西藏墨脱狼尾草草地

4. 黄茅草地

黄茅草地主要分布于南亚热带、热带的丘陵山地和云贵高原干热河谷两侧土层较薄或石漠化较明显的山坡地带（图25）。它是我国南亚热带及其以南地区的主要草地类型之一，面积较大，利用价值较高，是最重要的春、夏放牧草地。在云南、贵州及四川分布面积较大，华南则主要分布于低山丘陵的干热地区或沿海干旱区。

黄茅草地在云南分布十分广泛，滇东南、滇西南到滇西北是主要分布区。金沙江流域，东从巧家县西经东川区、元谋县、永仁县、华坪县到宾川县的低海拔地区多数为黄茅草地（图26），从德钦县至甘孜藏族自治州德格县、白玉县的上游干旱河谷区也主要为黄茅草地；怒江流域，北起福贡县，中游经六库镇，南至保山市施甸县的低山丘陵或台地主要分布的也是黄茅草地；澜沧江流域，北起西藏芒康县至云南德钦县、兰坪白族普米族自治县、云龙县、永平县和临沧市的低海拔丘陵也主要为黄茅草地。贵州

图25 黄茅草地

图26　云南金沙江流域典型的黄茅草地

常见于海拔900～1300 m的中西部地区。四川主要分布于金沙江、雅砻江、安宁河、大渡河和岷江的河谷区，海拔多在1300 m左右。

黄茅草地是南亚热带和热带地区的主要放牧草地，草地中常见伴生禾本科牧草有黄背草、裂稃草（*Schizachyrium brevifolium*）、拟金茅（*Eulaliopsis binata*）、纤毛鸭嘴草、刺芒野古草（*Arundinella setosa*）、石芒草（*A. nepalensis*）、华须芒草（*Andropogon chinensis*）、水蔗草（*Apluda mutica*）、金发草（*Pogonatherum paniceum*）等；伴生豆科牧草有鞍叶羊蹄甲（*Bauhinia brachycarpa*）、云南山蚂蝗（*Desmodium yunnanense*）、球穗千斤拔（*Flemingia strobilifera*）、猫尾草（*Uraria crinita*）、中华狸尾豆（*U. sinensis*）、假苜蓿（*Crotalaria medicaginea*）、链荚豆（*Alysicarpus vaginalis*）等。黄茅草地中，种群个体数量少、特有或具有开发潜力的重要草种有黑果黄茅（*Heteropogon melanocarpu*s）、类黍尾稃草（*Urochloa panicoides*）、类雀稗（*Paspalidium flavidum*）（图27）、倒刺狗尾草（*Setaria verticillata*）、白刺花（*Sophora davidii*）、大花虫豆（*Cajanus grandiflorus*）（图28）等。

图27　云南红河哈尼族彝族自治州收集的坪用型类雀稗资源

图28　优等豆科牧草大花虫豆（栽培草种的野生近缘种）

图29 拟金茅草地外貌

5. 拟金茅草地

拟金茅草地主要在云贵高原干热河谷及川西部向南的金沙江、雅砻江、安宁河等流域的河谷地带有分布（图29）。拟金茅草地对气候条件的适宜性与黄茅草地相似，两者也常相互伴生而存在，但黄茅草地要比拟金茅草地分布更广泛，拟金茅草地多数属于斑块化分布。拟金茅草地的种类组成及群落结构在不同地区亦有所不同，在生长发育良好的地段，拟金茅的优势度多在90%以上，伴生植物很少。

拟金茅草地在华南只分布于广东和广西。在广东主要分布于韶关市（图30），其中乳源瑶族自治县、翁源县等地较典型，尤其在乳源瑶族自治县的丘陵草地中拟金茅是优势草种，伴生的豆科草种资源十分稀少，主要为胡枝子属的细梗胡枝子（*Lespedeza virgata*）、截叶铁扫帚、小叶干花豆（*Fordia microphylla*）；而广西和贵州的分布较相似，多数分布于桂东北、桂北和黔西南的石漠化山地，此地区拟金茅草地中拟金茅优势度较低，伴生的种类较多，常见禾本科牧草有黄茅、矛叶荩草（*Arthraxon lanceolatus*）、竹枝细柄草（*Capillipedium assimile*）、类芦，豆科牧草有鸡眼草（*Kummerowia striata*）、长波叶山蚂蝗（*Desmodium sequax*）、饿蚂蝗（*Desmodium multiflorum*）、老虎刺（*Pterolobium punctatum*）及苏木（*Caesalpinia sappan*）等；金沙江流域的干热河谷区是其分布较为密集的区域，元谋县（图31）、攀枝花市、红河哈尼族彝族自治州、华坪县等地的中山带是其主要分布区，其优势

图30　粤北拟金茅草地

度较高，甚高者达90%以上，伴生草种主要为莎草科的丛毛羊胡子草，豆科的绢毛木蓝（*Indigofera neosericopetala*）、蔓性千斤拔（*Flemingia prostrata*）、鞍叶羊蹄甲、美花狸尾豆（*Uraria picta*）、链荚豆、丁癸草（*Zornia gibbosa*）（图32），伴生的灌木主要为无患子科的坡柳（*Dodonaea viscosa*）及漆树科的清香木（*Pistacia weinmanniifolia*）。

图31　元谋县干热河谷区拟金茅草地

图32　元谋县拟金茅草地边缘常见牧草丁癸草

6. 黄背草草地

黄背草是热性灌草丛和干热稀树灌草丛草地中的重要伴生种，多数以伴生形式存在，在华南、西南少有以黄背草为优势种的草丛草地。黄背草草地在暖性灌草丛类草地中面积较大，分布范围较广，苏北和皖北地区，海拔1000 m以下的低山带或丘陵山地是较集中的黄背草草地分布区（图33），群落内伴生的禾本科牧草有野古草、狗尾草（*Setaria viridis*）、鹅观草（*Elymus kamoji*）、荩草（*Arthraxon hispidus*）、白茅，伴生的豆科草种主要为截叶铁扫帚和胡枝子，伴生的杂类草有龙芽草（*Agrimonia pilosa*）、紫花地丁（*Viola philippica*）、翻白叶（*Potentilla griffithii* var. *velutina*）、夏枯草（*Prunella vulgaris*）及紫菀（*Aster tataricus*）等。

7. 刺芒野古草草地

刺芒野古草草地主要分布在我国中亚热带和南亚热带地区的低山带，集中分布在云南中部至东南部（图34）、江西南部、广西西北部、四川南部的低山丘陵地带。分布区土壤为山地红壤、棕红壤和黄壤，土体较干燥、贫瘠，有机质含量低，肥力不高。刺芒野古草草地群落中常见伴生的禾本科牧草有白茅、细柄草（*Capillipedium parviflorum*）、石芒草（*Arundinella nepalensis*）、马陆草（*Eremochloa zeylanica*）、四脉金茅（*Eulalia quadrinervis*）、假俭草（*Eremochloa ophiuroides*）、纤毛鸭嘴草、红裂稃草（*Schizachyrium sanguineum*）和青香茅（*Cymbopogon mekongensis*），伴生的豆科牧草有截叶铁扫帚和绒毛胡枝子（*Lespedeza tomentosa*），伴生的杂类草常见有羊耳菊（*Duhaldea cappa*）、野拔子（*Elsholtzia rugulosa*）和芒萁等。

图33 黄背草草地

图34 滇东南的刺芒野古草草地

8. 类芦草地

类芦草地主要分布于中亚热带以南的区域，多分布于低海拔的砾石山坡或土壤贫瘠的干热山坡，华南和西南为主要分布区，华东及华中亦有分布（图35）。类芦草地属于次生性草地，其伴生种有一定的地理性差异，华南常见分布于干热山坡，伴生的禾本科牧草常见有黄茅、斑茅（*Saccharum*

图35 类芦草地

图36 华南干热山坡类芦草地伴生牧草资源蔓草虫豆（作物野生近缘种）

arundinaceum）、红裂稃草、甜根子草（*Saccharum spontaneum*），伴生的豆科牧草常见有假地豆（*Desmodium heterocarpon*）、光荚含羞草（*Mimosa bimucronata*）、乳豆（*Galactia tenuiflora*）、蔓草虫豆（*Cajanus scarabaeoides*）（图36）、葫芦茶（*Tadehagi triquetrum*）、紫花大翼豆（*Macroptilium atropurpureum*）（图 37）、大翼豆（*M. lathyroides*）、刺毛黧豆（*Mucuna pruriens*）等；云南西南部及四川南部干热河谷区则主要分布于河谷两岸的向阳山坡，伴生种除黄茅外，最常见的还有蔗茅（*Saccharum rufipilum*）和金丝草（*Pogonatherum crinitum*），豆科草种有云实（*Caesalpinia decapetala*）、淡红鹿藿（*Rhynchosia rufescens*）和大花虫豆（*Cajanus grandiflorus*）等；而在滇东北小江流域，主要分布于干旱砾石山坡，伴生种较为单一，禾本科以黄茅和矛叶荩草为主，豆科草种有小鹿藿（*Rhynchosia minima*）、粘鹿藿（*Rhynchosia viscosa*）、云南山蚂蝗（*Desmodium yunnanense*）和云南灰毛豆（*Tephrosia purpurea* var. *yunnanensis*）（图 38），杂类草有区域标志性种戟叶酸模（*Rumex hastatus*）。

图37 华南干热山坡类芦草地伴生牧草资源紫花大翼豆（栽培草种的野生类型）

图38 滇东北砾石山坡类芦草地的重要伴生豆科牧草云南灰毛豆（地方特有种）

（二）热性灌草丛类草地牧草资源

热性灌草丛类草地是指群落中有灌木成分的草地，通常灌木郁闭度在0.1～0.3。热性灌草丛类草地是森林植被受到破坏或耕地长期撂荒后形成的以多年生草本植物为主体，间混生乔木或灌木的草地类型，在整个亚热带和热带地区均有分布。从经济类群上看，热性灌草丛类草地的种类组成以高、中型禾草占主导地位，高禾草中的芒、五节芒和粽叶芦等集中分布在南亚热带水分条件好的山地阴坡或沟谷一带；矮禾草中的金须茅属、蜈蚣草属、鹧鸪草属、地毯草属的草种集中分布在热带地区；草群中占优势的杂类草主要是芒萁属中的铁芒萁，多分布在长江以南的中亚热带和南亚热带。群丛中的灌木和乔木种类在不同地区的差异亦很明显，如长江以北以胡枝子属、栎属、黄花棯属、马桑属、火棘属等的物种较常见；而长江以南中亚热带的一些草地中常见的有杜鹃属、檵木属、松属和叶下珠属的物种；在南亚热带和热带地区的草地中常见有桃金娘属、蔷薇属、山蚂蝗属、柃属、番石榴属、木棉属、羊蹄甲属等的物种；岛屿、岛礁热性灌草丛则以抗风桐（*Ceodes grandis*）、海岸桐（*Guettarda speciosa*）、红厚壳（*Calophyllum inophyllum*）、榄仁树（*Terminalia catappa*）、草海桐（*Scaevola taccada*）、银毛树（*Tournefortia argentea*）、海巴戟（*Morinda citrifolia*）等为重要成分。根据自然气候条件的差异，南方典型的一些热性灌草丛类草地的群落特点及重要牧草资源分布情况如下。

1. 以五节芒为优势成分的热性灌草丛

海南、广东、广西、湖南南部、江西南部及云南西南部的低中山丘陵台地有以五节芒为主要成分的热性灌草丛（图39），群落中除五节芒外，还有黄茅、白茅和苞子草（*Themeda caudata*）等，豆科牧草主要有大叶千斤拔（*Flemingia macrophylla*）、假地豆、假木豆（*Dendrolobium triangulare*）、排钱草（*Phyllodium pulchellum*）、毛排钱草（*P. elegans*）、舞草（*Codoriocalyx motorius*）、圆叶舞草（*C. gyroides*）、葫芦茶、葛麻姆、三裂叶野葛（*Pueraria phaseoloides*）（图40）、密花葛（*P. alopecuroides*）（图41）、华扁豆（*Sinodolichos lagopus*）（图42）、锥序千斤拔（*Flemingia paniculata*）

图39　以桃金娘、野牡丹和五节芒为重要成分的热性灌草丛

图40 华南热性灌草丛中的重要草种三裂叶野葛
（栽培草种的野生类型，花序）

图41 云南南部热性灌草丛中的重要草种密花葛
（栽培草种的野生类型，花序）

图42 云南南部热性灌草丛中的重要草种华扁豆
（狭域分布）

图43 云南南部热性灌草丛中的重要草种锥序千斤拔
（狭域分布）

（图43）等，灌木主要有黄牛木（*Cratoxylu cochinchinense*）、桃金娘（*Rhodomyrtus tomentosa*）、野牡丹（*Melastoma malabathricum*）等。

2. 以纤毛鸭嘴草和硬穗飘拂草为优势成分的热性灌草丛

在海南、广东及福建的海滨沙质次生植被中，有以纤毛鸭嘴草（*Ischaemum ciliare*）、芒萁、谷精草（*Eriocaulon buergerianum*）、黄眼草（*Xyris indica*）、猪笼草（*Nepenthes mirabilis*）、披针穗飘拂草（*Fimbristylis acuminata*）、硬穗飘拂草（*F. insignis*）为主要草种的热性灌草丛（图44），群丛中禾本科牧草有毛俭草（*Mnesithea mollicoma*）、白茅等，豆科牧草资源相对稀少，偶见有赤山蚂蝗（*Desmodium rubrum*）、链荚豆和硬毛木蓝，灌木有桃金娘、野牡丹和薄果草（*Dapsilanthus disjunctus*）。这一类热性灌草丛与海岸带灌丛的群落成分完全不同，其标志性成分是野牡丹、猪笼草和薄果草。

3. 以黄茅为优势成分的热性灌草丛

四川南部、云南东南部至西北部、广西南部及西北部、贵州南部、湖南西南部有以黄茅为主要成分的热性灌草丛（图45），多分布在海拔1700 m以下的丘陵地区，土壤多为红壤、黄红壤，局部地区为石灰岩。亚优势种有黄背草、青香茅，其他常见的伴生种有甜根子草（*Saccharum spontaneum*）、蔗茅（*S. rufipilum*）、滇蔗茅（*S. longesetosum*）、刺芒野古草、孟加拉野古草、丛毛羊胡子草等，灌木主要有坡柳、余甘子（*Phyllanthus emblica*）、滇榄仁（*Terminalia franchetii*）、鞍叶羊蹄甲、马桑（*Coriaria nepalensis*）等。以黄茅为优势成分的热性灌草丛还分布有一些重要的草种，如豆科山蚂蝗属的长波叶山蚂蝗（*Desmodium sequax*）、圆锥山蚂蝗（*D. elegans*）、云南山蚂蝗（*D. yunnanense*）、滇南山蚂蝗（*D. megaphyllum*）及美花山蚂蝗（*D. callianthum*）是栽培草种的野生类型或野生近缘种（图46）；豇豆属的野豇豆（*Vigna vexillata*）、三裂叶豇豆（*V. trilobata*）是重要的豆科饲用植物，同时也是珍稀

图44 华南沿海以披针穗飘拂草、硬穗飘拂草和野牡丹为重要成分的热性灌草丛

图45 滇西北以黄茅和坡柳为优势成分的热性灌草丛

作物野生近缘种；三棱枝杭子梢（*Campylotropis trigonoclada*）和毛三棱枝杭子梢（*C. trigonoclada* var. *bonatiana*）是中国饲用植物特有种。在云南永胜县以黄茅为优势成分的热性灌草丛中发现了中国新记录种1种，为千斤拔属的旱生千斤拔（*Flemingia lacei*）（图47）。在云南元谋县以黄茅为优势成分的热性灌草丛中收集到中国特有种大花葛（*Pueraria grandiflora*）（图48）。在云南元谋县及永胜县等地还发现了国家II级重点保护野生植物箭叶大油芒（*Spodiopogon sagittifolius*）（图49）。

图46 滇西北热性灌草丛中重要豆科牧草云南山蚂蝗（栽培草种的野生近缘种）

图47 在以黄茅为优势成分的热性灌草丛中发现的旱生千斤拔（中国新记录种）

图48 元谋县热性灌草丛中的珍稀草种大花葛（中国特有种）

图49 在云南永胜县热性灌草丛中发现的珍稀草种箭叶大油芒（中国特有种，国家II级重点保护野生植物）

图50　石岛

4. 岛屿岛礁热性灌草丛

岛屿岛礁植物多样性及其保护一直是保护生物学研究的热点，虽然岛屿岛礁热性灌草丛的植物种类相对稀少，但较为特殊，变异很大。很多岛屿岛礁植物在耐盐、抗旱、耐贫瘠等方面具有独特的优势，富含特异性的遗传因子，在育种上具有重要的利用价值。岛屿岛礁热性灌草丛主要分布于我国南海，南海岛礁由200多个岛屿、沙洲和礁滩组成，分为东沙群岛、西沙群岛、南沙群岛和中沙群岛，其中面积最大的为西沙群岛的永兴岛。岛屿岛礁热性灌草丛虽然整体规模小，属零星分布，但其所承载的作物种质资源具有明显的特异性，另外南海各岛礁自古以来就是我国的神圣领土，加强这一区域的物种资源收集保护对于维护我国领土安全具有战略意义（图50）。

三沙各岛礁间植被总体上是相似的，代表性乔木有抗风桐、海岸桐、橙花破布木（*Cordia subcordata*）、红厚壳、榄仁树等，灌木最典型的有草海桐、银毛树（*Tournefortia argentea*）、海巴戟、海人树（*Suriana maritima*）和苦郎树（*Clerodendrum inerme*）。岛屿岛礁具有以下三个方面的特点：①这些区域是海鸟繁殖的天堂，很多岛礁积累了大量的鸟粪，土壤中除富含有机质和可溶性磷外，还富含氮，因此出现了大量的喜氮植物，如土牛膝（*Achyranthes aspera*）、狭叶尖头叶藜（*Chenopodium acuminatum* subsp. *virgatum*）、大花蒺藜（*Tribulus cistoides*）等；②这些区域由于受到海水侵蚀的影响，土壤中盐分高，生长在这里的很多植物具有喜盐、耐盐的特点，如海马齿（*Sesuvium portulacastrum*）、蔓茎栓果菊（*Launaea sarmentosa*）、李花蟛蜞菊（*Wollastonia biflora*）、补血草（*Limonium sinense*）、草海桐、厚藤（*Ipomoea pes-caprae*）、海刀豆（*Canavalia rosea*）等都是热带海岸著名的盐生植物；③这些区域的土壤瘠薄、保水能力差，而年降雨量少，生长在这里的植物普遍具有长期适应干旱的特性，树干皮厚且肉质化、贮水组织发达、有显著的髓部，其茎叶贮存了丰富的水分以抵御干旱，如抗风桐（图51，图52）、草海桐、避霜花（*Pisonia aculeata*）等。

图51 抗风桐是东岛野牛的重要饲料来源

图52 抗风桐被台风吹倒后，芽点恢复生长形成新的种群

三沙最典型的热性灌草丛是草海桐、银毛树和细穗草群落（图53），偶见伴生种沟叶结缕草（*Zoysia matrella*）、蒭雷草（*Thuarea involuta*）、海马齿、蔓茎栓果菊、厚藤、海刀豆、圆叶黄花棯（*Sida alnifolia* var. *orbiculata*）等。另外，礁滩上最常见的还有生长十分稠密的草海桐灌丛和海马齿草丛（图54）。

岛屿岛礁热性灌草丛中具有利用价值的豆科草种有疏花木蓝（*Indigofera colutea*）（图55）、硬毛木蓝（*I. hirsuta*）、九叶木蓝（*I. linnaei*）和紫花大翼豆（*Macroptilium atropurpureum*），它们属于栽培草种野生近缘种；属于珍稀作物野生近缘种的有滨豇豆（*Vigna marina*）（图56）和海刀豆；属于中国特有饲用植物的有滨海木蓝（*Indigofera litoralis*）和海南猪屎豆（*Crotalaria hainanensis*），另外，还分布有生态适应性较为特殊的落地豆（*Rothia indica*）、矮灰毛豆（*Tephrosia pumila*）、灰毛豆（*T. purpurea*）和狭叶红灰毛豆（*T. coccinea* var. *stenophylla*）。禾本科栽培草种的野生近缘种有多枝臂形草（*Brachiaria ramosa*）、四生臂形草（*B. subquadripara*）、狗牙根（*Cynodon dactylon*）、

图53 以草海桐、银毛树和细穗草为优势种的热性灌草丛

图54　以海马齿为单一优势种的礁滩

弯穗狗牙根（*C. radiatus*）、大黍（*Panicum maximum*）、海雀稗（*Paspalum vaginatum*）、双穗雀稗（*P. distichum*）、钝叶草（*Stenotaphrum helferi*）、锥穗钝叶草（*S. subulatum*）、沟叶结缕草、盐地鼠尾粟（*Sporobolus virginicus*）等，其中锥穗钝叶草在国内分布极为狭窄，西沙群岛各岛礁是其在国内唯一的分布区（图57）；属于中国特有种的禾本科牧草有台湾虎尾草（*Chloris formosana*）和微硬毛马唐（*Digitaria heterantha* var. *hirtva*）；此外，还分布有珍稀的作物野生近缘种，如陆地棉（*Gossypium hirsutum*）（图58）。这些草种资源，由于长期适应礁滩环境，形成了耐盐、耐旱、耐热和耐贫瘠的生物学特性，是草种资源收集的重点对象，在抗性草种资源评价及优异草品种培育方面具有重要的潜力。

图55　栽培草种的野生近缘种疏花木蓝

图56　珍稀草种资源滨豇豆
（作物野生近缘种，栽培草种的野生近缘种）

图57 采集于西沙群岛的珍稀草种资源锥穗钝叶草（栽培草种的野生近缘种）

图58 科研人员在西沙群岛采集陆地棉（作物珍稀野生资源）

图59 七洲岛热性灌草丛

七洲列岛、大洲岛及蜈支洲岛等岛屿的植被也主要是热性灌草丛（图59），但这些岛屿离海南岛较近，地质形成时间相对一致，分布的植物有一定的相似性，而三沙各岛屿岛礁多数由礁盘沉积发育而成，形成时间较近，土层瘠薄，相较前者其植被更为单一，群落成分与前者也不尽相同。七洲列岛、大洲岛等岛屿的海拔远高于三沙各岛礁，其中北峙的海拔达174 m，海拔较高、坡面较直，受强风影响，其植被趋向于低矮或匍匐状生长。

七洲列岛和大洲岛的热性灌草丛可分为以下群系：①沟叶结缕草和沟颖草（*Sehima nervosum*）群落，主要分布于七洲列岛，成片连续分布，优势草种是沟叶结缕草和沟颖草，灌木有笔管榕（*Ficus superba* var. *japonica*）和美叶菜豆树；②沟叶结缕草和扭鞘香茅（*Cymbopogon tortilis*）群落，优势草种是沟叶结缕草和扭鞘香茅，主要分布于向阳、面风的坡顶，物种组成单一，灌木占比极少；③草海桐和刺葵（*Phoenix hanceana*）群落（图60），灌木主要有草海桐、刺葵、细叶巴戟天（*Morinda parvifolia*）、光梗阔苞菊（*Pluchea pteropoda*）、木防己（*Cocculus orbiculatus*）和酒饼簕（*Atalantia buxifolia*），草本

图60 大洲岛以草海桐和刺葵为优势种的热性灌草丛

图61 七洲列岛代表性物种美叶菜豆树

主要有羽穗砖子苗（*Mariscus javanicus*）、扭鞘香茅、沟叶结缕草、乳豆（*Galactia tenuiflora*）、厚藤等；④草海桐和避霜花（*Pisonia aculeata*）群落，灌木层优势种为草海桐、避霜花和刺葵，草本层主要有厚藤、乳豆、白子菜（*Gynura divaricata*）和土牛膝（*Achyranthes aspera*）。上述群落里具有重要利用价值的草种主要有沟叶结缕草、沟颖草、乳豆和厚藤，其中沟叶结缕草是栽培种结缕草的野生近缘种（图61～图63）。

图62 七洲列岛重要草坪草资源沟叶结缕草（栽培草种的野生类型）

图63 七洲列岛优等饲用植物乳豆

5. 海岸带热性灌草丛

海岸带由于直接受到海洋气候的影响，形成了与区域小气候特征密切相关的一些特殊植被，如红树林、滩涂草地等。海岸带热性灌草丛的植被群落特征与远海内陆热性灌草丛存在明显的差异，我国的海岸带热性灌草丛主要分布于海南省、广东省、广西壮族自治区及福建省的沿海地区（图64）。海南省的海岸带热性灌草丛以三亚市至乐东黎族自治县、东方市、昌江黎族自治县、儋州市和临高县的环西海岸带尤为典型，该区较东海岸具有降雨量少、气候干热和植被以稀树灌丛为主的特征；广东省的海岸带热性灌草丛主要分布于雷州半岛，其次为由吴川市、茂名市电白区、阳江市至汕尾市和汕头市的海岸带；广西壮族自治区的海岸带热性灌草丛主要分布于防城港市、北海市至雷州半岛；福建省的海岸带热性灌草丛主要分布于东山县至厦门市、泉州市、莆田市、平潭县和霞浦县间的区域。海岸带的植物群落类似于海岛，但相较于后者其多样性更丰富，物种分布由盐生植物、喜盐植物到耐热、耐贫瘠植物过渡，且具刺植物如仙人掌（*Opuntia dillenii*）、刺果苏木（*Caesalpinia bonduc*）、大花蒺藜（*Tribulus cistoides*）、蒺藜草（*Cenchrus echinatus*）、老鼠艻（*Spinifex littoreus*）、老鼠簕（*Acanthus ilicifolius*）等出现的比例升高。海岸带热性灌草丛中常见的盐生草种有碱蓬（*Suaeda glauca*）、海马齿、毛马齿苋（*Portulaca pilosa*）、蔓茎栓果菊、厚藤、海刀豆、滨豇豆、水黄皮（*Pongamia pinnata*）、盐地鼠尾粟、沟叶结缕草、鬣刺、蒭雷草、羽穗砖子苗、粗根茎莎草（*Cyperus stoloniferus*）、绢毛飘拂草（*Fimbristylis sericea*）、海滨莎（*Remirea maritima*）、单叶蔓荆（*Vitex rotundifolia*）；耐盐、耐旱、耐贫瘠的草种资源有小刀豆（*Canavalia cathartica*）、链荚豆、乳豆、疏花木蓝、滨木蓝（*Indigofera litoralis*）、硬毛木蓝、刺荚木蓝（*Indigofera nummulariifolia*）、灰毛豆、矮灰毛豆、海南蝙蝠草（*Christia hainanensis*）、海雀稗、铺地黍（*Panicum repens*）、孟仁草（*Chloris barbata*）、台湾虎尾草、多枝臂形草、金须茅（*Chrysopogon orientalis*）、茅根（*Perotis indica*）、狗牙根、二型马唐（*Digitaria heterantha*）、羽穗草（*Desmostachya bipinnata*）、红毛草（*Melinis repens*）、多枝扁莎（*Pycreus polystachyos*）等，其中海南蝙蝠草、台湾虎尾草为中国特有种，疏花木蓝、滨木蓝、硬毛木蓝和刺荚木蓝是栽培草种的野生近缘种。海岸带热性灌草丛中的草种以喜盐、耐干旱、耐贫瘠的类型为

图64 海岸带热性灌草丛（仙人掌和刺果苏木灌丛）

图65 珍稀耐盐草种海雀稗（栽培草种的野生类型）

图66 珍稀耐盐草种盐地鼠尾粟

图67 珍稀观赏草种针叶苋
（我国只在海南省东方市有分布，居群极少）

图68 珍稀草种羽叶拟大豆
（中国特有种，《中国生物多样性红色名录》易危物种）

主，其中有一些是分布极为狭窄的珍稀草种，如海雀稗（图65）、沟叶结缕草、盐地鼠尾粟（图66）、链荚豆、鸡眼草（*Kummerowia striata*）和三点金（*Desmodium triflora*）。观赏草种有单叶蔓荆、马齿苋、海滨月见花（*Oenothera drummondii*）和针叶苋（*Trichuriella monsoniae*）（图67），其中针叶苋在我国只分布于海南，属于分布极为狭窄的珍稀草种。优等豆科牧草资源有海刀豆、小刀豆、落地豆（*Rothia indica*）、羽叶拟大豆（*Ophrestia pinnata*）和软荚豆（*Teramnus labialis*），其中羽叶拟大豆为中国特有种（图68）。珍稀作物野生近缘种有大豆属的短绒野大豆（*Glycine tomentella*）（图69）和烟豆（*Glycine tabacina*）（图70），两者均分布于福建东南部海岸带；豇豆属的滨豇豆和长叶豇豆（*Vigna luteola*）（图71），其中滨豇豆主要分布于海南和广东，而长叶豇豆是本项目在海南调查发现的新分布，属于中国特有种。禾本科珍稀草种资源有多裔草（*Polytoca digitata*）、麦黄茅（*Heteropogon triticeus*）和葫芦草（*Chionachne massiei*），三者虽然未被列入濒危植物名录，但均分布于海岸带山坡灌丛中，相当一部分生境已经消失，属于分布极为狭窄的草种。

图69 珍稀草种短绒野大豆（作物野生近缘种，国家II级重点保护野生植物）

图70 珍稀草种烟豆（作物野生近缘种，国家II级重点保护野生植物）

图71 珍稀草种长叶豇豆（中国特有种，作物野生近缘种）

图72 海南省昌江黎族自治县干热稀树灌草丛的群落外貌（木棉为标志性成分）

（三）干热稀树灌草丛类草地牧草资源

干热稀树灌草丛类草地与热性灌草丛类草地在群落成分上有一定的相似性，如黄茅属、甘蔗属、野古草属、木蓝属、千斤拔属、山蚂蝗属等是二者共有成分，但干热稀树灌草丛类所处的气候条件更为典型，形成了一些标志性物种而区别于热性灌草丛类（图72），如牛角瓜（*Calotropis gigantea*）、木棉（*Bombax celiba*）、厚皮树（*Lannea coromandelica*）、番石榴（*Psidium guajava*）、虾子花（*Woodfordia fruticosa*）、酸豆（*Tamarindus indica*）等属于喜极干热的古热带区系成分。

我国的干热稀树灌草丛类草地是在干热的气候条件下，由于森林植被破坏而形成的次生草地类型，绝大部分分布在西南干热河谷区，这些干热河谷均处在西南和东南季风的背风面雨影区，两侧山地高耸，河谷狭窄，西南或东南季风带来的水分被截留，致使河谷底部极其干热而形成了类似于非洲稀树干草原的草地类型；另外，海南岛西部、西北部及雷州半岛由于受到中部五指山系的水湿气流截留而形成了干热环境，发育成干热稀树灌草丛。由于地理气候特征的细微差异，华南及西南发育形成了各具特点的干热稀树灌草丛类草地，分布有各具特色的珍稀草种资源（图73）。

海南西部的儋州市、昌江黎族自治县、乐东黎族自治县和东方市等海拔200 m以下的滨海台地是海南典型干热稀树灌草丛的重要分布区，总体上该区域的草地以斑茅、甜根子草等高秆禾草为优势种（图74），只有近海极少数区域以华三芒草（*Aristida chinensis*）、鹧鸪草（*Eriachne pallescens*）为优势种，黄茅为亚优势种，纤毛画眉草（*Eragrostis ciliata*）、长画眉草（*Eragrostis brownii*）、白茅、红毛草、蜈蚣草（*Eremochloa ciliaris*）、双花草（*Dichanthium annulatum*）、白羊草（*Bothriochloa ischaemum*）等为常见的伴生草种。常见的乔木有木棉、厚皮树、倒吊笔（*Wrightia pubescens*）和苦楝（*Melia azedarach*），灌木有鹊肾树（*Streblus asper*）、基及树（*Carmona microphylla*）、土蜜树（*Bridelia tomentosa*）、刺篱木（*Flacourtia indica*）、光荚含羞草（*Mimosa bimucronata*）、牛筋果（*Harrisonia perforata*）、露兜树（*Pandanus tectorius*）等。另外，20世纪末海南西部地区迎来了大量的造林和开垦计划，成片的干热稀树灌草丛被改造为了桉树林、木麻黄林或蕉园，因此总体上虽然海南的干热稀树灌草丛有保留，但多呈零星片

图73　滇东南元江河谷干热稀树灌草丛群落外貌

图74　海南西北部以斑茅为优势种的干热稀树灌草丛

图75　珍稀草种海南蝙蝠草
（海南特有种，《中国生物多样性红色名录》近危物种）

状分布。被改造的桉树林下形成了以大黍、白茅、甜根子草和斑茅为优势草本的植被系统，另间生有一些西卡柱花草（*Stylosanthes scabra*）、丁癸草、硬毛木蓝等耐旱豆科草种。

海南干热稀树灌草丛分布的重要豆科草种有单节假木豆（*Dendrolobium lanceolatum*）、假木豆、乳豆、灰毛豆、白灰毛豆（*Tephrosia candida*）、黄灰毛豆（*Tephrosia vestita*）、球果猪屎豆（*Crotalaria uncinella*）、海南蝙蝠草（*Christia hainanensis*）、蝙蝠草（*C. vespertilionis*）、钩柄狸尾豆（*Uraria rufescens*）、软荚豆、三叉刺（*Trifidacanthus unifoliolatus*）、丁癸草、链荚豆和蔓草虫豆。其中，海南蝙蝠草属于海南特有种，只分布于乐东黎族自治县（图75）；三叉刺也是狭域分布种，只分布于东方市极少数区域。调查发现中国新记录的豆科草种有西非猪屎豆（*Crotalaria goreensis*）（图76）、长喙野百合（*Crotalaria longirostrata*）。禾本科草种有牧地狼尾草、纤毛蒺藜草（*Cenchrus ciliaris*）、大罗网草（*Panicum luzonense*）、光高粱（*Sorghum nitidum*），其中纤毛蒺藜草为海南新记录种，光高粱为珍稀作物野生近缘种（图77）。除上述之外，还分布有一些具有特殊用途或功效的木本饲用植物资源，如资源量较大的木麻黄（*Casuarina equisetifolia*）和苦楝，两者在华南沿海干热区广泛分布，都是当地黑山羊喜采食的木本饲用植物，前者具有温中止泻、利湿的功效，黑山羊喜采食其嫩梢，后者具清热降燥、杀虫止痒、行气止痛之功效，黑山羊亦喜采食，海南当地养殖户通常在黑山羊哺乳期给母羊和羔羊投喂苦楝枝叶，一是起到哺乳期防虫降燥的作用，二是给羔羊补充青饲以增强其抵抗力（图78）。

云南境内的金沙江及元江流域的中下游河谷区分布着以黄茅为优势种的干热稀树灌草丛草地（图79），这是云南境内分布最广泛、面积最大的干热稀树灌丛类草地，在四川攀枝花等南部区域也有分布，其伴生的禾本科牧草常见的有芸香草（*Cymbopogon distans*）、双花草（*Dichanthium annulatum*）、菅、三芒草（*Aristida adscensionis*）和蔗茅，豆科牧草有云南灰毛豆、乌头叶豇豆（*Vigna aconitifolia*）、小鹿藿、云南羊蹄甲（*Bauhinia yunnanensis*）、元江羊蹄甲（*B. esquirolii*）、鞍叶羊蹄甲、印度崖豆（*Millettia pulchra*）等，常见灌木有清香木、番石榴、虾子花、风车果（*Pristimera cambodiana*）等。

元谋县、红河县及元江哈尼族彝族傣族自治县的一些极干热地区还分布着以三芒草为优势种的干热稀树灌草丛草地（图80），亚优势种仍然是黄茅，还伴生有喜干旱的其他成分，如锋芒草属的虱子草（*Tragus berteronianus*）。伴生的豆科牧草主要有云南灰毛豆、单叶木蓝（*Indigofera linifolia*）、九叶木蓝（*Indigofera linnaei*）、云南链荚豆（*Alysicarpus yunnanensis*）（图81）、宿苞链荚豆（*A. bracteus*）、美花狸尾豆、美丽相思子（*Abrus pulchellus*），常见的灌木主要有牛角瓜、金合欢（*Acacia farnesiana*）、清香木及零星分布的云南松（*Pinus yunnanensis*）。此类草地中还有分布极为狭窄的珍稀草种黑果黄茅、白虫豆（*Cajanus niveus*）（图82）、宽叶白茅（*Imperata latifolia*）等。其中，黑果黄茅通常分布于攀枝花市、元谋县和永胜县这一带，与黄茅或三芒草伴生；宽叶白茅目前只在攀枝花市发现有分布，属于分布极狭的草种；白虫豆是木豆的野生近缘种，是木豆属植物中少有的直立小灌木，只发现在元江的极少数地区有分布，属于珍稀草种资源。

图76 在海南省东方市发现的豆科优等牧草西非猪屎豆（中国新记录种）

图77 珍稀草种光高粱（作物野生近缘种）

图78 具有特殊功效的木本饲用植物苦楝（羔羊采食苦楝枝叶）

图79　元江河谷以黄茅为优势种的干热稀树灌草丛草地

图80　以三芒草为优势种的干热稀树灌草丛草地

图81　珍稀草种云南链荚豆（中国特有种，国家II级重点保护野生植物，《中国生物多样性红色名录》极危物种）

图82　分布狭窄的珍稀草种白虫豆（作物野生近缘种，《中国生物多样性红色名录》易危物种）

图83 德钦县奔子栏镇典型的干旱植被

（四）干旱河谷灌草丛类牧草资源

干旱河谷灌草丛与干热稀树灌草丛有相似的成分，但两者是有区别的，干旱河谷灌草丛更偏向于荒漠性植被，形成了很多以有刺类物种为优势种的植被，这是与后者的主要区别。西南地区的金沙江、怒江、元河、岷江及雅砻江等流域的上游深谷地区受到“焚风”的影响，降雨量少且多集中于短暂的夏季，其他季节长期干旱，年降雨量不足400 mm，这是具有荒漠性植被特征的干旱河谷灌草丛形成的主要原因；而下游区的相对湿度要高，年降雨量通常在800 mm以上，有的地区可达1500 mm，形成了两者明显有区别的植被特征。两者地理位置也有区别，干旱河谷灌草丛分布于上游区，因海拔更高，形成的深切沟谷更明显；而干热稀树灌草丛分布于中下游区，沟谷趋向于平缓。从德钦县奔子栏镇到甘孜藏族自治州德格县、白玉县、巴塘县、得荣县、乡城县等地区，是我国最典型的干旱河谷区（图83）。

该区干旱、少雨、气温高、蒸发量大，又因生境坡度大、石砾多、土壤基质为典型的干燥剥蚀岩荒漠类型，土壤保水困难，更加剧了气候的干旱效应，因此形成了独特的河谷性荒漠植被特征，植被盖度很低，在河谷底部相对湿润的极少数沟箐处盖度稍高，其余极为干燥，形成广泛的耐旱植被。在群落外貌上，干旱河谷灌草丛植被以小叶、硬叶、毛叶、狭叶、刺叶、肉质叶为总体特征，硬叶植物有德钦画眉草（*Eragrostis deqinensis*），毛叶植物有芸香草（*Cymbopogon distans*）、矛叶荩草、九顶草（*Enneapogon desvauxii*）等，狭叶植物有白草（*Pennisetum flaccidum*），刺叶植物有多刺天门冬（*Asparagus myriacanthus*），肉质叶植物有长萼石莲（*Sinocrassula ambigua*）、德钦景天（*Sedum wangii*）等。干旱河谷灌草丛草地中有刺类植物的比例上升，有猪毛菜（*Salsola collina*）、刺花莲子草（*Alternanthera pungens*）、千针苋（*Acroglochin persicarioides*），灌木有单刺仙人掌（*Opuntia monacantha*）、峨眉蔷薇（*Rosa omeiensis*）、对节刺（*Horaninovia ulicina*）、川西白刺花（*Sophora davidii* var. *chuansiensis*）（图84）、西南蔷薇（*Rosa murielae*）、多刺天门冬（*Asparagus

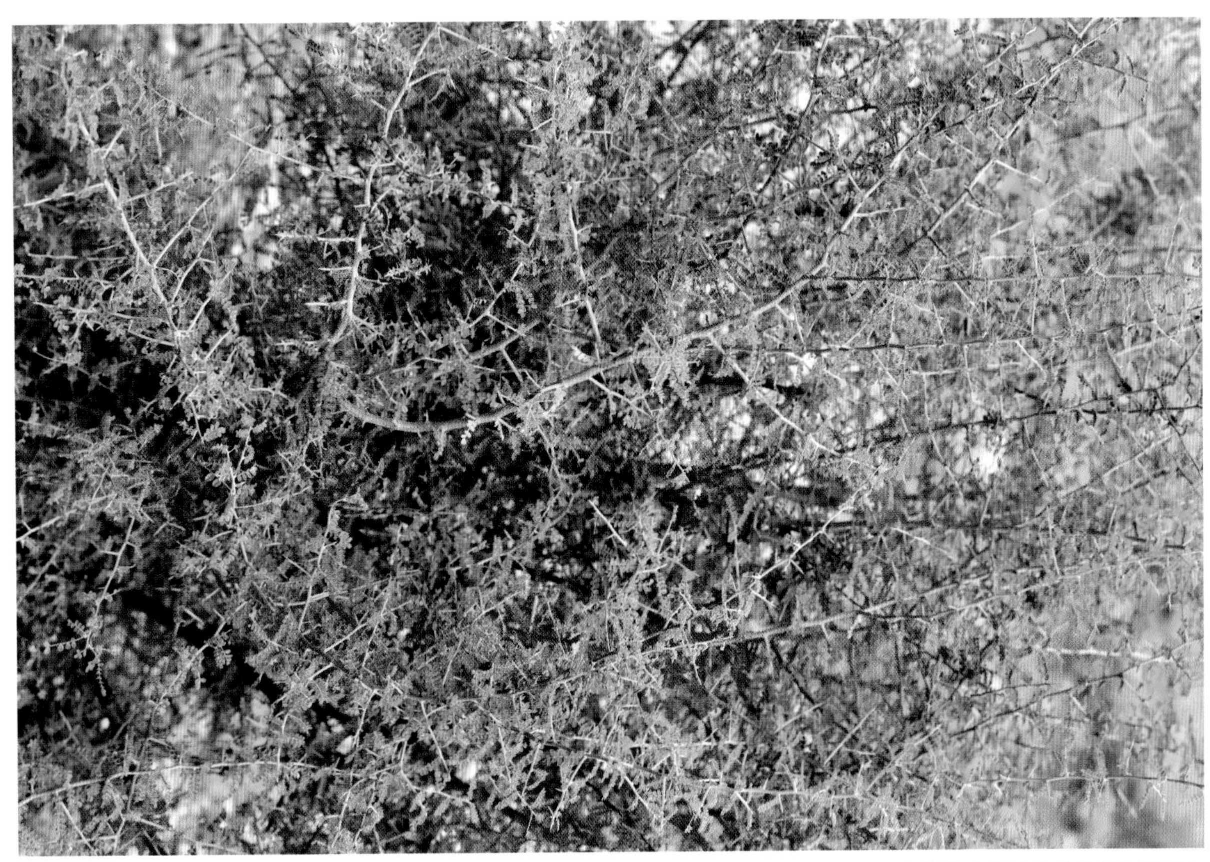

图84　干旱河谷灌草丛中优势有刺灌木川西白刺花（栽培草种的野生类型）

myriacanthus）、刺铁线莲（*Clematis delavayi* var. *spinescens*）和凹叶雀梅藤（*Sageretia horrida*）等，其中单刺仙人掌、川西白刺花（图84）及多刺天门冬是这一地区的优势类群。

金沙江干旱河谷、怒江中游干旱河谷、岷江上游干旱河谷及其横断山区在属的分布区类型上均以温带成分占优势，河谷内分布比较多的禾本科及菊科也均以温带分布属较多。在特有成分上，干旱河谷的植物区系由于发生和发展的时间较短，属的分化显得仓促而未来得及形成新的地区特有属，但有许多特有种，如德钦画眉草、小叶杭子梢（*Campylotropis wilsonii*）、灰岩木蓝（*Indigofera calcicola*）、云南百部（*Stemona mairei*）等。重要的禾本科牧草资源有白草、纤细苞茅、拟金茅（*Eulaliopsis binata*）、黄茅（*Heteropogon contortus*）、德钦画眉草，豆科有川西白刺花、束花铁马鞭（*Lespedeza fasciculiflora*）（图85）、灰岩木蓝、毛荚苜蓿（*Medicago edgeworthii*）（图86）和喜马拉雅鹿藿（*Rhynchosia himalensis*）。

图85　重要草种束花铁马鞭（栽培草种的野生近缘种）

图86　重要草种毛荚苜蓿（栽培草种的野生近缘种）

图87 甘南低地草甸类草地（玛曲县阿万仓湿地草原）

（五）低地草甸类草地牧草资源

低地草甸类草地是在地下水位较高和土壤水分充足的情况下发育形成的以中生的多年生草本植物为主的一种草地类型（图87）。低地草甸类草地由于受土壤水分条件的限制，在不同的植被气候带都有分布。尽管荒漠地区的气候干旱，降水不足，但有地表径流汇集的低洼地或是地下水位较高的地方，也可形成具有非地带性或隐域性的分布特征。

低地草甸类草地地势低平，排水不畅，地下水位较高，地表常常临时性或季节性积水，特别是在雨季，地下水位显著升高，旱季地下水位下降。在干旱气候条件下，由于地下水水质矿化度较高，土壤发生不同程度的盐碱化，地表可见有盐霜、盐斑，甚至盐结皮，在荒漠地区更为突出。而在长江中下游湿润区，低地草甸类草地通常地势平坦，有机质丰富，不仅形成了以农田为主的重要土地资源，也有的由于群丛繁茂、草产量高、适口性好，形成了重要的放牧草地或打贮干草地，因而低地草甸类草地也是发展草食家畜的重要草地资源（图88～图90）。

图88　鄱阳湖区低地草甸类草地打贮灰化薹草干草

图89　华南沿海以双穗雀稗及铺地黍为优势种的低地草甸类草地

图90　江苏盐城以芦苇与白茅为优势种的低地草甸类草地

图91 低地草甸类草地优等牧草膜稃草

由于分布地区的不同，低地草甸类草地的类型比较复杂，饲用植物的组成比较丰富，南方低地草甸类草地的物种组成以热性草为主，常见的有禾本科膜稃草属、菰属、伪针茅属、雀稗属、黍属、假稻属、拂子茅属、鼠尾粟属、芦苇属、看麦娘属、棒头草属、牛鞭草属、甜茅属、䓘草属、薏苡属物种，莎草科薹草属、藨草属物种，蓼科蓼属物种等。其中，华南地区的低地草甸类草地常见禾本科草种有膜稃草（*Hymenachne amplexicaulis*）、菰（*Zizania latifolia*）、双穗雀稗、两耳草（*Paspalum conjugatum*）、海雀稗、瘦脊伪针茅（*Pseudoraphis sordida*）、铺地黍、水生黍（*Panicum dichotomiflorum*）、细柄黍（*P. sumatrense*）、糠稷（*P. bisulcatum*）、李氏禾、韩氏鼠尾粟（*Sporobolus hancei*）、毛鼠尾粟（*S. pilifer*）、拂子茅（*Calamagrostis epigeios*）、假苇拂子茅（*C. pseudophragmites*）、甜茅（*Glyceria acutiflora* subsp. *japonica*）、䓘草（*Beckmannia syzigachne*）、看麦娘（*Alopecurus aequalis*）、棒头草（*Polypogon fugax*）、扁穗牛鞭草（*Hemarthria compressa*）、薏苡（*Coix lacryma- jobi*），莎草科草种有高秆莎草（*Cyperus exaltatus*）、硕大藨草（*Actinoscirpus grossus*）、南水葱（*Schoenoplectus tabernaemontani*）、灰化薹草（*Carex cinerascens*）等，蓼科草种有水蓼（*Polygonum hydropiper*）、毛蓼（*P. barbatum*）、酸模叶蓼（*P. lapathifolium*）等。南方低地草甸类草地分布的优等牧草资源有膜稃草（图91）、扁穗牛鞭草、看麦娘、棒头草、薏苡，而双穗雀稗、海雀稗、瘦脊伪针茅、铺地黍、韩氏鼠尾粟及盐地鼠尾粟等属于优质的草坪草资源。豆科草种资源相对较少，主要有南苜蓿（*Medicago polymorpha*）（图92）、白三叶（*Trifolium repens*）、紫云英（*Astragalus sinicus*）及在海南发现的田菁属中国新记录种沼生田菁（*Sesbania javanica*）（图93）。

（六）温寒山地植被类草地牧草资源

在中亚热带以北的高海拔山地和西南高原区，形成了近似温带热量水平的植被，甚至在滇藏交界和川西北高原区有海拔超过5000 m的地段形成了高寒植被。温寒山地植被类草地是南方草地的北缘，其

图92 珍稀草种资源南苜蓿
（栽培草种的野生类型）

图93 低地草甸类草地重要豆科牧草沼生田菁
（中国新记录种）

地理气候特征、草地经营方式、农牧文化等有别于南方主体，为便于介绍，本部分将类似的草地植被一并简称为“温寒山地植被类”，主要包括暖性灌草丛类草地、山地草甸类草地、亚高山草甸类草地和高山草甸类草地（图94）。此类植被的土壤多为草甸土及黑钙土，土层一般发育良好，层次显著，结构多以团粒及团块为主，疏松湿润，富含有机质。温寒山地植被类的牧草种类甚为丰富，禾本科牧草主要有早熟禾属、羊茅属、披碱草属、雀麦属、鸭茅属、异燕麦属、野青茅属、剪股颖属、看麦娘属、短柄草属、落草属等物种；豆科牧草主要有黄芪属、苜蓿属、野豌豆属、百脉根属、棘豆属、锦鸡儿属、雀儿

图94 四川阿坝高山杂类草草甸

豆属、野决明属等物种；杂类草主要有薹草属、嵩草属、委陵菜属、山莓草属、马先蒿属、百合属、葱属、紫菀属、龙胆属、风毛菊属、虎儿草属、乌头属、翠雀属、橐吾属、鸦葱属、香青属、蒲公英属、地榆属、羽衣属、唐松草属、蔷薇属等物种。灌木主要有蔷薇科蔷薇属刺灌丛，金露梅（*Potentilla fruticosa*）和银露梅（*P. glabra*）灌丛，鲜卑花（*Sibiraea laevigata*）灌丛及杜鹃花属灌丛等。总体而言，温寒山地植被类在南方分布较为分散，主体在西南高原区，以下重点介绍云南和四川的情况。

1. 云南的温寒山地植被类草地牧草资源

云南的温寒山地植被类草地主要分布于滇西北和滇东北海拔2500 m以上的地区，按气候和植物组成的差异可分为三类。

第一类是温凉性中山草甸（图95），指中山湿性常绿阔叶林和云南铁杉分布线附近的次生草甸植被，主要分布在滇西北、滇东北、滇西和滇中海拔2500～3200 m的地区，滇东南海拔2500 m左右的中山顶部也有零星分布。温凉性中山草甸的主要优势种是黑穗画眉草（*Eragrostis nigra*）、长舌野青茅（*Deyeuxia arundinacea* var. *ligulata*）、翻白叶（*Potentilla griffithii* var. *velutina*）等，也混生有高山种类，如羊茅（*Festuca ovina*）、早花象牙参（*Roscoea cautleoides*）、伏毛虎耳草（*Saxifraga strigosa*）等，还有中山灌草丛的种类，如珠光香青（*Anaphalis margaritacea*）、蓟（*Cirsium japonicum*）等。从群落结构来看，温凉性中山草甸是由温性植被到亚高山植被的过渡。分布的豆科牧草有苜蓿属的小苜蓿（*Medicago minima*）、紫苜蓿（*M. sativa*）、天蓝苜蓿（*M. lupulina*）（图96），车轴草属的白三叶，百脉根属的百脉根（*Lotus corniculatus*）（图97），紫雀花属的紫雀花（*Parochetus communis*）（图98），黄芪属的地八角（*Astragalus bhotanensis*），野豌豆属的救荒野豌豆（*Vicia sativa*）、小巢菜（*V. hirsuta*）和歪头菜（*V. unijuga*），上述草种是栽培牧草的野生类型或野生近缘种，是调查收集的重点对象；另外

图95 滇东南温凉性中山草甸

图96 珍稀草种天蓝苜蓿（栽培草种的野生类型）

图97 珍稀草种百脉根（栽培草种的野生类型）

还分布有一些热性至暖性的过渡性草种，如山蚂蝗属的疏果山蚂蝗（*Desmodium griffithianum*）、饿蚂蝗（*D. multiflorum*）及圆锥山蚂蝗（*D. elegans*），后两者的分布海拔可达3700 m，还有两型豆属的锈毛两型豆（*Amphicarpaea ferruginea*）（图99），苦葛属的苦葛（*Toxicopueraria peduncularis*），葛属的食用葛（*Pueraria edulis*）（图100），山黑豆属的云南山黑豆（*Dumasia yunnanensis*）等。总体而言，温凉性中山草甸是热性草与温性草过渡的一个重要分水岭，这也是南方地区收集耐寒性较好的热性草种资源的一个关键区域，如上述山蚂蝗属或葛属等的一些重要育种材料在这一类型草地中非常丰富。在这一类型草地中，禾本科草种也发生由热性到暖性的过渡，从芒、蔗茅等草种资源逐步过渡出现雀麦属、黑麦草属、燕麦属、鸭茅属、披碱草属及羊茅属的草种。

图98 代表性草种资源紫雀花

图99 珍稀草种锈毛两型豆
（中国特有种，国家II级重点保护野生植物）

图100 珍稀草种食用葛（中国特有种）

图101　温寒性亚高山草甸（大海草山）

第二类是温寒性亚高山草甸（图101），指亚高山冷杉林分布线以上的草地，其下缘为温凉性中山草甸类草地，上缘是高山草甸。分布在滇西、滇西北、滇东北的高大山体上侧，如高黎贡山、碧罗雪山、哈巴雪山、玉龙雪山、梅里雪山、太子雪山、白马雪山、乌蒙山、大海草山、巧家药山等。草地的优势种主要是羊茅及菊科、龙胆科、玄参科、虎耳草科、毛茛科等的杂类草。常见的灌木有大白杜鹃（*Rhododendron decorum*）、单花遍地金（*Hypericum monanthemum*）、箭竹（*Fargesia spathacea*）等。杂类草常见于地形平坦、土壤水分适中或偏湿、土层深厚、土壤肥沃的地段，常形成生长季色彩艳丽的草甸季相景观，有西南鸢尾（*Iris bulleyana*）、苍山橐吾（*Ligularia tsangchanensis*）、大花鸡肉参（*Incarvillea mairei* var. *grandiflora*）、狭叶藜芦（*Veratrum stenophyllum*）、甘松香（*Nardostachys jatamansi*）、尼泊尔香青（*Anaphalis nepalensis*）、血满草（*Sambucus adnata*）、圆苞大戟（*Euphorbia griffithii*）、尼泊尔酸模（*Rumex nepalensis*）、冰川蓼（*Polygonum glaciale*）等。温寒性亚高山草甸类草地分布的重要豆科草种有云南高山豆（*Tibetia yunnanensis*）（图102）、黄花高山豆（*T. tongolensis*）、白三叶、红三叶（*Trifolium pratense*）、窄叶野豌豆（*Vicia sativa* subsp. *nigra*）、多茎野豌豆（*V. multicaulis*）、弯齿膨果豆（*Phyllolobium*

图102　滇西北亚高山草甸代表性草种云南高山豆

图103　以青藏垫柳、高山柏和嵩草为优势种的高山垫状灌丛（白马雪山）

图104　滇西北高原高山草甸和流石滩常见的垫状植物（密生福禄草）

camptodontum）等；禾本科有羊茅、鸭茅、丝颖针茅（*Stipa capillacea*）、华雀麦（*Bromus sinensis*）等。

第三类是寒性草地植被，包括高山草甸、高山矮灌丛及高山垫状灌丛（图103，图104），该类分布在亚高山草地植被之上，主要集中于滇西北的几座大雪山，如玉龙雪山、哈巴雪山、白马雪山、太子雪山和梅里雪山，海拔多在4000～5500 m，其上部为无植被或稀植被的流石滩。高山草甸是草地中的原生植被。高山草甸植被所处环境气候寒冷，组成植被的种类均具有耐寒、耐旱的生态适应性特征。按植物组成种类来分，主要由杂类草组成，常见的有玉龙嵩草（*Kobresia tunicata*）、黑褐薹草（*Carex atrofusca*）、重齿风毛菊（*Saussurea katochaete*）、蒲公英叶风毛菊（*S. taraxacifolia*）、康滇假合头菊（*Parasyncalathium souliei*）、圆穗蓼（*Polygonum macrophyllum*）、毛叶草血竭（*Polygonum paleaceum* var. *pubifolium*）、绿花矮泽芹（*Chamaesium viridiflorum*）、独一味（*Lamiophlomis rotata*）、向日垂头菊（*Cremanthodium helianthus*）、秀丽绿绒蒿（*Meconopsis venusta*）、大花福禄草（*Arenaria smithiana*）、齿叶灯台报春（*Primula serratifolia*）、密毛银莲花（*Anemone demissa* var. *villosissima*）、柄果高山唐松草（*Thalictrum alpinum* var. *microphyllum*）、冰川景天（*Sedum sinoglaciale*）、流苏虎耳草（*Saxifraga wallichiana*）等。寒性草地的代表性豆科草种有黄芪属的无茎黄耆（*Astragalus acaulis*）（图105）、云南黄耆（*Astragalus yunnanensis*）（图106），野决明属的矮生野决明（*Thermopsis smithiana*）（图107），雀儿豆属的云雾雀儿豆（*Chesneya nubigena*）（图108）等。

图105 滇西北高原高寒草甸代表性草种无茎黄耆

图107 滇西北高原高山草甸和流石滩重要草种矮生野决明（中国特有种）

图106 滇西北高山流石滩重要草种云南黄耆（中国特有种）

图108 滇西北高原高寒草甸代表性草种云雾雀儿豆

2. 四川的温寒山地植被类草地牧草资源

四川的温寒山地植被类草地主要分布于海拔2500 m以上的区域，按气候和植物组成也可分为三类。

第一类是温凉性中山草甸类草地，主要分布在凉山彝族自治州和攀枝花市境内，盆周山区的部分县也有零星分布，海拔2500～3200 m，地形多为山地缓坡和山顶平地。其植物群落由多年生、中生性草本组成，优势种的地区差异非常明显。在凉山彝族自治州与攀枝花市，群丛中西南野古草（*Arundinella hookeri*）常占主导地位，它的适应性强，分布广泛，在中山或亚高山均能见到，此外常见的优势种还有刺芒野古草（*Arundinella setosa*）、细叶芨芨草（*Achnatherum chingii*）、黑穗画眉草（*Eragrostis nigra*）、羊茅、西南委陵菜（*Potentilla lineata*）、珠芽蓼（*Polygonum viviparum*）、火绒草（*Leontopodium leontopodioides*）等。常见的伴生植物多达数十种，如高山豆（*Tibetia himalaica*）、蒿属植物、蓼属植物、微毛披碱草（*Elymus puberulus*）、短柄草（*Brachypodium sylvaticum*）等。在盆周山区的中山地段包括巫溪县、平武县、宝兴县和石棉县的山地草地中，优势种主要为杂类草，如薹草属、委陵菜属、银莲花属和蕨类植物，禾本科植物的比例较小。

第二类是亚高山疏林草甸类草地，主要分布在甘孜藏族自治州、阿坝藏族羌族自治州及凉山彝族自治州的高山峡谷区，海拔3000～4200 m，呈不连续的斑块状分布（图109，图110）。亚高山疏林草甸类

图109　四川阿坝亚高山疏林草甸类草地

图110 四川凉山七里坝亚高山疏林草甸类草地

草地是森林砍伐或火烧迹地在恢复过程中形成的过渡类型，以山体的阴坡、半阴坡和河谷沿岸较多。草种主要有糙野青茅（*Deyeuxia scabrescens*）、早熟禾（*Poa annua*）、垂穗披碱草（*Elymus nutans*）、嵩草（*Kobresia myosuroides*）、红棕薹草（*Carex przewalskii*）、珠芽蓼、报春花（*Primula malacoides*）、灯心草（*Juncus effusus*）、乌头（*Aconitum carmichaelii*）、唐松草（*Thalictrum aquilegiifolium* var. *sibiricum*）、驴蹄草（*Caltha palustris*）等。

第三类是寒性草地，分为高寒草甸类草地、高寒沼泽类草地、高寒灌丛草甸类草地。高寒草甸类草地是在高原、高山与寒冷湿润的自然条件下形成的以多年生、中生性草类为主的草地类型（图111），海拔通常在4000 m以上，植物组成较为简单，草层密集而低矮，主要有高山嵩草（*Kobresia pygmaea*）、四川嵩草（*K. setschwanensis*）、矮生嵩草（*K. humilis*）、红棕薹草（*Carex przewalskii*）、无脉薹草（*C. enervis*）等莎草科草种，禾本科牧草有羊茅、紫羊茅（*Festuca rubra*）、草地早熟禾（*Poa pratensis*）、垂穗披碱草（图112）、丝颖针茅（*Stipa capillacea*）、发草（*Deschampsia cespitosa*）等，其他杂类草有

图111　四川阿坝高寒草甸类草地

图112　高寒草甸类草地中重要草种垂穗披碱草（栽培草种的野生类型）

低矮的珠芽蓼、圆穗蓼、风毛菊属植物、龙胆科植物、毛茛科植物，而豆科牧草较少，只有黄芪属、棘豆属及野决明属的少数几种。

高寒沼泽类草地是川西高原在特定的自然环境条件下形成的一种以沼生植物为主，间有水生植物的草地类型（图113），集中分布于阿坝藏族羌族自治州的若尔盖县、红原县和阿坝县，甘孜藏族自治州的石渠县、色达县、理塘县、雅江县、稻城县也有一定分布，草种以喜湿的莎草科物种为主，薹草属、嵩草属的物种是优势类群，还有羊胡子草（*Eriophorum scheuchzeri*）、金莲花（*Trollius chinensis*）、银莲花（*Anemone cathayensis*）、花葶驴蹄草（*Caltha scaposa*）、矮地榆（*Sanguisorba filiformis*）等杂类草，禾本科草种主要有芦苇（*Phragmites australis*）、甜茅（*Glyceria acutiflora* subsp. *japonica*）及少量发草、野青茅（*Deyeuxia pyramidalis*），而豆科草种极为少见。

高寒灌丛草甸类草地是以耐寒的多年生、中生性草本植物与灌丛相复合形成的（图114），分布范围遍及甘孜藏族自治州、阿坝藏族羌族自治州、凉山彝族自治州三个自治州全境，以及盆周山区的雅安

图113 川西高原高寒沼泽类草地

图114 高寒灌丛草甸类草地（甘孜藏族自治州）

市、攀枝花市和绵阳市的北川羌族自治县、平武县等的高山地区；虽然高寒灌丛草甸与高寒草甸的群落组成相似，但也有其自身的特点，在高海拔地区，灌丛呈密集的团块状分布，灌丛中几乎不长草，而在丛间空隙上形成群丛，有时灌丛呈均匀的星状分布，丛间有一定距离，但空隙狭小，草本植物也均匀地生长在狭窄的丛间空隙，禾本科牧草多围绕着灌丛边缘生长，其他匍匐状、莲座状牧草则生长在丛间空隙的中心。这一类型草地中高寒性豆科草种分布较多，主要有黄芪属、棘豆属、野决明属、岩黄耆属、米口袋属、锦鸡儿属等的物种，禾本科草种主要有羊茅、雀麦（*Bromus japonicus*）、旱雀麦（*B. tectorum*）、草地早熟禾（*Poa pratensis*）、疏花早熟禾（*P. polycolea*）、藏异燕麦（*Helictotrichon tibeticum*）、黑紫披碱草（*Elymus atratus*）、垂穗披碱草、圆柱披碱草（*Elymus dahuricus* var. *cylindricus*）、发草、糙毛以礼草（*Kengyilia hirsuta*）等（图115～图118）。

图115　川西高原高寒草地植被的珍稀草种黑紫披碱草（中国特有种，国家II级重点保护野生植物）

图116　川西高原高寒草地植被的珍稀草种短芒披碱草（中国特有种，国家II级重点保护野生植物）

图117　川西高原高寒草地植被的草种糙毛以礼草（栽培草种的野生类型）

图118　川西高原高寒草地植被的草种锡金岩黄耆

资源篇

银合欢属
Leucaena Benth.

银合欢 | *Leucaena leucocephala* (Lam.) de Wit

形态特征　多年生常绿乔木。偶数二回羽状复叶；羽片5～17对；小叶11～17对。头状花序，单生于叶腋，具长柄，每花序有100余花；花白色，花瓣5，分离；雄蕊10。荚果革质，带状，下垂，先端突尖，长约24 cm，宽2.5 cm，每荚有15～25种子。种子扁平、卵形、褐色，长5～9 mm，宽4～6 mm，具光泽，成熟时开裂。

生境与分布　喜干热气候。生于低海拔的荒地或林缘。世界热带广布，我国华南和西南有栽培。

饲用价值　嫩茎、叶富含蛋白质、胡萝卜素和维生素，适口性好，适于作牛、羊饲料。加工的叶粉是猪、兔、家禽的优良补充饲料。叶粉喂猪，用量10%；喂兔用量低于10%；喂鸡，用量5%以下。其化学成分如下表。

银合欢的化学成分（%）

样品情况	占干物质					钙	磷
	粗蛋白	粗脂肪	粗纤维	无氮浸出物	粗灰分		
嫩叶　绝干	35.06	4.53	11.98	43.48	4.95	0.41	0.43

数据来源：中国热带农业科学院热带作物品种资源研究所

居群

叶片

幼枝

圆锥花序

果序

头状花序

示种子着生

种子

合欢属
Albizia Durazz.

合欢 *Albizia julibrissin* Durazz.

形态特征　落叶乔木。嫩枝、花序和叶轴被短绒毛。二回羽状复叶，具羽片4～12对；小叶10～30对，矩圆形至条形，两侧极偏斜，长6～12 mm，宽1～4 mm，先端极尖，有缘毛，基部圆楔形。头状花序于枝顶排成圆锥花序；花淡红色；花萼管状，长3 mm；花冠长8 mm，裂片三角形，长1.5 mm，花萼、花冠外均被短柔毛；花丝长2.5 mm；雄蕊多数；子房上位。荚果条形，扁平，长约12 cm，宽约2 cm。花期6～7月；果期8～10月。

生境与分布　生于山坡、山谷及平原。华南、西南有栽培。

饲用价值　叶片蛋白质含量高，适口性较好，牛、羊、兔均喜食，晒干后制成草粉可喂猪、家禽。其化学成分如下表。

合欢的化学成分（%）

样品情况	占干物质					钙	磷
	粗蛋白	粗脂肪	粗纤维	无氮浸出物	粗灰分		
营养期　绝干	16.74	1.61	31.39	41.05	9.21	1.44	—

数据来源：重庆市畜牧科学院

花序　叶片　花期植株局部

楹树 | *Albizia chinensis* (Osbeck) Merr.

形态特征 落叶乔木。托叶膜质，心形，早落；二回羽状复叶，羽片6～12对；总叶柄基部和叶轴上有腺体；小叶20～35对，长椭圆形，长6～10 mm，宽约3 mm，先端渐尖，基部近截平；中脉紧靠上边缘。头状花序有10～20花，生于长短不同、密被柔毛的总花梗上，再排成顶生的圆锥花序；花绿白色，密被黄褐色绒毛；花萼漏斗状，长约3 mm，有5短齿；花冠长约为花萼的2倍，裂片卵状三角形；雄蕊长约25 mm；子房被黄褐色柔毛。荚果扁平，长10～15 cm，宽约2 cm，幼时稍被柔毛，成熟时无毛。花期3～5月；果期6～12月。

生境与分布 喜湿润热带气候。生于林中、旷野、谷地、河溪边。福建、湖南、广西、广东、海南等有分布。

饲用价值 丘陵地区一种重要的啃牧型乔木，生长季荚果及嫩枝可作牲畜粗饲料。其化学成分如下表。

楹树的化学成分（%）

样品情况	干物质	占干物质					钙	磷
		粗蛋白	粗脂肪	粗纤维	无氮浸出物	粗灰分		
营养期茎叶 鲜样	32.60	20.03	2.27	17.14	56.36	4.20	0.64	0.42

数据来源：中国热带农业科学院热带作物品种资源研究所

植株

花期植株

花序

托叶

幼枝

叶片

牛蹄豆属
Pithecellobium Mart.

牛蹄豆 | *Pithecellobium dulce* (Roxb.) Benth.

形态特征 常绿乔木。枝条常下垂，小枝有由托叶变成的针状刺。羽片1对，每羽片只有小叶1对；小叶长倒卵形或椭圆形；叶脉明显。头状花序小，于叶腋或枝顶排列成狭圆锥花序式；花萼漏斗状，长约1 mm，密被长柔毛；花冠白色，长约3 mm，密被长柔毛，中部以下合生；花丝长8～10 mm。荚果线形，长约10 cm，宽约1 cm，膨胀，旋卷，暗红色。种子黑色，包于白色或粉红色的肉质假种皮内。

生境与分布 喜热带气候。多生于低海拔的干热草地或灌丛。海南、广东、广西及云南有栽培。

饲用价值 木材为较好的建筑用材。叶片和果荚可用作饲料。假种皮味酸甜可调制饮料。

花序

植株局部

朱缨花属
Calliandra Benth.

朱缨花 | *Calliandra haematocephala* Hassk.

形态特征 长绿灌木。托叶卵状披针形，宿存；二回羽状复叶；羽片1对；小叶7～9对，斜披针形，长约3 cm，宽约1.2 cm，先端钝而具小尖头，基部偏斜，边缘被疏柔毛；小叶柄长仅1 mm。头状花序腋生，有25～40花；花萼钟状，长约2 mm；花冠管长约5 mm，顶端具5裂片；雄蕊突露于花冠之外，管口内有钻状附属体，上部离生的花丝长约2 cm。荚果线状倒披针形，长约8 cm，成熟时由顶至基部沿缝线开裂。种子5～6，长圆形，棕色。花期8～9月；果期10～11月。

生境与分布 喜热带气候。原产南美洲。我国引种栽培，华南常见栽培。

利用价值 花色艳丽，花期长，多作观赏栽培。嫩茎叶可供饲用。

花序 花蕾 叶片腹面 叶片背面

植株

苏里南朱缨花 *Calliandra surinamensis* Benth.

形态特征 常绿灌木，高约3 m。枝条扩展，小枝圆柱形。二回羽状复叶，无腺体；羽片1至数对；小叶对生。花通常少数组成球形的头状花序；花萼钟状，浅裂；花瓣连合至中部，中央的花常异型而具长管状花冠；雄蕊多数，红色或白色，长而突露，下部连合成管，花药通常具腺毛；心皮1，无柄，胚珠多数。荚果线形，扁平，劲直或微弯，基部通常狭，边缘增厚，成熟后，果瓣由顶部向基部沿缝线2瓣开裂。种子倒卵形或长圆形，压扁。

生境与分布 喜热带气候。原产美洲。我国引种栽培，华南常见栽培。

利用价值 园艺观赏植物，多用于景观布置。嫩茎叶蛋白含量较高，可作饲用。

花蕾

花序

植株

相思树属
Acacia Mill.

大叶相思 *Acacia auriculiformis* A. Cunn. ex Benth.

形态特征 常绿乔木。枝条下垂，树皮平滑，灰白色；小枝无毛，皮孔显著。叶状柄镰状长圆形；叶长10～20 cm，宽约3 cm，两端渐狭，主脉3～7。穗状花序长达8 cm；花橙黄色；花萼长约1 mm，顶端浅齿裂；花瓣长圆形，长约2 mm；花丝长2.5～4 mm。荚果成熟时旋卷，长5～10 cm，宽约1.2 cm，果瓣木质，内有约12种子。种子黑色，围以折叠的珠柄。

生境与分布 喜湿热气候，耐盐性较强。海南、广东、广西、福建广泛栽培。

饲用价值 适应性强，四季常绿，是热带地区冬春季节重要的木本饲料之一，牛较少采食，但山羊和鹿喜食。冬春饲草短缺时，修剪其树枝，供牲畜采食。其化学成分如下表。

大叶相思的化学成分（%）

样品情况	干物质	占干物质					钙	磷
		粗蛋白	粗脂肪	粗纤维	无氮浸出物	粗灰分		
叶片 鲜样	41.60	16.60	3.20	27.90	46.50	5.80	2.00	0.09

数据来源：中国热带农业科学院热带作物品种资源研究所

花期植株局部

果序

果荚

花序

种子

叶状柄

叶状柄特写

台湾相思 *Acacia confusa* Merr.

形态特征 常绿乔木。叶状柄革质；叶披针形，长约8 cm，宽约1 cm，两端渐狭，先端略钝。头状花序球形，单生或2～3个簇生于叶腋；总花梗纤弱，长8～10 mm；花金黄色；花萼长约为花冠之半；花瓣淡绿色，长约2 mm；雄蕊多数，明显超出花冠之外；子房被黄褐色柔毛，花柱长约4 mm。荚果扁平，长约8 cm，宽7～10 mm，干时深褐色，有光泽，于种子间微缢缩，顶端钝而有凸头，基部楔形。种子2～8，椭圆形，压扁，长5～7 mm。花期3～10月；果期8～12月。

生境与分布 喜湿热气候。生于海拔800～2700 m的山坡、路旁。海南、福建、广东、广西、云南有分布。

饲用价值 台湾相思是热带地区山羊和鹿喜采食的木本饲用植物。其化学成分如下表。

台湾相思的化学成分（%）

样品情况	干物质	占干物质					钙	磷
		粗蛋白	粗脂肪	粗纤维	无氮浸出物	粗灰分		
叶片 鲜样	45.20	15.58	2.85	32.10	41.49	7.98	1.61	—

数据来源：中国热带农业科学院热带作物品种资源研究所

居群

叶状柄

花序

儿茶 | *Acacia catechu* (L. f.) Willd.

形态特征　落叶小乔木。树皮棕色；小枝被短柔毛。托叶下面常有一对扁平、棕色的钩状刺；二回羽状复叶，总叶柄近基部及叶轴顶部数对羽片间有腺体；叶轴被长柔毛；羽片10～30对；小叶20～50对，长2～6 mm，宽约1.5 mm，被缘毛。穗状花序长2.5～10 cm；花淡黄；花萼长约1.5 cm，钟状，齿三角形；花瓣披针形，长约2.5 cm，被疏柔毛。荚果带状，长5～12 cm，宽约2 cm，棕色，有光泽，种子3～10。花期4～8月；果期9月至翌年1月。

生境与分布　喜干热气候。多生于低海拔山坡。云南、广西、广东和海南有分布。

饲用价值　羊采食其叶片及下部小枝。

果序

果荚

叶片

植株

示种子着生状态

种子

钩状刺

金合欢 *Acacia farnesiana* (L.) Willd.

形态特征　落叶灌木。托叶针刺状，刺长约2 cm，生于小枝上的较短；二回羽状复叶长2～7 cm，叶轴沟槽状，被灰白色柔毛；羽片4～8对，长1.5～3.5 cm；小叶通常10～20对，线状长圆形，长2～6 mm，宽约1.5 mm。头状花序簇生于叶腋，直径约1.5 cm；总花梗被毛，长1～3 cm，苞片位于总花梗的顶端；花黄色，有香味；花萼长1.5 mm；花瓣连合呈管状，长约2.5 mm；子房圆柱状。荚果膨胀，近圆柱状，长3～7 cm，宽8～15 mm。褐色，无毛，劲直或弯曲。种子多数，褐色，卵形，长约6 mm。花期3～6月；果期7～11月。

生境与分布　喜干热气候。多生于阳光充足、土壤疏松的荒坡草地。广东、广西、云南、四川等有分布。

饲用价值　羊喜食其叶片及荚果。其化学成分如下表。

金合欢的化学成分（%）

样品情况	占干物质					钙	磷
	粗蛋白	粗脂肪	粗纤维	无氮浸出物	粗灰分		
枝叶　绝干	18.41	2.71	28.50	44.17	6.21	0.74	0.13

数据来源：中国热带农业科学院热带作物品种资源研究所

叶片　头状花序　果荚　针刺状托叶　种子

植株

花期植株

羽叶金合欢 | *Acacia pennata* (L.) Willd.

形态特征 攀援藤本；小枝和叶轴均被锈色短柔毛。羽片8～22对；小叶30～54对，线形。头状花序圆球形，直径约1 cm，具长约2 cm的总梗；花萼近钟状，长约1.5 mm，5齿裂；花冠长约2 mm；子房被微柔毛。果带状，长约15 cm，宽约2.5 cm，边缘稍隆起，呈浅波状。种子8～12，长椭圆形而扁。花期3～10月；果期7月至翌年4月。

生境与分布 喜湿热气候。生于低海拔疏林中。云南、广东和福建有分布。

利用价值 植株幼嫩叶片营养价值高，适口性好，山羊喜采食。嫩茎叶在云南多地亦作蔬菜，称为“臭菜”。

老茎局部特征

幼茎局部特征

株丛

叶片

象耳豆属
Enterolobium Mart.

象耳豆 | *Enterolobium cyclocarpum* (Jacq.) Grieseb.

形态特征 落叶乔木；嫩枝、叶及花序均被白色疏柔毛，小枝绿色，有明显皮孔。托叶小，早落；羽片4～9对；总叶柄长约6 cm；小叶12～25对，长约1.5 cm，宽约5 mm，腹面深绿色，被疏毛，背面粉绿色。头状花序圆球形，直径约1.5 cm，有10余花，簇生；花绿白色；花萼长3 mm，与花冠同被短柔毛；花冠长6 mm；雄蕊多数，基部合生成管。荚果弯曲成耳状，直径5～7 cm，熟时黑褐色，肉质，不开裂，每荚果内有10～20种子。种子长椭圆形，长约1.5 cm，棕褐色，质硬，有光泽。花期4～6月。

生境与分布 喜干热气候。原产南美洲及中美洲。海南、广东、广西、福建、江西、浙江南部有引种栽培。

饲用价值 叶量大，牛喜采食，是热带地区旱季重要的青饲料来源。果荚成熟后含糖量高，牛、马等大畜喜采食。

果荚 叶片 植株

雨树属
Samanea Merr.

雨 树 *Samanea saman* (Jacq.) Merr.

形态特征 乔木。羽片3～5对，长达15 cm；羽片及叶片间常有腺体；小叶3～8对，斜长圆形，长2～4 cm，宽约1.5 cm，叶面光亮，叶背被短柔毛。花红色，单生或簇生，生于叶腋；总花梗长5～9 cm；花萼长6 mm；花冠长12 mm；雄蕊20，长5 cm。荚果长圆形，长10～20 cm，宽约2 cm，通常扁压，边缘增厚，在黑色的缝线上有淡色的条纹；果瓣厚，绿色，肉质，成熟时变成近木质，黑色。种子约25，埋于果瓤中。花期8～9月。

生境与分布 喜干热气候。原产热带美洲。海南、广东、广西及云南有引种栽培。

饲用价值 热带地区的啃牧型乔木，嫩枝可作牲畜粗饲料或可加工为颗粒饲料。果荚含糖量高，可作精饲料利用。其化学成分如下表。

雨树的化学成分（%）

样品情况	占干物质					钙	磷
	粗蛋白	粗脂肪	粗纤维	无氮浸出物	粗灰分		
嫩枝 绝干	21.11	2.51	26.54	43.97	5.87	0.84	0.31

数据来源：中国热带农业科学院热带作物品种资源研究所

植株

花蕾
头状花序
荚果
叶片腹面
成熟果荚
果荚含大量糖分
示种子着生
叶片背面

盾柱木属
Peltophorum (Vogel) Benth.

盾柱木 *Peltophorum pterocarpum* (DC.) Baker ex K. Heyne

形态特征 乔木。二回羽状复叶长约35 cm；羽片7～15对，对生；小叶10～21对，排列紧密，小叶革质，长约1.5 cm，宽约7 mm。圆锥花序顶生，密被锈色短柔毛；苞片长5～8 mm；花梗长5 mm；花蕾圆形，直径5～8 mm；萼片5，卵形，外面被锈色绒毛，长5～8 mm，宽4～7 mm；花瓣5，倒卵形，具长柄，长15～17 mm，宽8～10 mm；雄蕊10，花丝长12 mm；子房具柄，被毛。荚果具翅，扁平，纺锤形，两端尖，中央具条纹，翅宽4～5 mm；种子2～4。

生境与分布 喜湿热气候。海南、广东、广西有引种栽培。

饲用价值 嫩茎叶牛、羊有采食，属热带地区常见的木本饲用植物，予以收录。

植株

果荚

凤凰木属
Delonix Raf.

凤凰木 *Delonix regia* (Boj.) Raf.

形态特征 落叶乔木。二回偶数羽状复叶，长20～60 cm；羽片对生，15～20对，长5～10 cm；小叶25对，长约1 cm，宽约3 mm。伞房状总状花序顶生；直径7～10 cm，鲜红至橙红色；花托盘状；萼片5；花瓣5，红色，长5～7 cm，宽约4 cm；雄蕊10，长短不等；子房长约1.3 cm，被柔毛，花柱长约4 cm，柱头小。荚果带形，长30～60 cm，宽3.5～5 cm。种子20～40，横长圆形，长约15 mm，宽约7 mm。花期6～7月；果期8～10月。

生境与分布 喜湿热气候。原产马达加斯加。海南、广东、广西及云南等有引种栽培，海南已逸为野生。

饲用价值 嫩茎叶牛、羊有采食，属热带地区常见的木本饲用植物，予以收录。其化学成分如下表。

凤凰木的化学成分（%）

样品情况	干物质	占干物质					钙	磷
		粗蛋白	粗脂肪	粗纤维	无氮浸出物	粗灰分		
嫩茎叶 鲜样	22.70	16.91	0.96	16.41	59.83	5.89	1.18	0.33

数据来源：中国热带农业科学院热带作物品种资源研究所

花期植株

叶片

树干特写

花序

果荚

花特写

萼片

花瓣颜色1

花瓣颜色2

云实属
Caesalpinia L.

云 实 *Caesalpinia decapetala* (Roth) Alston

形态特征 多年生木质藤本，被柔毛和钩刺。二回羽状复叶，长约30 cm；羽片3～10对；小叶8～12对，长10～25 mm，宽6～12 mm，两端近圆钝，两面均被短柔毛。总状花序顶生，长达30 cm；萼片5，长圆形，被短柔毛；花瓣黄色，长约12 mm，盛开时反卷；雄蕊与花瓣近等长，花丝基部扁平，下部被绵毛；子房无毛。荚果长圆状舌形，长6～12 cm，宽约3 cm。种子6～9，椭圆状，长约11 mm，宽约6 mm，种皮棕色。花果期4～10月。

生境与分布 生于山坡灌丛中。广东、广西、云南、四川、贵州、湖南、湖北、江西、福建、浙江、江苏、安徽等均有分布。

饲用价值 嫩茎叶牛、羊有采食，属热带地区常见的木本饲用植物，予以收录。

幼嫩枝叶

植株及生境

叶片

成熟果荚

果荚

花序

花

种子

苏 木 *Caesalpinia sappan* L.

形态特征 小乔木，具疏刺。二回羽状复叶长约35 cm；羽片7～13对，小叶纸质，长圆形至长圆状菱形。圆锥花序顶生；苞片大，披针形，早落；花托浅钟形；萼片5；花瓣黄色，倒阔卵形，长约9 mm；雄蕊稍伸出，花丝下部密被柔毛；子房被灰色绒毛，具柄，花柱细长，被毛，柱头截平。荚果木质，稍压扁，长约7 cm，宽约4 cm，基部稍狭，先端斜向截平。种子3～4，长圆形，浅褐色。花期5～10月；果期7月至翌年3月。

生境与分布 喜干热气候。云南金沙江、元河流域的干热河谷有野生分布；贵州、四川、广东等亦有栽培。

饲用价值 嫩茎叶牛、羊有采食，属热带地区常见的木本饲用植物，予以收录。

示叶片

花序

植株局部

花序局部

茎部疏刺

示种子着生

果荚

刺果苏木 *Caesalpinia bonduc* (L.) Roxb.

形态特征 多年生有刺藤本。叶长30～45 cm；叶轴有钩刺；羽片6～9对；小叶6～12对。总状花序腋生；花梗长约5 mm；苞片锥状，长6～8 mm，开花时渐脱落；花托凹陷；萼片5，长约8 mm，内外均被锈色毛；花瓣黄色，最上面一片有红色斑点，倒披针形；花丝短，基部被绵毛；子房被毛。荚果革质，长圆形，长约7 cm，宽约4 cm，顶端有喙，膨胀，外面具针刺。种子2～3，近球形，铅灰色，有光泽。花期8～10月；果期10月至翌年3月。

生境与分布 喜干热气候。生于低海拔的山坡草地、山沟和路旁，多见于海边灌丛。华南有分布。

饲用价值 羊有采食其嫩枝叶，属中等饲用植物。

株丛

花序
小叶腹面
小叶背面
花
托叶
种子
果荚特写
茎部钩刺
果序

见血飞 *Caesalpinia cucullata* Roxb.

形态特征 多年生大型藤本；茎上生倒钩刺。二回羽状复叶；羽片2～5对；小叶大，长4～12 cm，宽2.5～5 cm。圆锥花序顶生；花两侧对称；花托深盘状；萼片5；花瓣5；雄蕊10，伸出花冠外，基部稍粗，被褐色长柔毛；子房扁平，花柱细长。荚果扁平，椭圆状长圆形，长约10 cm，宽约2.5 cm，沿腹缝线具翅，不开裂；种子1～2。花期11月至翌年2月；果期3～10月。

生境与分布 喜干热气候。生于低海拔山坡疏林或灌丛中。云南澜沧江及金沙江中下游流域有分布。

饲用价值 山羊有采食其嫩茎叶，属中等饲用植物。其化学成分如下表。

见血飞的化学成分（%）

样品情况	占干物质					钙	磷
	粗蛋白	粗脂肪	粗纤维	无氮浸出物	粗灰分		
叶片 绝干	16.81	2.02	29.30	42.10	9.77	0.62	—

数据来源：中国热带农业科学院热带作物品种资源研究所

植株

叶片

茎杆特征

果荚

金凤花属
Impatiens L.

金凤花 *Impatiens cyathiflora* Hook. f.

形态特征 多年生灌木。二回羽状复叶，长达30 cm；羽片4～8对；小叶7～11对，长圆形，长约2 cm，宽约8 mm。总状花序近伞房状；花托凹陷成陀螺形；萼片5；花瓣橙红色或黄色，长约2 cm；花丝红色。荚果狭而薄，倒披针状长圆形，长6～10 cm，宽约2 cm，先端有长喙，不开裂，成熟时黑褐色；种子6～9。花果期几乎全年。

生境与分布 喜湿热气候，不耐贫瘠。海南、广东、广西、云南、福建等有栽培。

饲用价值 牛和山羊采食其嫩茎叶，属中等饲用植物。其化学成分如下表。

金凤花的化学成分（%）

样品情况	占干物质					钙	磷
	粗蛋白	粗脂肪	粗纤维	无氮浸出物	粗灰分		
叶片　绝干	22.32	1.87	24.10	46.93	4.78	0.71	0.13

数据来源：中国热带农业科学院热带作物品种资源研究所

花序

示种子着生

种子

植株

果荚

花

叶片

老虎刺属
Pterolobium R. Br. ex Wight et Arn.

老虎刺 | *Pterolobium punctatum* Hemsl.

形态特征 多年生木质藤本。羽片9～14对；小叶片19～30对，中部的长约10 mm，宽约2.5 mm。总状花序被短柔毛，长达15 cm，宽约2.5 cm；苞片刺毛状，长3～5 mm；花梗纤细，长2～4 mm；花蕾倒卵形，长约4.5 mm；萼片5；花瓣相等，稍长于萼；雄蕊10；子房扁平，一侧具纤毛。荚果长4～6 cm，宽约1.3 cm，光亮，颈部具宿存的花柱。种子单一，椭圆形，长约8 mm。花期6～8月；果期9月至翌年1月。

生境与分布 生于低海拔的山坡疏林向阳处或石山干旱区域。广东、广西、云南、贵州、四川、湖南、湖北、江西、福建等有分布。

饲用价值 山羊有采食其嫩茎叶，属劣等饲用植物。

成熟果荚 茎部疏刺 果期植株

生境及株丛
嫩茎叶
叶片

决明属
Senna Mill.

决 明 | *Senna tora* (L.) Roxb.

形态特征 一年生草本。叶长约7 cm；叶轴上每对小叶间有1棒状腺体；小叶3对，倒卵形，长2～6 cm，宽约2 cm，腹面被稀疏柔毛，背面被柔毛。花腋生，通常2花聚生；总花梗长约10 mm；萼片卵形，膜质，外面被柔毛，长约8 mm；花瓣黄色，下面2片略长，长约15 mm，宽约7 mm。荚果纤细，近四棱形，长达15 cm，宽3～4 mm。种子约25，光亮。花果期8～11月。

生境与分布 生于山坡、旷野及河滩沙地上。长江以南均有分布。

饲用价值 茎叶肥嫩，但适口性差，仅羊采食。其化学成分如下表。

决明的化学成分（%）

样品情况	干物质	占干物质					钙	磷
		粗蛋白	粗脂肪	粗纤维	无氮浸出物	粗灰分		
营养期 鲜样[1]	14.30	22.15	2.75	22.48	41.32	11.30	3.38	0.26
结荚期 干样[2]	93.46	14.67	5.35	20.91	49.56	9.51	1.45	0.32

数据来源：1. 中国热带农业科学院热带作物品种资源研究所；2. 湖北省农业科学院畜牧兽医研究所

株丛

花
花序
单株
叶片腹面
种子
果荚
叶片背面

光叶决明 *Senna septemtrionalis* (Viv.) H. S. Irwin et Barneby

形态特征 直立小灌木。叶长约15 cm，有小叶3～4对，每对小叶间的叶轴有1腺体；小叶卵状披针形，顶端渐尖，基部楔形，有时偏斜；小叶柄长约3 mm；托叶线形。总状花序顶生或生于枝条上部的叶腋；总花梗长约5 cm；萼片不相等；花瓣黄色，宽阔，钝头，长12～18 mm；能育雄蕊4，花丝长短不一。荚果长5～7 cm，果瓣稍带革质，呈圆柱形，2瓣开裂；种子多数。花期5～7月；果期10～11月。

生境与分布 原产美洲热带地区；现世界热带广布。广东、广西、云南等有栽培。

利用价值 植株幼嫩，但叶片有特殊气味，影响家畜采食，属中等饲用植物；叶片翠绿、花期较长，具有较强的观赏价值，西南也常见栽种于庭前作观赏。

花 果序 叶片腹面 叶片背面

植株局部

果荚特写

茎部特征

望江南 *Senna occidentalis* (L.) Link

形态特征 多年生直立亚灌木。叶长约20 cm；叶柄近基部有1腺体；小叶4～5对，长4～10 cm，宽约3 cm。总状花序，长约5 cm；苞片线状披针形；花长约2 cm；萼片不等大，外轮近圆形，长6 mm，内轮卵形，长约9 mm；花瓣黄色，长约15 mm。荚果带状镰形，褐色，压扁，长约10 cm，宽约9 mm；果柄长约1.5 cm。种子30～40，种子间有薄隔膜。花期4～8月；果期6～10月。

生境与分布 喜湿热气候。多生于河边滩地、旷野、丘陵林缘。原产热带美洲。华南常见，西南、华中及华东偶见。

饲用价值 整个生育期叶片质嫩，适口性好，饲用价值高，适宜作刈割利用。栽培条件下产量较一般豆科牧草高，可晒制干草，作冬季补饲用，属优等豆科牧草。其化学成分如下表。

望江南的化学成分（%）

样品情况	占干物质					钙	磷
	粗蛋白	粗脂肪	粗纤维	无氮浸出物	粗灰分		
花期枝叶 绝干	17.85	2.53	37.52	34.98	7.12	0.74	0.14

数据来源：中国热带农业科学院热带作物品种资源研究所

株丛

花期植株
叶片腹面
花
果荚
叶片背面
种子
托叶
示种子着生

毛荚决明 *Senna hirsuta* (L.) H. S. Irwin et Barneby

形态特征 多年生亚灌木；嫩枝密被黄褐色长毛。叶长10～20 cm，小叶4～6对；叶柄与叶轴均被黄褐色长毛，叶柄基部上面有1黑褐色腺体；小叶卵状长圆形，长3～8 cm，宽1.5～3.5 cm，顶端渐尖，基部近圆形，边全缘，两面均被长毛。花序生于枝条顶端；总花梗和花梗均被长柔毛；萼片5，密被长柔毛，长约5 mm；花瓣无毛，长15～18 mm。荚果细长，扁平，长10～15 cm，宽约6 mm，表面密被长粗毛。果期12月至翌年1月。

生境与分布 喜阳、耐旱。生于低海拔山坡草地、灌丛和路旁。最早由广东引种栽培，现海南、广东及云南已逸为野生。

利用价值 叶片幼嫩，但整株被绒毛，适口性差，属低等饲用植物。具有生长快，茎叶易腐解等特点，是热带地区重要的绿肥资源。

花序

植株

叶片

果荚

成熟果荚

铁刀木 *Senna siamea* (Lam.) H. S. Irwin et Barneby

形态特征 乔木；树皮灰色，近光滑。叶长20～30 cm；叶轴与叶柄无腺体；小叶对生，6～10对，革质，长圆形，长3～7 cm，宽约2 cm，腹面光滑，背面粉白色；小叶柄长约3 mm。总状花序生于枝顶叶腋；苞片线形，长约6 mm；萼片近圆形，不等大，外轮较小，内轮较大，外被细毛；花瓣黄色，阔倒卵形，长约1.2 cm；雄蕊10。荚果扁平，长15～30 cm，宽约1.5 cm；种子10～20。花期10～11月；果期12月至翌年1月。

生境与分布 喜湿热气候。海南、广东、广西等华南各省广泛栽培。

饲用价值 叶量大，嫩茎叶可加工为颗粒饲料，属中等饲用植物。其化学成分如下表。

铁刀木的化学成分（%）

样品情况	占干物质					钙	磷
	粗蛋白	粗脂肪	粗纤维	无氮浸出物	粗灰分		
叶片 绝干	20.10	3.12	24.21	47.27	5.30	0.68	0.21

数据来源：中国热带农业科学院热带作物品种资源研究所

植株局部
花序
花

植株
叶片腹面
叶片背面
果荚

黄槐决明

Senna surattensis
(Burm. F.) H. S. Irwin et Barneby

形态特征 直立灌木；嫩枝被微柔毛。叶长10～15 cm；叶轴及叶柄呈扁四方形；小叶7～9对，长椭圆形，长2～5 cm，宽约1.5 cm；小叶柄长约1.5 mm，被柔毛；托叶线形，长约1 cm。总状花序生于枝条上部的叶腋内；苞片卵状长圆形，长5～8 mm；萼片卵圆形，内轮长6～8 mm，外轮长3～4 mm；花瓣鲜黄至深黄色，长约2 cm；雄蕊10；子房线形，被毛。荚果扁平，长7～10 cm，宽8～12 mm。种子10～12，有光泽。花果期全年。

生境与分布 喜热带、亚热带气候。原产印度、斯里兰卡、印度尼西亚、菲律宾。海南、广东、广西、福建等有引种栽培。

饲用价值 牛、羊食其嫩茎叶，属中等饲用植物。其化学成分如下表。

黄槐决明的化学成分（%）

样品情况	干物质	占干物质					钙	磷
		粗蛋白	粗脂肪	粗纤维	无氮浸出物	粗灰分		
营养期 干样	78.39	22.48	6.48	27.49	35.35	8.20	1.94	0.34

数据来源：西南民族大学

植株

花序
叶片腹面
叶片背面
幼荚
成熟种子
示种子着生
花

翅荚决明 *Senna alata* (L.) Roxb.

形态特征 直立灌木；枝粗壮。叶长30～60 cm；小叶6～12对，倒卵状长圆形，长8～15 cm，宽3～5 cm，顶端圆钝而有小短尖头；小叶柄极短。花序顶生和腋生；花直径约2.5 cm；花瓣黄色，有明显的紫色脉纹；上部3雄蕊退化，7雄蕊发育。荚果带状，长10～20 cm，宽约1.5 cm，每果瓣的中央顶部有直贯至基部的翅，翅纸质，具圆钝的齿。种子50～60，扁平，三角形。花期11月至翌年1月；果期12至翌年2月。

生境与分布 喜阳，不耐旱。多生于土壤肥沃、湿润的路边草地。原产美洲热带地区。华南、西南常见。

饲用价值 牛、羊食其嫩茎叶，属中等饲用植物。其化学成分如下表。

翅荚决明的化学成分（%）

样品情况	干物质	占干物质					钙	磷
		粗蛋白	粗脂肪	粗纤维	无氮浸出物	粗灰分		
枝叶 鲜样	31.70	19.20	3.58	30.00	40.70	6.51	0.62	0.29

数据来源：广西壮族自治区畜牧研究所

植株及生境

叶片腹面
叶片背面
幼荚
花序
苞片
托叶
种子
示种子着生

山扁豆属
Chamaecrista Moench

山扁豆 | *Chamaecrista mimosoides* Standl.

形态特征 多年生草本；枝条纤细，被微柔毛。叶长4～8 cm，在叶柄上端、最下一对小叶的下方有1圆盘状腺体；小叶20～50对，线状镰形，长约4 mm，宽约1 mm。花序腋生，总花梗顶端有2小苞片，长约3 mm；萼长6～8 mm，顶端急尖，外被疏柔毛；花瓣黄色，具短柄，略长于萼片；雄蕊10。荚果镰形，扁平，长2.5～5 cm，宽约4 mm；果柄长1.5～2 cm。种子10～16。花果期8～10月。

生境与分布 喜湿润的生境。生于坡地或草丛中。华南最为常见，华中、西南偶见。

饲用价值 牛、羊采食其嫩茎叶，属中等饲用植物。

植株分枝 果荚局部 种子 叶片

株丛

花

柄腺山扁豆 *Chamaecrista pumila* (Lam.) K. Larsen

形态特征 多年生披散草本；枝条被疏柔毛。叶长3～6 cm，叶柄上端和最下1对小叶下方有1具柄的腺体；小叶12～20对；托叶线状锥形。花腋生，单花或数花组成总状花序；总花梗顶端有小苞片2；萼片长约5 mm，卵状长圆形，顶端渐尖，外面被微柔毛；花瓣黄色，卵形，有柄，短于萼片；雄蕊5，花药长圆形；子房无柄，被毛。荚果扁平，长约3 cm，宽约4 mm，被疏柔毛。种子10～20。花期8～9月；果期10～12月。

生境与分布 喜湿热气候。生于低海拔的空旷地、灌木丛中或草丛中。海南、广东、广西及云南有分布。

饲用价值 牛、羊采食其嫩茎叶，属中等饲用植物。

生境

植株局部
叶片
花
托叶

闽引羽叶决明 *Chamaecrista nictitans* (L.) Moench 'Minyin'

品种来源 福建省农业科学院农业生态研究所申报，2001年通过全国草品种审定委员会审定，登记为引进品种；品种登记号224；申报者为黄毅斌、应朝阳、翁伯奇、曹海峰、方金梅。

形态特征 多年生直立草本，茎圆形，高达1.5 m。直根系，侧根发达。羽状复叶，互生，平行脉序；小叶条形，长5.4～5.7 cm，宽1.8～2.1 cm。花腋生，黄色，假蝶形花冠，花瓣5；雄蕊9。荚果扁平状。种子棕黑色，种皮坚硬，不规则扁平长方形。

生物学特性 喜高温，耐瘠、耐旱、耐酸、抗铝毒。适宜在福建、江西、广东、海南等热带及亚热带地区种植。在福建7～8月初花，9～10月种子成熟，冬季初霜后地上部逐渐死亡、干枯，茎基部及根部仍能宿存。海南种植全年保持青绿。

饲用价值 鲜草产量高，营养丰富，适口性好，是牛、羊、猪、鱼、鹅等畜禽的良等饲料。可青饲、青贮或生产叶粉作为畜、禽饲用。其化学成分如下表。

栽培要点 播前除草并精细整地，播前施复合肥75～150 kg/hm^{2}作基肥。在福建最佳播期为5月上旬，播种量7.5～11.25 kg/hm^2。穴播、条播、撒播均可，穴播、条播株行距20 cm×30 cm，穴播每穴4～5粒种子，播种深度1～2 cm。苗期建植较慢，需适时中耕除草1～2次，并视苗情少量追肥，6～7月后生长旺盛，形成覆盖层。播种当年可收割1～2次，留茬高度约10 cm，宜在现蕾期或初花期收割，结荚后茎易老化，可刈割翻压作绿肥或作覆盖物。荚果成熟后易裂开，故要掌握好采种时间，一般在荚果变成黑褐色时采收。

闽引羽叶决明的化学成分（%）

样品情况	占干物质					钙	磷
	粗蛋白	粗脂肪	粗纤维	无氮浸出物	粗灰分		
盛花期 绝干	14.96	4.19	27.06	44.24	9.55	0.38	0.17

数据来源：福建省农业科学院农业生态研究所

花

果荚

叶片形态
花序
种子
株丛

威恩圆叶决明 *Chamaecrista rotundifolia* (Pers.) Greene 'Wynn'

品种来源 中国农业科学院农业资源与农业区划研究所祁阳红壤实验站申报，2001年通过全国草品种审定委员会审定，登记为引进品种；品种登记号222；申报者为文石林、徐明岗、罗涛、张久权、谢良商。

形态特征 短期多年生半直立草本。直根系，主根长达80 cm。茎半直立，中度木质化，高45～110 cm。叶片有2小叶，不对称，近圆形至倒卵圆形，长2.3～3.7 cm，宽1.8～2.5 cm。花腋生，黄色。荚果扁平状，成熟后易爆裂。种子黄褐色，呈不规则扁平四方形。

生物学特性 耐酸，土壤pH为4.2～5.6时仍能正常生长；抗旱，当土壤水分低于6.5%时才出现轻度萎蔫；耐瘠薄、耐重牧、耐踩踏；具一定的耐阴性，适于在果园间作；不耐霜冻，在轻霜或无霜地区能安全越冬。

饲用价值 在瘠薄土壤上年均干草产量4890～5960 kg/hm^2，肥力较高地块年均干草产量7850～8630 kg/hm^2，适口性一般，牛、羊喜食，可用作青贮和干草打粉。其化学成分如下表。

栽培要点 种子硬实率高，播种前用80℃的热水浸泡3 min，使种皮软化后播种。在湖南一般4月上旬播种，撒播播种量为10 kg/hm^2。播前施用过磷酸钙450～750 kg/hm^2、氯化钾100 kg/hm^{2}作基肥。播后植株高超过30 cm时，应进行刈割或放牧，一般每年可刈割3～4次。9月刈割时应留一部分不割，让其开花结荚，以便第二年有足够落地种子萌发。

威恩圆叶决明的化学成分（%）

样品情况	占干物质					钙	磷
	粗蛋白	粗脂肪	粗纤维	无氮浸出物	粗灰分		
开花期 绝干	20.40	4.70	29.50	39.10	6.30	—	—

数据来源：中国农业科学院农业资源与农业区划研究所祁阳红壤实验站

株丛

叶片及托叶
果枝
果荚
花
种子

福引圆叶决明 1 号

Chamaecrista rotundifolia (Pers.) Greene 'Fuyin No. 1'

品种来源 福建省农业科学院农业生态研究所和福建省农田建设与土壤肥料技术总站申报，2004年通过福建省非主要农作物品种认定委员会认定，登记为引进品种；品种登记号闽认肥2004001；申报者为翁伯琦、应朝阳、方金梅、黄毅斌、徐志平。

形态特征 多年生草本。茎圆形，高40～110 cm。叶互生，由2小叶组成，不对称；小叶倒卵状圆形，长约2.9 cm，宽约1.5 cm。花腋生，黄色，假蝶形花冠，花瓣覆瓦状排列；雄蕊5。荚果扁长条形，长2～4.5 cm，成熟时易裂。种子黄褐色，呈不规则扁平四方形。千粒重约3.9 g。

生物学特性 喜高温，耐瘠、耐旱、耐酸、抗铝毒，适宜热带、亚热带红壤区种植。福建种植9月初开花，10～11月种子成熟，冬季初霜后地上部逐渐死亡，翌年主要靠落地种子自然萌发繁殖。

饲用价值 鲜草产量高，营养丰富，可青饲、青贮或生产叶粉作为畜、禽饲用。也可刈割翻压作绿肥或作覆盖物。其化学成分如下表。

栽培要点 播前精细整地，施钙镁磷肥75～150 kg/hm^{2}作基肥。播前用80℃的热水浸泡3 min，种皮软化、胶状物析出后用清水反复冲洗干净后播种。福建最佳播期为5月上旬，播种量7.5～11.25 kg/hm^2。穴播、条播株行距20 cm × 30 cm，播种深度1～2 cm。苗期建植较慢，需适时中耕除草1～2次，并视苗情少量追肥，6～7月后生长旺盛，形成覆盖层。播种当年可收割1～2次，留茬高度约10 cm，宜在现蕾期或初花期收割，结荚后茎易老化，可刈割翻压作绿肥。

福引圆叶决明1号的化学成分（%）

样品情况	占干物质					钙	磷
	粗蛋白	粗脂肪	粗纤维	无氮浸出物	粗灰分		
盛花期 绝干	16.71	4.58	30.31	41.55	6.85	0.61	0.28

数据来源：福建省农业科学院农业生态研究所

栽培群体

叶片形态
果荚
种子
托叶形态

闽引圆叶决明 *Chamaecrista rotundifolia* (Pers.) Greene 'Minyin'

品种来源 福建省农业科学院农业生态研究所申报，2005年通过全国草品种审定委员会审定，登记为引进品种；品种登记号314；申报者为应朝阳、黄毅斌、翁伯琦、林永生、徐国忠。

形态特征 多年生半直立型草本。直根系，侧根发达。茎圆形，草层高60～80 cm。复叶互生，由2小叶组成，不对称；小叶倒卵圆形，长3.4～4 cm，宽1.8～2.5 cm。花腋生，黄色，假蝶形花冠，花瓣5，覆瓦状排列；雄蕊7；单雌蕊。荚果扁平状。种子黄褐色，不规则扁平四方形。

生物学特性 喜高温，耐瘠、耐旱、耐酸、抗铝毒。适宜在热带、亚热带红壤区种植。福建种植9月初开花，10～11月种子成熟，冬季初霜后地上部逐渐死亡，翌年主要靠落地种子自然萌发繁殖。

饲用价值 年均鲜草产量45 000～54 000 kg/hm^2，宜在现蕾期或初花期收割，用作青贮和加工草粉。其化学成分如下表。

栽培要点 播前整地，施钙镁磷肥75～150 kg/hm^{2}作基肥，新开垦的红壤地还应适当追施N、K肥。播种前用80℃的热水浸泡3 min，待种皮软化、胶状物析出后用清水冲洗干净后播种。福建最佳播期为5月上旬，播种量7.5～11.25 kg/hm^2。穴播株行距20 cm × 30 cm，每穴4～5粒种子，撒播应适当加大播种量，播种深度1～2 cm。苗期建植较慢，需适时中耕除草1～2次，视苗情少量追肥，6～7月后生长旺盛。播种当年可收割1～2次，留茬高度不低于10 cm，宜在现蕾期或初花期收割，结荚后茎易老化，可刈割翻压作绿肥。

闽引圆叶决明的化学成分（%）

样品情况	占干物质					钙	磷
	粗蛋白	粗脂肪	粗纤维	无氮浸出物	粗灰分		
盛花期 绝干	17.59	4.23	27.89	44.14	6.15	0.77	0.27

数据来源：福建省农业科学院农业生态研究所

栽培群体

茎叶特写
花
果荚
种子
托叶

闽育 1 号圆叶决明 *Chamaecrista rotundifolia* (Pers.) Greene 'Minyu No. 1'

品种来源 福建省农业科学院农业生态研究所申报，2011年通过全国牧草品种审定委员会审定，登记为育成品种；品种登记号442；申报者为翁伯琦、徐国忠、郑向丽、叶花兰、王俊宏。

形态特征 多年生半直立型草本。茎圆形，半木质化，高60～90 cm。叶互生，由2小叶组成；小叶倒卵圆形，不对称，长2.5～3.5 cm，宽1～2 cm；叶柄长5～8 mm，被白色绒毛；托叶披针形，长约10 mm。花腋生，1～2花，花梗细长；假蝶形花冠，花瓣黄色；花萼披针形；雄蕊5，花丝极短；单雌蕊，子房上位。荚果为扁长条形，长2.5～3 cm，宽约5 mm；果荚易裂，成熟时为黑褐色，呈不规则扁平四方形。种子千粒重4.5～5.1 g。

生物学特性 喜高温，耐瘠、耐旱、耐酸、抗铝毒。适宜热带、亚热带红壤区种植。福建种植8月生长旺盛，9～10月开始开花，10～11月种子成熟，11月下旬叶片开始转黄，冬季初霜后地上部逐渐死亡、干枯。

饲用价值 鲜草产量高，营养丰富，宜在现蕾期收割，调制青贮饲料或加工干草粉。其化学成分如下表。

栽培要点 播前整地，施钙镁磷肥75～150 kg/hm^{2}作基肥。播种前用80℃的热水浸泡3 min，待种皮软化、胶状物析出后用清水反复冲洗干净后播种。福建最佳播期为5月上旬，播种量7.5～11.25 kg/hm^2。穴播株行距20 cm × 30 cm，每穴4～5粒种子，撒播应适当加大播种量，播种深度1～2 cm。苗期建植较慢，需适时中耕除草1～2次，视苗情少量追肥，6～7月后生长旺盛。播种当年可收割1～2次，留茬高度不低于10 cm，宜在现蕾期或初花期收割，结荚后茎易老化，可刈割翻压作绿肥。

闽育1号圆叶决明的化学成分（%）

样品情况	占干物质					钙	磷
	粗蛋白	粗脂肪	粗纤维	无氮浸出物	粗灰分		
初花期 绝干	19.15	4.28	27.56	40.61	8.40	—	—

数据来源：福建省农业科学院农业生态研究所

果园间作

植株形态

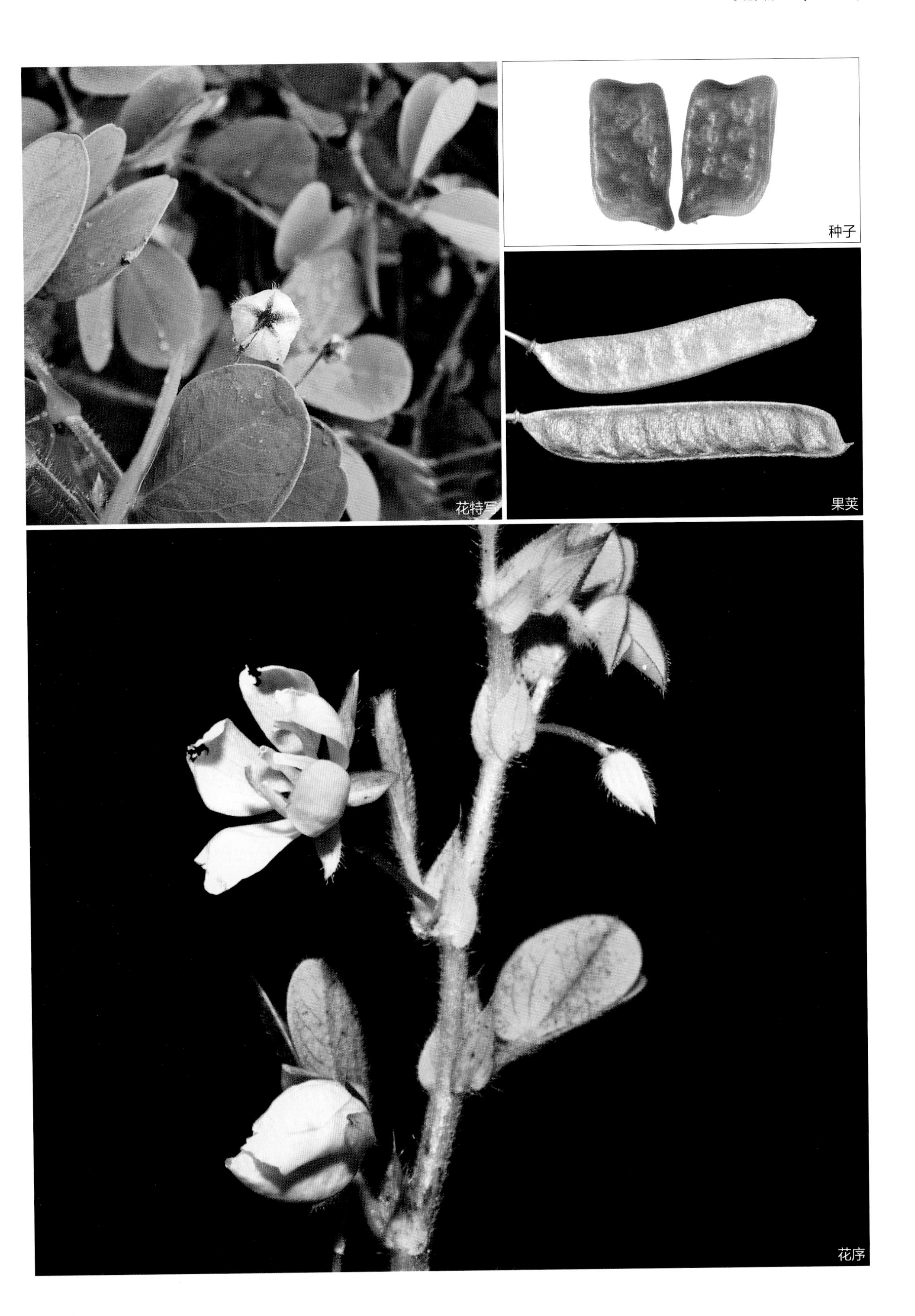

花特写

种子

果荚

花序

闽引 2 号圆叶决明 *Chamaecrista rotundifolia* (Pers.) Greene 'Minyin No. 2'

品种来源 福建省农业科学院农业生态研究所申报，2011年通过全国草品种审定委员会审定，登记为引进品种；品种登记号443；申报者为应朝阳、李春燕、罗旭辉、陈恩、詹杰。

形态特征 多年生直立草本，株高1.2～1.5 m。茎圆柱状，绿色至红褐色，具稀短柔毛。复叶、互生，具2小叶；小叶倒卵圆形，长2.6～3.4 cm，宽1.7～2 cm；托叶三角形。花腋生，假蝶形花冠，花冠辐射对称。种子淡暖褐色，扁平四棱形；千粒重3.8～4 g。

生物学特性 抗逆性强。南亚热带4月开始生长，中亚热带5月开始生长，夏季生长最旺，7～11月为生长盛期，8月上旬初花，10～12月种子成熟，荚果成熟后易自裂。植株耐轻度霜冻，在闽北地区基本不能越冬，主要依靠散落地面种子萌发建植，在闽南地区越冬率较高。

饲用价值 植株营养丰富，宜在现蕾期或初花期收割，用作青贮和调制干草、草粉。其化学成分如下表。

栽培要点 播前整地，施钙镁磷肥75～150 kg/hm^{2}作基肥，新开垦的红壤地还应适当追施N、K肥。播种前用80℃的热水浸泡3 min，待种皮软化、胶状物析出后用清水冲洗干净后播种。福建最佳播期为5月上旬，播种量7.5～11.25 kg/hm^2。穴播株行距20 cm × 30 cm，每穴4～5粒种子，撒播应适当加大播种量，播种深度1～2 cm。苗期建植较慢，需适时中耕除草1～2次，视苗情少量追肥，6～7月后生长旺盛。播种当年可收割1～2次，留茬高度不低于10 cm，宜在现蕾期或初花期收割，结荚后茎易老化，可刈割翻压作绿肥。

闽引2号圆叶决明的化学成分（%）

样品情况	占干物质					钙	磷
	粗蛋白	粗脂肪	粗纤维	无氮浸出物	粗灰分		
盛花期 绝干	16.90	2.84	35.41	41.27	3.58	—	—

数据来源：福建省农业科学院农业生态研究所

株丛

叶片形态
花序及托叶
花
果荚
种子

闽牧 3 号圆叶决明 *Chamaecrista rotundifolia* (Pers.) Greene 'Minmu No. 3'

品种来源 福建省农业科学院农业生态研究所申报，2011年3月通过福建省农作物品种审定委员会审定，登记为引进品种；品种登记号闽认草2011002；申报者为翁伯琦、徐国忠、郑向丽、叶花兰、王俊宏。

形态特征 半直立型草本，株高达1.3 m。叶互生，由2小叶组成，叶片光滑，不对称，羽状脉序，主脉偏斜；小叶倒卵圆形，长2.5～3.5 cm，宽约2 cm；叶柄长5～8 mm，被白色绒毛；托叶披针状心形，长约10 mm，具纤毛。花腋生，1～2花；假蝶形花冠，花瓣黄色，无毛，覆瓦状排列；花萼披针形；雄蕊5，花丝极短。荚果成熟时为黑褐色、易裂。种子黄褐色，呈不规则扁平四方形；千粒重5.1 g。

生物学特性 喜高温，耐瘠、耐旱、耐酸。适宜热带、亚热带红壤区种植。福建种植通常8～10月为生长高峰，9～10月开始初花，11月下旬叶片开始转黄，冬季初霜后地上部逐渐死亡、干枯。

饲用价值 鲜草产量高，营养丰富，宜制作成草粉饲喂牛羊等草食动物。其化学成分如下表。

栽培要点 播前整地，施钙镁磷肥75～150 kg/hm^{2}作基肥，新开垦的红壤地还应适当追施N、K肥。播种前用80℃的热水浸泡3 min，待种皮软化、胶状物析出后用清水冲洗干净后播种。福建最佳播期为5月上旬，播种量7.5～11.25 kg/hm^2。穴播株行距20 cm × 30 cm，每穴4～5粒种子，撒播应适当加大播种量，播种深度1～2 cm。苗期建植较慢，需适时中耕除草1～2次，视苗情少量追肥，6～7月后生长旺盛。播种当年可收割1～2次，留茬高度不低于10 cm，宜在现蕾期或初花期收割，结荚后茎易老化，可刈割翻压作绿肥。

闽牧3号圆叶决明的化学成分（%）

样品情况	占干物质					钾	磷
	粗蛋白	粗脂肪	粗纤维	无氮浸出物	粗灰分		
盛花期 绝干	18.84	—	19.80	—	8.40	1.45	0.23

数据来源：福建省农业科学院农业生态研究所

栽培群体

叶片及托叶
花序
荚果
种子

任豆属
Zenia Chun

任 豆 | *Zenia insignis* Chun

形态特征 乔木；小枝黑褐色，散生小皮孔。羽状复叶，长20～45 cm；小叶薄革质，长圆状披针形，长5～9 cm，宽约2.5 cm，基部圆形，腹面无毛，背面有灰白色的糙伏毛。圆锥花序顶生；花朵红色，长约1.5 cm；苞片小，狭卵形，早落；萼片厚膜质，长圆形，背面有糙伏毛，内面无毛；花瓣稍长于萼片，倒卵形；子房通常有7～9胚珠。荚果长圆形，红棕色，长约10 cm，宽约3 cm。种子圆形，棕黑色，有光泽。花果期5～8月。

生境与分布 喜湿热气候。生于低海拔的山地林缘或疏林中。广西、云南等石灰岩丘陵草地中常见。

饲用价值 叶片幼嫩，山羊有采食，属中等饲用植物。

花序

花

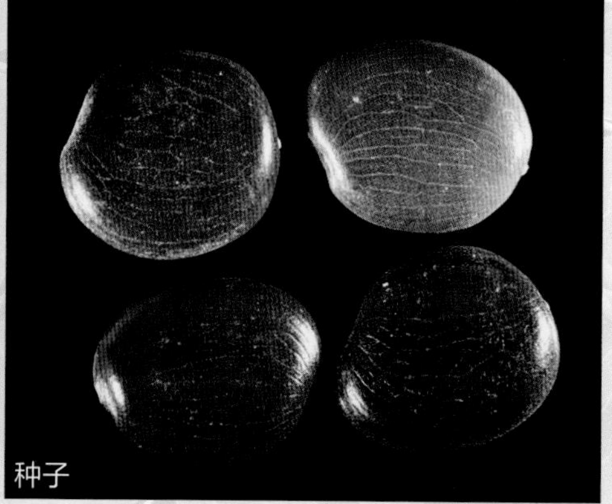
种子

叶片

植株

腊肠树属
Cassia L.

腊肠树 *Cassia fistula* L.

形态特征 落叶乔木。羽状复叶长约30 cm，有小叶3～4对；小叶对生，薄革质，阔卵形，长约10 cm，宽约4.5 cm，幼嫩时两面被微柔毛。总状花序长达40 cm，下垂；萼片长卵形，长约1.5 cm，开花时向后反折；花瓣黄色，倒卵形，近等大，长约2.5 cm，具明显的脉；雄蕊10。荚果圆柱形，长约40 cm，直径约3 cm，黑褐色，不开裂，有3条槽纹。种子多数，为横隔膜所分开。花果期4～10月。

生境与分布 喜热带、亚热带湿热气候。华南、西南均有栽培。

饲用价值 腊肠树嫩枝叶稍带气味，大畜一般不采食，只有羊采食。晒制干草后，适口性有改善，牛也有采食，属中等饲用植物。

植株局部

叶片

果荚内部特征

花序
果荚
树皮
花
花萼
种子

爪哇决明 | *Cassia javanica* L.

形态特征 落叶乔木。小枝纤细，下垂，被灰白色丝状绵毛。羽状复叶长达30 cm，叶轴和叶柄被丝状绵毛，小叶6～13对；小叶长圆形，顶端凹或具短尖，长3～6 cm，宽约3.5 cm，腹面绿色被短疏毛，背面褐绿色密被绵毛。总状花序顶生或腋生；苞片卵状披针形，长约8 mm，顶端渐尖，宿存；萼片卵形，长约1.2 cm，密被绵毛；花瓣粉色，倒卵形，近等大，长约2.5 cm。荚果圆筒形，黑褐色，有明显环状节，长30～45 cm。种子20～40。花果期3～7月。

生境与分布 喜热带、亚热带湿热气候。华南、西南均有栽培。

饲用价值 嫩枝叶饲用价值较高，家畜采食，可刈割搭配禾本科牧草饲喂牛、羊。

幼枝

叶片腹面

叶片背面

花期植株

密集的花序

果荚

花

花萼

示种子着生

羊蹄甲属
Bauhinia L.

洋紫荆 *Bauhinia variegata* L.

形态特征 落叶乔木。叶广卵形至近圆形，长5～9 cm，宽7～11 cm，基部浅至深心形。总状花序侧生或顶生；总花梗短而粗；苞片和小苞片卵形，极早落；花蕾纺锤形；萼佛焰苞状，被短柔毛，一侧开裂为广卵形；花托长12 mm；花瓣倒卵形，长约5 cm，具瓣柄，紫红色或淡红色；能育雄蕊5，花丝纤细，长约4 cm；退化雄蕊1～5；子房具柄，被柔毛，柱头小。荚果带状，扁平，长15～25 cm，宽约2 cm，具长柄及喙。种子10～15，近圆形，扁平，直径约1 cm。花期全年，3月最盛。

生境与分布 喜气候湿热、土壤肥沃的生境。华南有栽培。

饲用价值 洋紫荆在所有热带国家生长良好，其花芽、嫩叶及花可食用。嫩枝叶饲用价值较高，各类家畜采食，可刈割搭配禾本科牧草饲喂牛、羊。其化学成分如下表。

洋紫荆的化学成分（%）

样品情况	干物质	占干物质					钙	磷
		粗蛋白	粗脂肪	粗纤维	无氮浸出物	粗灰分		
嫩茎及叶片 鲜样	28.70	17.74	3.59	23.72	46.74	8.21	1.13	0.67

数据来源：中国热带农业科学院热带作物品种资源研究所

植株局部

成熟果荚 幼荚 花 叶片腹面 叶片背面 花序 能育雄蕊 成熟种子 种子着生

白花洋紫荆 *Bauhinia variegata* var. *candida* (Roxb.) Voigt

形态特征 与原变种区别：花瓣白色，近轴的一片或有时全部花瓣均杂以淡黄色的斑块；花无退化雄蕊；叶下面通常被短柔毛。

生境与分布 喜气候湿热、土壤肥沃的生境。华南有栽培。

饲用价值 花可供食用。嫩枝叶是重要的饲料来源。

植株 果序 果荚 花 叶片

羊蹄甲 | *Bauhinia purpurea* L.

形态特征　直立灌木。叶硬纸质，长10～15 cm，宽9～14 cm，基部浅心形；叶柄长3～4 cm。总状花序侧生或顶生，长6～12 cm；花蕾多为纺锤形，具4～5棱或狭翅；花梗长7～12 mm；萼佛焰状，裂片长约2.5 cm；花瓣桃红色，倒披针形，长约5 cm，具脉纹和长的瓣柄；能育雄蕊3；退化雄蕊5～6，长6～10 mm；子房具长柄，被黄褐色绢毛。荚果带状，扁平，长12～25 cm，宽约2.5 cm，略呈弯镰状，成熟时开裂，木质的果瓣扭曲将种子弹出。种子近圆形，扁平，直径12～15 mm，种皮深褐色。花期9～11月；果期2～3月。
生境与分布　喜气候湿热、土壤肥沃的生境。华南普遍种植，西南偶见种植。
饲用价值　羊喜采食其叶及嫩梢，属中等饲用植物。其化学成分如下表。

羊蹄甲的化学成分（%）

样品情况	干物质	占干物质					钙	磷
		粗蛋白	粗脂肪	粗纤维	无氮浸出物	粗灰分		
营养期茎叶　鲜样	30.00	16.38	4.15	27.21	44.51	7.75	1.24	0.75

数据来源：中国热带农业科学院热带作物品种资源研究所

花

幼荚 成熟果荚 花萼

叶片形态 能育雄蕊

成熟种子 示种子着生

日本羊蹄甲 *Bauhinia japonica* Maxim.

形态特征　多年生藤本，具卷须。叶纸质，近圆形，长和宽4～9 cm，基部通常深心形，两面光滑无毛，边缘有淡黄色镶边。总状花序顶生，长达20 cm，多花，密被锈色短柔毛；花蕾倒卵形，长约5 mm；萼与花梗均密被锈色短柔毛；花瓣淡绿色，长约1 cm，瓣片倒卵状长圆形，先端圆钝，外面被丝质短柔毛；能育雄蕊3枚。荚果长约5 cm，宽约2 cm，密被锈色绢毛，成熟时略肿胀，近无毛，果瓣革质；种子1～4，近肾形，长1 cm，宽7 mm，黑色，有光泽。花果期3～9月。

生境与分布　喜干热气候，是干热稀树灌丛草地中常见草种。海南的昌江、乐东及东方等干热灌丛草地中常见。

饲用价值　羊食其叶及嫩梢，属中等饲用植物。

植株局部

卷须

叶片形态

花序

幼荚

成熟果荚

种子

花特写

子房

白花羊蹄甲 | *Bauhinia acuminata*L.

形态特征　灌木。叶卵圆形，长9～12 cm，宽约10 cm，基部心形，先端2裂达叶长的1/3～2/5；叶柄长2～4 cm，被短柔毛。总状花序腋生；总花梗短，与花序轴均略被短柔毛；花蕾纺锤形，长约2.5 cm；萼佛焰状，一边开裂，顶端有5短细齿；花瓣白色，长3～5 cm，宽约2 cm；能育雄蕊10，2轮，花丝长短不一，下部1/3被毛，花药长圆形，黄色；子房具长柄，花柱长15～20 mm。荚果线状倒披针形，扁平，先端急尖，具直的喙，长6～12 cm，宽1.5 cm，果颈长1 cm。种子5～12，直径约1 cm，扁平。花期4～6月；果期6～8月。

生境与分布　喜气候湿热、土壤肥沃的生境。广东、广西有分布。

饲用价值　羊食其叶及嫩梢，属中等饲用植物。其化学成分如下表。

白花羊蹄甲的化学成分（%）

样品情况	干物质	占干物质					钙	磷
		粗蛋白	粗脂肪	粗纤维	无氮浸出物	粗灰分		
嫩梢　鲜样	38.00	18.15	3.87	31.02	38.51	8.45	0.95	0.32

数据来源：中国热带农业科学院热带作物品种资源研究所

植株　花

鞍叶羊蹄甲 | *Bauhinia brachycarpa* Wall. ex Benth.

形态特征 直立或攀援小灌木。叶纸质近圆形，长3～6 cm，宽4～7 cm，基部近截形、阔圆形，先端2裂达中部，裂片先端圆钝，腹无毛，背面略被稀疏柔毛；叶柄纤细，长6～16 mm。伞房式总状花序侧生，连总花梗长1.5～3 cm；总花梗短，与花梗同被短柔毛；花蕾椭圆形，被柔毛；萼佛焰状，裂片2；花瓣白色，连瓣柄长7～8 mm；能育雄蕊通常10；子房被绒毛。荚果长圆形，扁平，长5～7.5 cm，宽9～12 mm，先端具短喙。种子2～4，卵形，略扁平，褐色，有光泽。花期5～7月；果期8～10月。
生境与分布 喜干燥山坡。多生于亚热带低海拔山坡草地。西南石灰岩山坡和干热河谷区常见。
饲用价值 牛、羊采食其嫩茎叶，为良等饲用植物。其化学成分如下表。

鞍叶羊蹄甲的化学成分（%）

样品情况	干物质	占干物质					钙	磷
		粗蛋白	粗脂肪	粗纤维	无氮浸出物	粗灰分		
叶片 干样	89.40	16.32	2.14	32.15	39.34	10.05	1.24	0.21

数据来源：中国热带农业科学院热带作物品种资源研究所

植株

分枝局部
叶片腹面
叶片背面
花序
叶片
幼荚
果序
果荚

云南羊蹄甲 | *Bauhinia yunnanensis* Franch.

形态特征 攀援藤本。枝略具棱；卷须对生。叶膜质，阔椭圆形，全裂至基部，弯缺处有1刚毛状尖头，裂片斜卵形，长2～4 cm，宽1～2.5 cm，两端圆钝，腹面灰绿色，背面粉绿色。总状花序顶生，有10～20花；小苞片2，对生于花梗中部，与苞片均早落；花直径约2.5 cm；花托圆筒形；萼檐二唇形，裂片椭圆形；花瓣淡红色，顶部两面有黄色柔毛；能育雄蕊3；不育雄蕊7。荚果带状长圆形，扁平，长约10 cm，宽约1.5 cm，顶端具短喙，开裂后荚瓣扭曲。种子阔椭圆形至长圆形，扁平，种皮黑褐色，有光泽。花期8月；果期10月。

生境与分布 喜干热气候。云南金沙江和元江流域的干热河谷常见。

饲用价值 牛、马和羊采食其嫩枝叶，属中等饲用植物。

花期株丛

叶片腹面

叶片背面

成熟果荚

幼荚

成熟种子

营养期株丛局部

花序

元江羊蹄甲 *Bauhinia esquirolii* Gagnep.

形态特征 攀援藤本。小枝密被长柔毛；卷须对生，被长柔毛。叶纸质，先端深2裂，腹面被疏毛，背面密被黄白色柔毛；叶柄粗壮，长约2 cm，密被长柔毛。总状花序狭长，先端具密集的苞片和小苞片而呈毛刷状；苞片和小苞片狭线形，被长柔毛；花蕾圆锥状，急尖，密被紧贴的丝质柔毛；萼片披针形，长约5 mm，尾尖，通常于中部以下合生，外面被毛；花瓣淡黄色，倒披针形，长约7 mm，具柄，背面被丝质柔毛；能育雄蕊3；退化雄蕊4；花盘肥厚，马蹄形。荚果长圆形，果瓣木质，干时淡褐色。种子2～5，近圆形。花期9～11月；果期11～12月。

生境与分布 喜干热气候。云南金沙江和元江流域的干热河谷常见。

饲用价值 山羊乐食，为中等饲用植物。

叶片腹面

叶片背面

株丛

分枝局部
花特写
茎部绒毛
卷须
花序
花蕾及绒毛

首冠藤 *Bauhinia corymbosa* Roxb. ex DC.

形态特征 木质藤本。叶纸质，近圆形，长和宽2～3 cm；叶柄纤细，长约2 cm。伞房花序式总状花序顶生于侧枝上；花蕾卵形，急尖，与纤细的花梗同被红棕色小粗毛；花托纤细，长18～25 mm；萼片长约6 mm，外面被毛；花瓣白色，有粉红色脉纹，长8～11 mm，宽6～8 mm，外面中部被丝质长柔毛；能育雄蕊3；退化雄蕊2～5；子房具柄，无毛，柱头阔。荚果带状长圆形，扁平，长10～16 cm，宽1.5～2.5 cm，果瓣厚革质。种子长圆形，长8 mm，褐色。花期4～6月；果期9～12月。

生境与分布 喜湿热气候，较耐阴、喜攀援。生于山谷疏林中或山坡向阳处。海南、广东及广西有分布，现也有驯化栽培。

饲用价值 羊喜采食其梢，属中等饲用植物。其化学成分如下表。

首冠藤的化学成分（%）

样品情况	干物质	占干物质					钙	磷
		粗蛋白	粗脂肪	粗纤维	无氮浸出物	粗灰分		
营养期茎叶 鲜样	30.50	16.58	1.14	17.40	59.33	5.55	1.00	0.52

数据来源：中国热带农业科学院热带作物品种资源研究所

株丛

果荚

花序

种子

仪花属
Lysidice Hance

仪花 *Lysidice rhodostegia* Hance

形态特征 灌木。羽状复叶，对生；小叶3～5对，先端尾状渐尖，基部圆钝。圆锥花序长约30 cm；苞片卵状长圆形，长约2 cm，宽约1 cm；萼裂片长圆形，暗紫红色；花瓣紫红色，阔倒卵形，先端圆而微凹；能育雄蕊2；退化雄蕊通常4；子房被毛，有6～9胚珠，花柱细长，被毛。荚果倒卵状长圆形，长约15 cm。种子2～7，长圆形，长约2.5 cm，宽约1.5 cm，褐红色，边缘不增厚；种皮较薄而脆，表面微皱折，里面无胶质层。花期6～8月；果期9～11月。

生境与分布 喜湿热气候。生于海拔500 m以下的山地丛林中，常见于灌丛、路旁与山谷溪边。云南东南至南部常见。

饲用价值 叶片肥嫩，但有小毒，只有山羊采食。冬季干枯落叶，牛亦有采食。

植株局部　叶片腹面　叶片背面

苞片特写

花特写

示种子着生

果荚

花序

酸豆属 *Tamarindus* L.

酸豆 *Tamarindus indica* L.

形态特征 乔木。小叶长圆形，长约2.5 cm，宽约9 mm，先端圆钝，基部圆而偏斜。花黄色，具紫红色条纹；总花梗和花梗被黄绿色短柔毛；小苞片2，长约1 cm，开花前紧包花蕾；萼管长约7 mm，檐部裂片披针状长圆形，长约1.2 cm，花后反折；花瓣倒卵形，与萼裂片近等长，边缘波状；雄蕊长约1.5 cm，近基部被柔毛，花丝分离部分长约7 mm，花药椭圆形，长2.5 mm；子房圆柱形，长约8 mm。荚果圆柱状长圆形，肿胀，棕褐色，长5～14 cm。种子3～14，有光泽。花期5～8月；果期12月至翌年5月。

生境与分布 喜干热气候，喜阳、耐干旱。原产非洲。福建、广东、广西、海南及云南常见栽培，也有逸为野生的种群。

利用价值 果荚味酸、甜，是重要的饮料生产原料，加工后的果渣可作饲料添加利用。植株嫩叶羊也喜采食。其化学成分如下表。

酸豆的化学成分（%）

样品情况	干物质	占干物质					钙	磷
		粗蛋白	粗脂肪	粗纤维	无氮浸出物	粗灰分		
嫩叶 鲜样	27.50	15.15	2.23	24.20	50.91	7.51	0.92	0.13

数据来源：中国热带农业科学院热带作物品种资源研究所

花

植株 幼枝 果荚 树皮特征 叶片背面 叶片腹面

海红豆属
Adenanthera L.

海红豆 *Adenanthera microsperma* Teijsm. et Binn.

形态特征 落叶乔木；嫩枝被微柔毛。二回羽状复叶；叶柄和叶轴被微柔毛，无腺体；羽片3～5对；小叶4～7对，长圆形，长2～3.5 cm，宽约2 cm，两端圆钝，两面均被微柔毛。总状花在枝顶排成圆锥花序；花小，黄色，具短梗；花萼长不足1 mm；花瓣披针形，长约3 mm；雄蕊10。荚果狭长圆形，盘旋，长约12 cm，宽约1.3 cm，开裂后果瓣旋卷。种子近圆形至椭圆形，长约7 mm，宽约5 mm，鲜红色，有光泽。花果期4～10月。

生境与分布 喜湿热气候。生于热带、亚热带山地林缘、山沟或季雨林中。海南、广东及云南有分布。

饲用价值 叶量丰富，羊喜采食，可青饲，也可搭配禾本科牧草制作青贮饲料。另外，该种树型优美，种子鲜红光亮，甚为美丽，因而常见栽培。

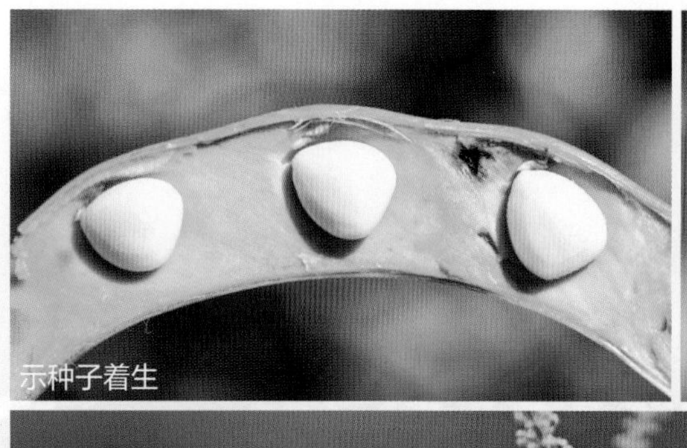
示种子着生

成熟种子

圆锥花序

植株局部

叶片腹面

总状花序

幼荚

槐属
Styphnolobium Schott

槐 *Styphnolobium japonica* L.

形态特征 乔木。羽状复叶长达25 cm；小叶4～7对，长约4 cm，宽约2 cm，先端渐尖，具小尖头，背面灰白色，初被疏短柔毛；小托叶2。圆锥花序顶生，呈金字塔形，长达30 cm；小苞片2；花萼浅钟状，长约4 mm，被灰白色短柔毛；旗瓣近圆形，长和宽约1 cm，具短柄，有紫色脉纹，翼瓣卵状长圆形，长约10 mm，龙骨瓣阔卵状长圆形，与翼瓣等长；子房近无毛。荚果串珠状，长约5 cm，具肉质果皮，成熟后不开裂，具种子1～6。种子卵球形，淡黄绿色，干后黑褐色。

生境与分布 喜温暖气候。全国广泛栽培。

饲用价值 重要木本饲料资源。山羊、绵羊均喜食其嫩叶，牛、马则喜食风干后的嫩枝叶及果荚。种子也可作为猪的精饲料。其化学成分如下表。

槐的化学成分（%）

样品情况	干物质	占干物质					钙	磷
		粗蛋白	粗脂肪	粗纤维	无氮浸出物	粗灰分		
叶片 干样	92.33	22.74	2.58	17.60	49.35	7.73	0.99	0.17

数据来源：贵州省草业研究所

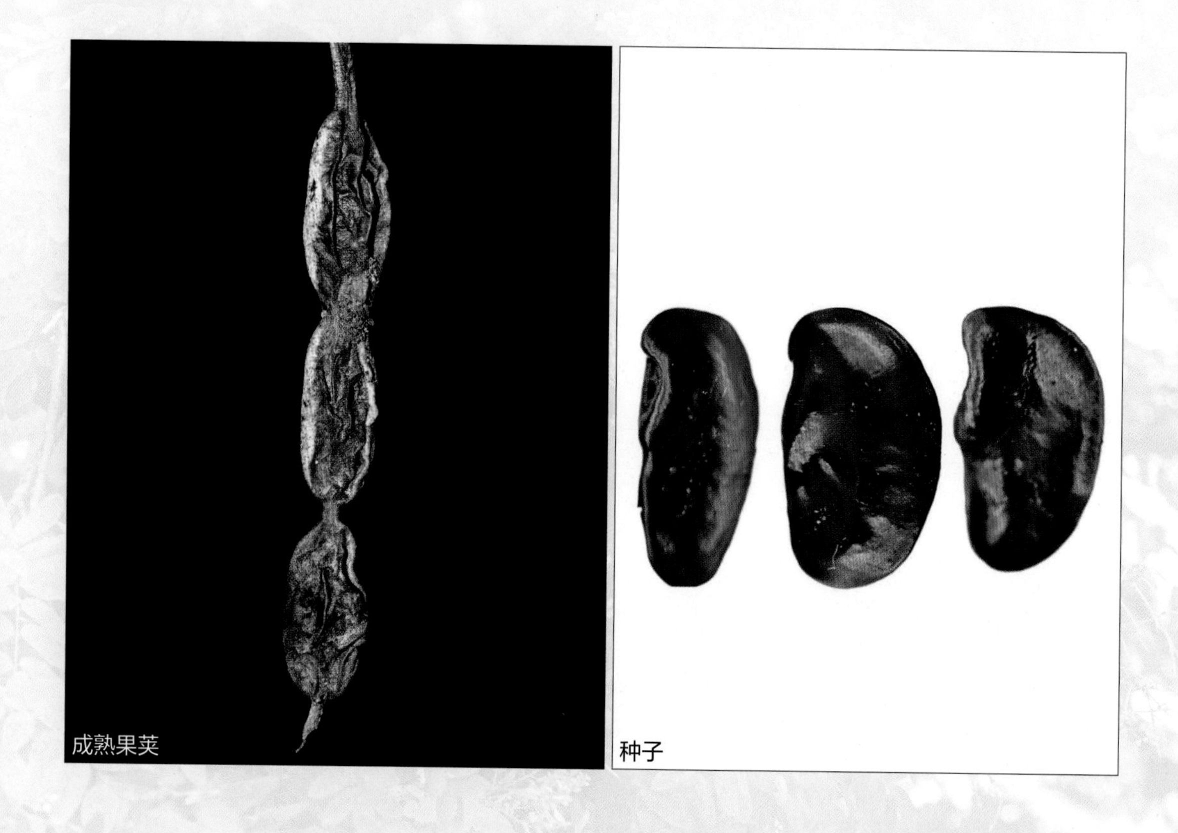

成熟果荚 种子

幼枝特征

花期植株

苦参属
Sophora L.

苦 参 *Sophora flavescens* Alt.

形态特征 灌木状草本。茎具纹棱，幼时疏被柔毛。羽状复叶长达25 cm；小叶6～12对，互生或近对生，纸质，长3～4 cm，宽1.2～2 cm，腹面无毛，背面疏被灰白色短柔毛。总状花序顶生，长15～25 cm；花多数；花梗纤细，长约7 mm；苞片线形，长约2.5 mm；花萼钟状，长约5 mm，宽约6 mm；花冠白色或淡黄色，旗瓣长14～15 mm，宽6～7 mm，翼瓣单侧生，柄与瓣片近等长，长约13 mm，龙骨瓣与翼瓣相似，宽约4 mm；雄蕊10。荚果长5～10 cm，种子间稍缢缩，稍四棱形，疏被短柔毛，成熟后开裂成4瓣，有1～5种子。种子长卵形，稍压扁，深红褐色。花期6～8月；果期7～10。

生境与分布 生于低海拔山坡沙地、草坡灌木林或田野附近。长江以南均有分布。

饲用价值 根具清热利湿、抗菌消炎之功效，常作兽药使用。嫩枝叶牛和羊采食，属中等饲用植物。

结荚期植株

花期植株　秆部特写　花序　果荚　叶片

红花苦参 | *Sophora flavescens* var. *galegoides* (Pall.) DC.

形态特征 与原变种区别：花紫红色。

生境与分布 生于低海拔山坡沙地、草坡灌木林或田野附近。西南、华中及华东偶有分布。

饲用价值 根具清热利湿、抗菌消炎之功效，作兽药使用。嫩枝叶牛和羊采食，属中等饲用植物。

植株及生境

叶片形态
成熟果荚

幼茎局部特征

花序

越南槐 *Sophora tonkinensis* Gagnep.

形态特征 攀援状灌木。羽状复叶长约15 cm；叶柄长约2 cm，基部稍膨大；小叶5～9对，长约2 cm，宽约1 cm，腹面散生短柔毛，背面被紧贴的灰褐色柔毛。总状花序顶生，长10～30 cm；总花梗和花序轴被丝质柔毛；花长约12 mm；花萼杯状，长约2 mm；花冠黄色，长6 mm，宽5 mm，翼瓣比旗瓣稍长，长圆形，基部具1三角形尖耳，龙骨瓣最大，长9 mm，宽4 mm，背部明显呈龙骨状；雄蕊10。荚果串珠状，稍扭曲，长3～5 cm，直径约8 mm，疏被短柔毛，有1～3种子。种子卵形，黑色。花期5～7月；果期8～12。

生境与分布 生于亚热带海拔1000～2000 m的石山或石灰岩山地的灌木林中。广西、贵州、云南有分布。

饲用价值 根较粗壮，可入药，具有清热解毒，消炎止痛之效。叶片山羊喜采食。

果荚

叶片

枝叶局部特征

生境
株丛

海南槐 *Sophora tomentosa* L.

形态特征 灌木。枝被灰白色短绒毛，羽状复叶长约15 cm；小叶5～7，宽椭圆形，长约5 cm，宽约3 cm，腹面灰绿色，具光泽，背面密被灰白色短绒毛。总状花序，长达20 cm，被灰白色短绒毛；花较密；苞片线形；花萼钟状，长约6 mm；花冠淡黄色，旗瓣阔卵形，长约1.5 cm，宽约1 cm，翼瓣长椭圆形，与旗瓣等长，具钝圆形单耳，柄纤细，长约5 mm，龙骨瓣与翼瓣相似，背部龙骨状；子房密被灰白色短柔毛，花柱短。荚果串珠状，长约10 cm，直径约10 mm，表面被短绒毛，多数种子。种子球形，褐色，具光泽。花期8～10月；果期9～12月。

生境与分布 喜热带气候。生于海滨沙丘及附近灌木林中。海南和广东有分布。

饲用价值 嫩枝叶量大，营养丰富，是牛、羊喜食的木本饲用植物。

果期植株局部

果序

果荚特写

叶片

花序

株丛及生境

白刺花 *Sophora davidii* (Franch.) Skeels

形态特征 灌木。枝多开展，小枝初被毛。羽状复叶；托叶钻状，部分变成刺；小叶5～9对，长10～15 mm，先端圆，常具芒尖，腹面几无毛，背面中脉隆起，疏被长柔毛。总状花序着生于小枝顶端；花小，长约15 mm；花萼钟状，蓝紫色，萼齿5；花冠白色或淡黄色，旗瓣倒卵状长圆形，长约14 mm，宽约6 mm，翼瓣与旗瓣等长，宽约3 mm，龙骨瓣比翼瓣稍短，具锐三角形耳；雄蕊10，等长；子房密被黄褐色柔毛，胚珠多数，荚果串珠状，稍压扁，长6～8 cm，宽6～7 mm，有种子3～5。种子卵球形，长约4 mm，直径约3 mm，深褐色。花期3～8月；果期6～10月。

生境与分布 喜生于河谷沙丘和山坡路边的灌丛中，是西南石漠化山坡草地的优势灌木。西南、华中多有分布。

饲用价值 分枝多，嫩枝叶量大，营养丰富，是牛、羊喜食的木本饲用植物。其化学成分如下表。

白刺花的化学成分（%）

样品情况	占干物质					钙	磷
	粗蛋白	粗脂肪	粗纤维	无氮浸出物	粗灰分		
嫩叶 绝干	23.48	3.69	22.43	46.70	3.69	0.53	0.06

数据来源：贵州省草业研究所

株丛

果序
叶片腹面
枝叶
果荚特写
成熟果荚
种子
叶片背面

川西白刺花 *Sophora davidii* var. *chuansiensis* C. Y. Ma

形态特征 与原变种区别：花冠蓝紫色；叶有时成簇着生于短枝顶端，小叶很小，长约5 mm，宽2～4 mm，多为宽卵形。

生境与分布 生于海拔3000 m左右的干旱山坡或河谷沙地。该变种是四川西部及云南德钦至西藏一带的河谷干旱山坡的优势种。

饲用价值 山羊喜采食其叶片，是当地重要的放牧型木本饲用植物。

植株

叶片腹面

叶片背面

花序

不育枝末端粗刺

分枝局部

果荚

盘江白刺花 *Sophora davidii* (Franch.) Skeels 'Panjiang'

品种来源 贵州省草业研究所等单位申报，2016年通过全国草品种审定委员会审定，登记为野生栽培品种；品种登记号510；申报者：龙忠富、张大全、张建波、吴佳海、罗天琼。

形态特征 多年生常绿小灌木，高1.8～2.5 m。小枝短，具锐刺，枝及叶轴被短柔毛，分枝能力强。羽状复叶，小叶椭圆形，深绿色，长7～12 mm，宽约5 mm。总状花序生于枝端，有小花6～12，花白色。荚果念珠状，长3～6 cm，直径约5 mm，每果荚含种子4～8。种子椭圆形，黄褐色，千粒重25.4 g。

生物学特性 喜温暖湿润气候，耐热抗冻，适应性广。7～10℃时种子能缓慢发芽，15～25℃时发芽出苗快，幼苗能耐–6℃的低温，成株能耐–10℃的短期低温，营养生长阶段最适生长温度为15～28℃，秋播生育期170天左右。

饲用价值 四季青绿，年均鲜草产量37 500 kg/hm^2。适口性好，营养丰富，富含多种氨基酸和矿物质，且具有清热解毒与杀虫之功效，是发展生态草地畜牧业的优质安全药饲兼用型饲料，可直接放牧利用或刈割青饲，还可单独青贮或与其他牧草混合青贮加工利用。其化学成分如下表。

盘江白刺花的化学成分（%）

样品情况	占干物质					钙	磷
	粗蛋白	粗脂肪	粗纤维	无氮浸出物	粗灰分		
开花期 绝干	22.75	3.63	23.43	45.30	4.89	2.53	0.28

数据来源：贵州省草业研究所

栽培群体

营养期株丛
花序
荚果
花期株丛
果序

相思子属
Abrus Adans.

相思子 | *Abrus precatorius* L.

形态特征　草质藤本。茎细弱，多分枝。羽状复叶；小叶8～13对，膜质，对生，近长圆形，长1～2 cm，宽4～8 mm，先端截形，具小尖头，基部近圆形，腹面无毛，背面被稀疏白色糙伏毛。总状花序腋生，长3～8 cm；花序轴粗短；花小，密集成头状；花萼钟状，萼齿4浅裂，被白色糙毛；花冠紫色，旗瓣柄三角形，翼瓣与龙骨瓣较窄狭；雄蕊9。荚果长圆形，果瓣革质，长2～3.5 cm，宽0.5～1.5 cm，成熟时开裂，有种子2～6。种子椭圆形，平滑具光泽，上部约三分之二为鲜红色，下部约三分之一为黑色。花期3～6月；果期9～10月。
生境与分布　喜生于沿海干热山坡草地或疏林灌丛中。福建、广东、广西及海南常见。
饲用价值　植株幼嫩，羊喜采食。种子有毒，宜开花前利用。其化学成分如下表。

相思子的化学成分（%）

样品情况	占干物质					钙	磷
	粗蛋白	粗脂肪	粗纤维	无氮浸出物	粗灰分		
枝叶　绝干	18.41	3.10	25.32	46.52	6.65	1.41	0.37

数据来源：中国热带农业科学院热带作物品种资源研究所

株丛

叶片

花序

荚果

示种子着生

种子

毛相思子 *Abrus mollis* Hance

形态特征 灌木状直立小草本，全株被柔毛。羽状复叶；小叶膜质，长圆形，长约2 cm，宽约5 mm，腹面被疏柔毛，背面密被白色长柔毛。总状花序腋生；总花梗长2～4 cm，被黄色长柔毛，花4～6聚生于花序轴的节上；花萼钟状，密被灰色长柔毛；花冠淡紫色。荚果长圆形，扁平，长约4 cm，宽约6 mm，被白色柔毛，顶端具喙，有4～9种子。种子暗褐色，卵形，扁平，稍有光泽；种阜小，环状。花果期8～9月。

生境与分布 喜生于沿海干热山坡草地或疏林灌丛中。福建、广东、广西及海南有分布。

饲用价值 植株幼嫩，牛、羊喜采食其全株，但种子有毒，宜开花前利用，属中等饲用植物。

植株

叶片腹面

叶片背面

花序

成熟果荚

幼荚

示种子着生

种子形态

美丽相思子 *Abrus pulchellus* Wall. ex Thwaites

形态特征 攀援藤本。羽状复叶互生；小叶6～10对，膜质，近长圆形，长约2.5 cm，宽约0.7 cm，先端截形，具小尖头，基部近圆形，腹面无毛，背面被稀疏糙伏毛。总状花序腋生；总花梗长3～10 cm，花序轴粗短；花小，长0.6～0.8 cm，密集成头状；萼钟状，萼齿4浅裂，被白色糙伏毛；花冠粉红色；雄蕊9。荚果长圆形，长约5 cm，宽约1 cm，成熟时开裂，密被平伏白毛，有6～12种子。种子椭圆形，黑褐色，具光泽；种阜明显，环状；种脐有孔。
生境与分布 生于低海拔河谷岸边灌丛或疏林中。云南干热河谷区山坡稀树灌丛常见。
饲用价值 植株幼嫩，牛、羊喜采食。花、果有毒，宜开花前利用。

分枝局部

叶片腹面

叶片背面

生境及株丛

花蕾

果荚

幼荚

花序特写

鸡血藤属
Callerya Endl.

美丽鸡血藤 *Callerya speciosa* (Champion ex Benth.) Schot

形态特征 木质藤本。羽状复叶长约20 cm；托叶披针形，长约5 mm；小叶通常6对，长圆状披针形，长4～8 cm，宽约2.5 cm，腹面无毛，背面被锈色柔毛。圆锥花序腋生，长达30 cm，密被黄褐色绒毛；花大，长约2.5 cm；花萼钟状；花冠白色至淡红色，旗瓣无毛，圆形，直径约2 cm，翼瓣长圆形，基部具钩状耳，龙骨瓣镰形；雄蕊二体；花盘筒状。荚果线状，长约10 cm，宽约2 cm，顶端狭尖，具喙，基部具短颈，密被褐色绒毛，果瓣木质，有4～6种子。种子卵形。花期7～10月；果期翌年2月。

生境与分布 生于低海拔灌丛、疏林和旷野。福建、湖南、广东、海南、广西、贵州、云南等有分布。

饲用价值 根具通经活络、润肺补虚和健脾的药用功效。现人工栽培面积逐年扩大。叶片和嫩茎牛、羊食喜采食，可搭配青饲，也可加工鸡、鱼等的颗粒饲料。其化学成分如下表。

美丽鸡血藤的化学成分（%）

样品情况	干物质	占干物质					钙	磷
		粗蛋白	粗脂肪	粗纤维	无氮浸出物	粗灰分		
嫩茎及叶片 鲜样	30.50	16.24	3.41	25.40	49.03	5.92	0.75	0.50

数据来源：中国热带农业科学院热带作物品种资源研究所

株丛

幼枝被短绒毛
花序轴及花萼密被绒毛
嫩茎叶
花序
果荚
花
叶片

亮叶鸡血藤 *Callerya nitida* (Benth.) R. Geesink

形态特征 攀援灌木。羽状复叶长达20 cm；小叶2对，长5～9 cm，宽约4 cm，腹面光亮无毛，背面被稀疏柔毛。圆锥花序顶生，长达20 cm，密被锈褐色绒毛；花长约2.5 cm；花萼钟状，长约8 mm，宽约6 mm，密被绒毛；花冠紫色，旗瓣密被绢毛，长圆形，翼瓣短而直，基部戟形，龙骨瓣镰形；雄蕊二体。荚果线状长圆形，长约12 cm，宽约2 cm，密被黄褐色绒毛，顶端具尖喙，基部具颈，有4～5种子。种子栗褐色，光亮，斜长圆形，长约10 mm，宽约12 mm。花期5～9月；果期7～11月。

生境与分布 生于低海拔的灌丛或山地疏林中。江西、福建、广东、海南、广西、贵州等有分布。

饲用价值 牛、羊采食嫩茎叶，属中等饲用植物。

果荚

叶片

植株

花序

香花鸡血藤 *Callerya dielsiana* Harms

形态特征　攀援灌木。羽状复叶长15～30 cm；小叶2对，长达10 cm，宽约4 cm。圆锥花序顶生，长达40 cm；花单生；花梗长约5 mm；花萼阔钟状，长约5 mm，宽约5 mm；花冠紫红色，旗瓣阔卵形，密被锈色，翼瓣甚短，龙骨瓣镰形；雄蕊二体；花盘浅皿状；子房线形，密被绒毛，花柱长于子房。荚果线形至长圆形，长约10 cm，宽约2 cm，密被灰色绒毛。种子长圆状，长约8 cm，宽约6 cm，厚约2 cm。花期5～9月；果期6～11月。

生境与分布　生于低海拔的灌丛、山地疏林中。除海南之外，长江以南均有分布。

饲用价值　牛、羊采食嫩茎叶，属中等饲用植物。其化学成分如下表。

香花鸡血藤的化学成分（%）

样品情况	占干物质					钙	磷
	粗蛋白	粗脂肪	粗纤维	无氮浸出物	粗灰分		
嫩茎叶　绝干	14.28	1.58	34.56	38.35	11.23	0.81	0.27

数据来源：中国热带农业科学院热带作物品种资源研究所

花序

嫩枝叶
嫩荚
叶片形态
花部特写
生境与株丛

厚果鸡血藤 *Callerya pachycarpa* Benth.

形态特征 大型木质藤本。嫩枝密被黄色绒毛。羽状复叶长30～50 cm；小叶6～8对，长圆状椭圆形，长10～18 cm，宽约4.5 cm。总状圆锥花序，密被褐色绒毛；花长约2 cm；花萼杯状，密被绒毛；花冠淡紫，旗瓣无毛，翼瓣长圆形，龙骨瓣基部截形；雄蕊单体；子房线形，密被绒毛。荚果深褐黄色，肿胀，长圆形，单粒种子时卵形。种子黑褐色，肾形或挤压呈棋子形。花期4～6月；果期6～11月。

生境与分布 生于低海拔山坡林缘。江西、福建、湖南、广东、广西、四川、贵州、云南等有分布。

饲用价值 山羊采食嫩茎叶，属中等饲用植物。

叶片

果荚形态1

果荚形态2

果荚形态3

植株及生境

喙果鸡血藤 *Callerya tsui* (F. P. Metcalf) Z. Wei et Pedley

形态特征 木质藤本。羽状复叶长12～28 cm；小叶1～2对，阔椭圆形，长10～18 cm，宽5～8 cm。圆锥花序顶生，长达30 cm；花密集，单生；苞片小，卵形；花长约2.5 cm；花冠淡黄色带微红，旗瓣和萼同被绢状绒毛，翼瓣长圆形，龙骨瓣镰形；雄蕊二体。荚果肿胀，单粒种子时为椭圆形，长约5 cm，径约4 cm，顶端有坚硬的钩状喙。种子近球形，长2～2.5 cm，直径1～2.5 cm。花期7～9月；果期10～12月。

生境与分布 生于低海拔山地杂木林或山坡林缘。湖南、广东、海南、广西、贵州、云南等有分布。

饲用价值 羊食其叶，属中等饲用植物。其化学成分如下表。

喙果鸡血藤的化学成分（%）

样品情况	占干物质					钙	磷
	粗蛋白	粗脂肪	粗纤维	无氮浸出物	粗灰分		
嫩茎叶 绝干	12.21	2.79	31.56	43.36	10.08	0.54	0.17

数据来源：中国热带农业科学院热带作物品种资源研究所

植株 果型1 果型2 种子

海南崖豆藤 *Callerya pachyloba* Drake

形态特征　木质藤本。羽状复叶长25～35 cm；小叶4对，厚纸质，倒卵状长圆形，长5～15 cm，宽约5 cm。总状圆锥花序顶生，长约20 cm，密被黄褐色绢毛；花3～7着生节上；花长约1.5 cm；花萼杯状，长约3 mm，宽约5 mm，密被绢毛；花冠淡紫色，花瓣近等长，旗瓣密被绢毛，长约12 mm，翼瓣长圆形，龙骨瓣阔长圆形，翼瓣和龙骨瓣的外露部分均密被绢毛。荚果菱状长圆形，肿胀，先端喙尖，基部圆钝，密被黄色绒毛，后渐脱落。种子黑褐色，具光泽。花期4～6月；果期7～11月。

生境与分布　生于低海拔的沟谷常绿阔叶林或山坡林缘。海南、广东、广西及云南南部常见。

饲用价值　海南崖豆藤生物量大，作青饲利用适口性较差，只有山羊采食其嫩茎叶，成熟展开的叶片质粗糙，只可作为颗粒饲料加工作用。其化学成分如下表。

海南崖豆藤的化学成分（%）

样品情况	占干物质					钙	磷
	粗蛋白	粗脂肪	粗纤维	无氮浸出物	粗灰分		
叶片　绝干	15.32	2.51	33.41	39.31	9.45	0.37	0.14

数据来源：中国热带农业科学院热带作物品种资源研究所

植株及生境

叶片

小叶间距及小托叶

嫩叶

花

花序

花蕾

网络崖豆藤 *Callerya reticulata* Benth.

形态特征　木质藤本。羽状复叶长10～20 cm；小叶3～4对，卵状长椭圆形，长约5 cm，宽约3 cm，两面均无毛。圆锥花序顶生，长约15 cm，花序轴被黄褐色柔毛；花密集，单生于分枝上；花长约1.7 cm；花萼阔钟状至杯状，长约4 mm，宽约5 mm，萼齿短而钝圆，边缘有黄色绢毛；花冠红紫色，旗瓣无毛，卵状长圆形，翼瓣和龙骨瓣均直；雄蕊二体；花盘筒状。荚果线形，长约15 cm，宽约1.5 cm，扁平，瓣裂，果瓣薄而硬，近木质，有3～6种子。种子长圆形。花期5～11月。

生境与分布　生于低海拔的沟谷常绿阔叶林中或山坡林缘。长江以南常见。

饲用价值　山羊采食其嫩茎叶，成熟展开的叶片质粗糙，适口性降低。其化学成分如下表。

网络崖豆藤的化学成分（%）

样品情况	占干物质					钙	磷
	粗蛋白	粗脂肪	粗纤维	无氮浸出物	粗灰分		
叶片　绝干	12.52	3.02	31.20	41.69	11.57	0.62	0.30

数据来源：中国热带农业科学院热带作物品种资源研究所

株丛

花序
果期植株局部
果荚
种子

线叶鸡血藤 *Callerya reticulata* var. *stenophylla* (Merrill et Chun) X. Y. Zhu

形态特征　木质藤本。羽状复叶长约12 cm；小叶2～4对，线形或狭披针形，宽约1 cm，基部渐狭成楔形，两面均无毛。圆锥花序腋生，长约15 cm；花密集；花长约1.5 cm；花萼阔钟状至杯状；花冠红紫色，旗瓣无毛，卵状长圆形，翼瓣和龙骨瓣均直；雄蕊二体；花盘筒状。荚果线形，长约10 cm，扁平，瓣裂，果瓣薄而硬，近木质，有3～6种子。种子长圆形。花期5～11月。

生境与分布　生于山谷石壁或山坡林缘。海南有分布。

饲用价值　山羊采食其嫩茎叶，成熟展开的叶片质粗糙，适口性降低，属中等饲用植物。

植株局部

花序

巴豆藤属
Craspedolobium Harms

巴豆藤 | *Craspedolobium schochii* Harms

形态特征 攀援灌木。羽状三出复叶，叶轴上面具狭沟；托叶三角形；顶生小叶倒阔卵形，长5～10 cm，宽3～6 cm，先端钝圆，侧生小叶两侧不等大，歪斜，腹面散生平伏毛，背面被平伏细毛。总状花序着生枝端叶腋，长约20 cm；苞片三角状卵形，长约2 mm，脱落，小苞片三角形，宿存；花长约1 cm；花萼钟状，长约5 mm，萼齿卵状三角形，短于萼筒；花冠红色，花瓣近等长。荚果线形，长约8 cm，宽约1 cm，密被褐色细绒毛，顶端狭尖，具短尖喙，基部钝圆，果颈比萼筒短，腹缝具狭翅，有3～5种子。种子圆肾形，扁平。花期6～9月；果期9～10月。

生境与分布 生于海拔2000 m以下的山坡疏林和路旁灌木林中。西南有分布。

饲用价值 叶片粗纤维含量高，适口性较差，山羊偶采食其嫩叶。

花期株丛局部

叶片腹面
叶片背面
茎部皮孔
营养期株丛局部
花序
果荚

耀花豆属
Sarcodum Lour.

耀花豆 *Sarcodum scandens* Lour.

形态特征 缠绕藤本，多分枝，全株密被白色长绵毛。奇数羽状复叶长达25 cm；小叶9～16对，长圆形，长约3.5 cm，宽约1.2 cm，两面被绵毛。总状花序长约15 cm；苞片卵状披针形，长约1.7 cm；花多数；花萼长约3 mm，密被绵毛；花冠紫红色，旗瓣向后反折，椭圆形，长约1.5 cm，宽约1 cm，翼瓣卵状长圆形，长约1.2 cm，龙骨瓣镰状弯曲，长约1.7 cm。荚果线状圆柱形，长约7 cm，直径约7 mm，喙长约7 mm；外果皮干后深褐色，薄而脆，内果皮白色，软骨质，种子间略收缩，有6～10种子。种子亮黑色，椭圆状肾形，长约6 mm，宽约3.5 mm；种脐阔卵形。花果期4～8月。
生境与分布 喜热带气候。生于山地矮林或灌木丛间，喜攀爬于灌丛上。海南中部偶见。
饲用价值 花序密集、花色艳丽、花期长，具有良好的观赏价值。叶片幼嫩，牛、羊喜采食，通常用于放牧利用。其化学成分见下表。

耀花豆的化学成分（%）

样品情况	占干物质					钙	磷
	粗蛋白	粗脂肪	粗纤维	无氮浸出物	粗灰分		
叶片 绝干	21.07	2.86	30.42	33.60	12.05	0.41	0.25

数据来源：中国热带农业科学院热带作物品种资源研究所

株丛及生境

幼枝
幼荚
茎部绵毛及叶片腹面
叶片背面
托叶
花序
花特写

羊喜豆属
Cratylia Mart. ex Benth.

克拉豆 | *Cratylia argentea* (Desv.) Kuntze

形态特征 多年生灌木，分枝顶端攀爬。三出复叶；小叶宽卵形，长7～15 cm，宽3～8 cm，顶端渐尖，基部圆形，腹面绿色无毛，背面灰绿色具银色短柔毛。总状花序或由总状花序组成的圆锥花序顶生，长达30 cm，花疏离成节着生，每节具3～6花。荚果直，扁平，长可达20 cm，宽约2 cm，密被短绒毛，成熟后裂开，内含4～8种子。种子扁平，直径约1.5 cm，深黄色至棕色，在高湿度条件下成熟时为深棕色。花果期3～12月。

生境与分布 喜热带气候。原产玻利维亚、巴西；20世纪80年代引种到我国，现海南、广东及广西有栽培。

饲用价值 营养价值高，属热带地区重要的灌木型豆科饲用植物，牛喜采食其叶片及果荚。生产上主要用于混播草地的建植，利用方式为直接放牧利用，也可作青贮饲料用于旱季的补给。

株丛局部　种子　小叶腹面局部　小叶背面局部

花及幼荚

植株分枝

叶片

茎部特征

水黄皮属
Pongamia Vent.

水黄皮 *Pongamia pinnata* (L.) Pierre

形态特征 小乔木。羽状复叶长20～25 cm；小叶2～3对，阔椭圆形，长5～10 cm，宽4～8 cm。总状花序腋生，长约15 cm，通常2花簇生于总轴的节上；花梗长5～8 mm，在花萼下有2卵形的小苞片；花萼长约3 mm，外面略被锈色短柔毛；花冠白色或粉红色，长12～14 mm，各瓣均具柄，旗瓣背面被丝状毛，边缘内卷，龙骨瓣略弯曲。荚果长约5 cm，宽1.5～2.5 cm，表面有不甚明显的小疣凸，顶端有微弯曲的短喙，不开裂，有1种子。种子肾形。花期5～6月；果期8～10月。

生境与分布 喜生于海边沙滩或滩涂。沿海各省均有分布。

饲用价值 羊有采食其叶，属中等木本饲用植物。其化学成分如下表。

水黄皮的化学成分（%）

样品情况	干物质	占干物质					钙	磷
		粗蛋白	粗脂肪	粗纤维	无氮浸出物	粗灰分		
叶片 鲜样	30.57	22.88	3.11	27.60	41.69	4.72	0.65	0.21

数据来源：中国热带农业科学院热带作物品种资源研究所

株丛及生境

果序
叶片腹面
果荚
示种子着生
树皮特征
嫩枝

灰毛豆属
Tephrosia Pers.

灰毛豆 *Tephrosia purpurea* (L.) Pers.

形态特征 灌木状草本。茎直立，具纵棱。羽状复叶长7～15 cm；小叶4～8对，椭圆状长圆形，长1.5～3 cm，宽约1 cm。总状花序顶生或生于上部叶腋，长10～15 cm；苞片锥状狭披针形，长约4 mm；花长约8 mm；花萼阔钟状，长约4 mm，宽约3 mm，被柔毛；花冠淡紫色，旗瓣扁圆形，外面被细柔毛，翼瓣长椭圆状倒卵形，龙骨瓣近半圆形。荚果线形，长约4 cm，宽约5 mm，稍上弯，顶端具短喙，被稀疏平伏柔毛，有6种子。种子灰褐色，具斑纹，椭圆形，长约3 mm，宽约1.5 mm，扁平；种脐位于中央。花期3～10月。

生境与分布 适应性强，生于向阳山坡草地和海边干热灌丛草地。江西、云南及长江以南沿海均有分布。本种变型较多，尤其生于海滨干热沙滩草地的变型多发生叶片形态的变异，表现出小叶比普通居群更为狭长的特点。

饲用价值 羊有采食其叶，属中等品质的饲用植物。其化学成分如下表。

灰毛豆的化学成分（%）

样品情况	占干物质					钙	磷
	粗蛋白	粗脂肪	粗纤维	无氮浸出物	粗灰分		
嫩枝叶 绝干	17.54	3.23	25.12	49.09	5.02	0.55	0.17

数据来源：中国热带农业科学院热带作物品种资源研究所

植株

植株分枝
嫩荚
果序
花
种子
叶片
花序

云南灰毛豆 *Tephrosia purpurea* (L.) Pers. var. *yunnanensis* Z. Wei

形态特征 与原变种区别：全株密被伸展长柔毛；小叶倒卵状椭圆形，长1.5～3.5 cm，宽约1.2 cm，腹面较稀，背面甚密，沿中脉及叶缘甚为明显；托叶线状锥刺形，长达12 mm；种子无斑纹，粗糙。

生境与分布 喜向阳、干燥的环境。多生于云南、四川干热河谷区的山坡草地。

饲用价值 干热河谷区荒坡草地中常见豆科草种，羊采食其叶，适于放牧利用。其化学成分如下表。

云南灰毛豆的化学成分（%）

样品情况	占干物质					钙	磷
	粗蛋白	粗脂肪	粗纤维	无氮浸出物	粗灰分		
嫩枝叶 绝干	18.25	3.14	29.87	39.26	9.48	0.42	0.13

数据来源：中国热带农业科学院热带作物品种资源研究所

生境
株丛及生境
株丛

植株嫩茎叶
果荚
幼荚
花序
叶片腹面
叶片背面

桂引山毛豆 *Tephrosia candida* DC. 'Guiyin'

品种来源 广西壮族自治区畜牧研究所申报，2009年通过全国草品种审定委员会审定，登记为引进品种；品种登记号426；申报者为赖志强、易显凤、蔡小艳、姚娜、韦锦益。

形态特征 多年生灌木，高1～3.5 m。羽状复叶长15～25 cm；叶柄长1～3 cm；小叶8～12对，长圆形，长3～6 cm，宽6～16 mm。总状花序顶生或侧生，长15～20 cm，疏散多花；苞片钻形，长约3 mm；花梗长约1 cm；花萼阔钟状，长宽各约5 mm；花冠白色，旗瓣外面密被白色绢毛，翼瓣和龙骨瓣无毛；子房密被绒毛，胚珠多数。荚果直，线形，密被褐色绒毛，长8～10 cm，宽7.5～8.5 mm，顶端截尖，喙直，长约1 cm，有10～15种子。种子榄绿色，具花斑，平滑，椭圆形，长约5 mm，宽约3.5 mm，厚约2 mm；种脐稍偏；种阜环形，明显。

生物学特性 喜热带气候。适应性强，对土壤要求不严，无论是沙土、黏土和壤土均能生长。自然脱落的种子能在地表越冬，与嫩芽同期出苗生长，在广西种植通常10月初进入现蕾期，11月中下旬进入盛花期，12月末至翌年2月为种子成熟期。

利用价值 植株作为饲料利用，每年可刈割2～3次。根系富含鱼藤酮，可用来生产杀虫剂。其化学成分如下表。

栽培要点 种子繁殖，播种期为3～5月，播种前用50～60℃温水浸种30 min，晾干后播种，播种量15～18 kg/hm^2，贫瘠地块株行距50 cm × 60 cm，水肥条件较好的地块株行距60 cm × 100 cm，种子田为100 cm × 100 cm。

桂引山毛豆的化学成分（%）

样品情况	占干物质					钙	磷
	粗蛋白	粗脂肪	粗纤维	无氮浸出物	粗灰分		
开花期 绝干	19.45	4.05	34.86	35.69	5.95	0.46	0.51

数据来源：广西壮族自治区畜牧研究所

栽培群体

花序
果荚
种子
皮孔
果序
花期植株

狭叶红灰毛豆 *Tephrosia coccinea* var. *stenophylla* Hosokawa

形态特征 灌木状草本，高40～50 cm；多分枝。茎木质化，圆柱形，嫩枝常呈四棱形，被银灰色绢毛。羽状复叶长6～10 cm；托叶狭三角形，长约5 mm；小叶2～3对，倒披针状线形，顶生小叶长4～6 cm，宽约1 cm；小叶柄短。总状花序顶生或与叶对生，长达25 cm；花序轴细，密被绢毛；花疏散；苞片小，线形；花长约1 cm；花梗长3～6 mm；花萼阔钟状，长约5 mm，萼齿披针形，长于萼筒；花冠红色，旗瓣圆形，瓣柄长约2 mm，翼瓣线状长圆形，短柄，龙骨瓣内弯成直角，先端具喙，基部两侧有耳；子房线形，被绢毛；花柱扁平，被毛，胚珠10～12。荚果线形，长约6 cm，宽约8 mm，扁平，被绒毛，有8～12种子。

生境与分布 生于开旷的干燥沙地，多见于海边干热山坡。海南有分布。

饲用价值 滨海干热沙质草地常见低矮小草本，因植株生物量较小，只适宜放牧利用。

株丛

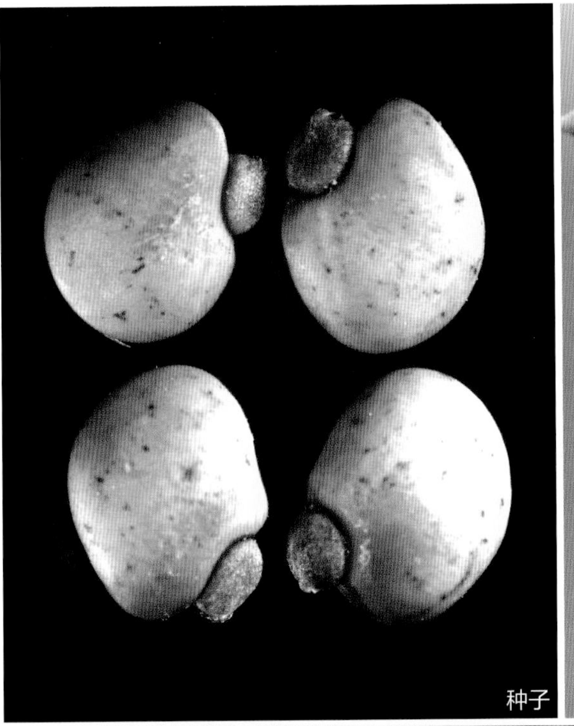

种子

果荚

叶片

黄灰毛豆 *Tephrosia vestita* Vogel

形态特征 灌木状草本；密被绒毛，茎具纵棱。羽状复叶长约10 cm；叶柄短，长约1.5 cm；托叶线形，长3～5 mm；小叶3～5对，倒卵状椭圆形，长约3 cm，宽约1.8 cm，背面密被绢毛。总状花序顶生，长3～7 cm；花长约1.7 cm；花冠白色，旗瓣近圆形，长约1.5 cm，外面密被黄色绢毛，翼瓣线状椭圆形，龙骨瓣卵形；子房密被绢毛，花柱扁平。荚果直，线形，扁平，向下斜展，密被黄色绢毛，缝线稍厚，顶端截尖，喙部直，连宿存花柱长约1 cm，有10～12种子。种子小，黑色，肾形。花期6～10月；果期7～11月。

生境与分布 喜干热气候。多生于沿海向阳山坡草地上。海南、广东、广西及江西有分布。

饲用价值 滨海干热沙质草地常见低矮小草本，因植株生物量较小，适宜放牧利用。生物量较桂引山毛豆要低，但适口性要高于前者，牛、羊喜食其茎叶，适宜放牧利用，也可建植栽培草地供刈割利用。其化学成分如下表。

黄灰毛豆的化学成分（%）

样品情况	占干物质					钙	磷
	粗蛋白	粗脂肪	粗纤维	无氮浸出物	粗灰分		
开花期 绝干	21.30	3.87	29.41	39.34	6.08	0.48	0.38

数据来源：中国热带农业科学院热带作物品种资源研究所

植株

枝叶局部
叶片腹面
叶片背面
花朵
花蕾
托叶
荚果

长序灰毛豆 *Tephrosia noctiflora* Boj. ex Baker

形态特征 灌木状草本。羽状复叶长7～11 cm；托叶窄三角形，长约9 mm，被毛；小叶7～12对，倒披针状长圆形，长2.2～3.2 cm，宽约9 mm，腹面无毛，背面密被平伏绢毛。总状花序顶生，长15～25 cm；花长约1 cm；花梗长2～4 mm；花萼浅皿状，长约5 mm，宽约5 mm，密被棕色绒毛；花冠紫色或白色，旗瓣圆形，外被棕色绢毛，翼瓣和龙骨瓣无毛。荚果挺直，线形，长约4 cm，宽约5 mm，顶端稍上弯，密被棕色绒毛，有7～9种子。种子黑色，肾形，长约4 mm，宽约2.5 mm。

生境与分布 喜干热气候。多生于向阳山坡草地上。海南、广东、广西及云南有分布，种子量大，易传播扩散，现已逸为野生。

饲用价值 适应性强，耐旱、耐瘠，在干热、贫瘠的天然草地改良中具有优势。枝叶柔嫩，适口性较好，尤以羊喜采食，可放牧利用、也可刈割晒制干草。其化学成分如下表。

长序灰毛豆的化学成分（%）

样品情况	占干物质					钙	磷
	粗蛋白	粗脂肪	粗纤维	无氮浸出物	粗灰分		
开花期　绝干	19.55	4.12	27.41	43.40	5.52	0.57	0.24

数据来源：中国热带农业科学院热带作物品种资源研究所

果期植株

营养期植株
叶片腹面
花序
嫩荚
叶片背面
花
成熟果荚

矮灰毛豆 *Tephrosia pumila* (Lam.) Pers.

形态特征 多年生草本。茎细硬，具棱，密被伸展硬毛。羽状复叶长2～4 cm；叶柄长3～10 mm；托叶线状三角形，长约4 mm；小叶2～5对，长约1.5 cm，宽约5 mm，腹面被平伏柔毛，背面被伸展绢毛。总状花序短，长约2 cm，有1～3花；苞片线状锥形，长约3 mm；花长约6 mm；花萼浅皿状，长约3 mm，宽约2 mm，密被长硬毛；花冠白色，旗瓣圆形，外被柔毛，翼瓣和龙骨瓣无毛。荚果线形，长约3.5 cm，宽约5 mm，顶端稍上弯，被短硬毛，有8～14种子。种子长圆状菱形，种脐位于中央。花期全年。

生境与分布 生于沿海干燥山坡草地。海南、广东有分布。

饲用价值 滨海干热沙质草地常见低矮小草本，牛、羊喜采食，植株生物量较小，适于放牧利用。

植株及生境

种子

种子

叶片腹面
叶片背面
花
子房
果荚

西沙灰毛豆 *Tephrosia luzonensis* Vogel

形态特征 一年生草本，高10～30 cm；多分枝，全株被伸展白色柔毛。茎直立或上升，基部木质化。羽状复叶长5～10 cm；叶柄长约1 cm；托叶狭三角形，长约4 mm；小叶4～6对，长圆状倒披针形或狭长圆形，长1～3 cm，宽约5 mm，先端钝圆，具短尖，基部楔形，腹面被平伏细毛，背面密被灰白色平伏绢毛。总状花序短，腋生，有多数花，花密集；总花梗甚短；花长约7 mm，花梗长约4 mm；花冠粉红带紫。荚果线形，长约3 cm，宽约4 mm，扁平，稍弯，被柔毛，顶端具短直喙，有7～12种子。种子黑褐色，近圆形，径约2 mm，微扁。

生境与分布 生于沿海干燥山坡草地或滨海干热沙质草地。海南西部沿海区域常见。

饲用价值 滨海干热沙质草地常见的低矮小草本，牛、羊喜采食，因植株生物量较小，只适宜放牧利用。

叶片腹面

叶片背面

花

果荚

示种子着生

植株及生境

枝叶局部

田菁属
Sesbania Scop.

田 菁 *Sesbania cannabina* (Retz.) Poir.

形态特征 一年生草本。羽状复叶；叶轴长15～25 cm；小叶20～30对，线状长圆形，长8～20 mm，宽约3 mm，腹面无毛，背面幼时疏被绢毛。总状花序长3～10 cm，具2～6花；花萼斜钟状，长约4 mm；花冠黄色，旗瓣横椭圆形，长约9 mm，先端微凹至圆形，基部近圆形，外面散生紫黑线点，瓣柄长约2 mm，翼瓣倒卵状长圆形，与旗瓣近等长，龙骨瓣较翼瓣短。荚果长圆柱形，长达20 cm，宽约3.5 mm，喙尖，果颈长约5 mm，有20～35种子。种子绿褐色，有光泽，短圆柱状，长约4 mm，直径2～3 mm；种脐圆形，稍偏于一端。花果期7～12月。

生境与分布 生于水田、水沟等潮湿低地。长江以南均有分布。

饲用价值 茎叶肥嫩，牛、羊喜食，为热带地区一种优良豆科牧草；还是一种优良的绿肥作物，适合在稻田、旱地、盐碱地种植作夏季绿肥。其化学成分如下表。

田菁的化学成分（%）

样品情况	干物质	占干物质					钙	磷
		粗蛋白	粗脂肪	粗纤维	无氮浸出物	粗灰分		
营养期茎叶 鲜样[1]	25.80	17.52	4.26	35.40	36.90	5.92	0.55	0.21
营养期茎叶 干样[2]	93.12	13.89	3.61	21.59	50.69	10.21	1.55	0.36

数据来源：1. 中国热带农业科学院热带作物品种资源研究所；2. 湖北省农业科学院畜牧兽医研究所

株丛及生境

叶片
旗瓣外面特征
花序
果荚
托叶
种子

刺田菁 *Sesbania bispinosa* (Jacq.) W. F. Wight

形态特征 灌木状草本。偶数羽状复叶长13～30 cm；叶轴上面有沟槽，下方疏生皮刺；小叶20～40对，线状长圆形，长10～16 mm，宽约3 mm。总状花序长5～10 cm，具2～6花；苞片线状披针形，长约3 mm；花长9～12 mm；花萼钟状，长约4 mm，花冠黄色，旗瓣外面有红褐色斑点，翼瓣长椭圆形，龙骨瓣长倒卵形。荚果深褐色，圆柱形，直或稍镰状弯曲，长约15 cm，直径约3 mm，喙长约10 mm，种子间微缢缩。种子近圆柱状，长约3 mm，直径约2 mm；种脐圆形，在中部。花果期8～12月。

生境与分布 喜湿润环境。多生于低海拔湿润草地。海南、广东、广西、江西、云南及四川有分布。

饲用价值 牛和羊采食，属中等饲用植物。其化学成分如下表。

刺田菁的化学成分（%）

样品情况	干物质	占干物质					钙	磷
		粗蛋白	粗脂肪	粗纤维	无氮浸出物	粗灰分		
营养期茎叶 鲜样	86.29	16.38	10.10	26.49	38.92	8.11	2.44	1.02

数据来源：西南民族大学

植株　叶片腹面

托叶
皮刺
花
旗瓣外面特征
果荚

大花田菁 | *Sesbania grandiflora* (L.) Pers.

形态特征　小乔木。羽状复叶，长20～40 cm；小叶10～30对，长椭圆形，长2～5 cm，宽约1.5 cm。总状花序长达7 cm，具2～4花；花大，长约7 cm；花梗长约2 cm，密被柔毛；花萼绿色；花冠粉红色至玫瑰红色，旗瓣长圆状倒卵形，长5～7.5 cm，宽3.5～5 cm，翼瓣镰状长卵形；龙骨瓣弯曲，长约5 cm。荚果线形，长约35 cm，宽约8 mm，厚约8 mm，熟时开裂。种子红褐色，稍有光泽，椭圆形，肿胀，稍扁，长约6 mm，宽3～4 cm；种脐圆形，微凹。花果期9月至翌年4月。

生境与分布　喜湿润的热带气候。海南、广东、广西及云南有引种栽培。

饲用价值　花期长、花朵艳丽，多地作为观赏种植。饲用方面，植株分枝细嫩、叶片肥厚，但特殊气味影响其适口性，牛、羊有采食，晒制干草后适口性转优良。其化学成分如下表。

大花田菁的化学成分（%）

样品情况	干物质	占干物质					钙	磷
		粗蛋白	粗脂肪	粗纤维	无氮浸出物	粗灰分		
营养期茎叶　鲜样[1]	21.00	27.51	3.66	23.46	37.67	7.70	1.80	0.24
盛花期茎叶　干样[2]	91.37	16.12	9.67	23.48	39.49	11.24	3.16	0.55

数据来源：1. 中国热带农业科学院热带作物品种资源研究所；2. 西南民族大学

植株

荚果
植株枝叶
花序
种子
花特写

沼生田菁 *Sesbania javanica* Miq.

形态特征 一年生或多年生高大草本，高2～4 m。偶数羽状复叶长10～30 cm；小叶10～30对，线状长圆形，长约2 cm，宽约4 mm。总状花序腋生，有5～12花；花长约2 cm，花梗长约1 cm；花萼杯状，长约7 mm，萼齿三角形，长约2 mm，内面被长柔毛；花冠黄色，旗瓣阔卵形，翼瓣基部具耳，龙骨瓣三角状卵形，具脉纹；花药长椭圆形，长约2 mm；子房与花柱无毛。荚果平直，长约20 cm，宽约4.5 mm，顶端尖锐，果瓣硬，具深色斑纹或无，老后变为深灰褐色，幼时极少扭曲，有时在裂开时扭曲，有种子多数。种子绿褐色至深褐色，有光泽，近球形。

生境与分布 生于沼泽低洼地及沟边。海南草地牧草资源调查中，于海南昌江、东方及乐东的海滨盐碱湿地中发现多个居群，为中国分布新记录，予以收录。

饲用价值 居群密度大，返青早，返青生长势一致，个体生物量大，饲用价值较高。开花前植株柔嫩，水牛喜食，可放牧利用，也可刈割青饲，属良等牧草。其化学成分如下表。

沼生田菁的化学成分（%）

样品情况	占干物质					钙	磷
	粗蛋白	粗脂肪	粗纤维	无氮浸出物	粗灰分		
营养期茎叶　绝干	25.54	4.12	24.50	40.19	5.65	0.87	0.27

数据来源：中国热带农业科学院热带作物品种资源研究所

水牛喜采食

花期群体
荚果
幼期植株
水牛啃食后恢复期株丛
种子
花序

木蓝属
Indigofera L.

尾叶木蓝 *Indigofera caudata* Dunn

形态特征　灌木。茎直立，疏被卷曲毛，幼枝具棱。羽状复叶长达20 cm；叶柄长约3 cm；小叶2～5对，卵状披针形，腹面绿色，背面粉绿色，小叶柄长约2 mm。总状花序长达20 cm；苞片刚毛状，长约6 mm；花萼钟状，外被绢丝状平贴毛；花冠白色，旗瓣阔卵形，长约8 mm，宽约5 mm，外面被绢丝状棕褐色平贴毛，翼瓣与旗瓣近等长，龙骨瓣长约8 mm，外面被毛；花药卵形，先端有小凸尖头；子房被毛。荚果褐色，线状圆柱形，长约6 cm，密被棕色平贴毛，有11～12种子；果梗长约2 mm。花期8～10月；果期10～12月。

生境与分布　喜亚热带温暖气候。多生于山坡草地或灌丛。云南、广西等有分布。

饲用价值　植株叶量丰富，山羊喜采食，是山地放牧利用的重要灌木型草种。其化学成分如下表。

尾叶木蓝的化学成分（%）

样品情况	占干物质					钙	磷
	粗蛋白	粗脂肪	粗纤维	无氮浸出物	粗灰分		
结荚期茎叶　绝干	22.30	4.71	33.42	29.70	9.87	0.52	0.40

数据来源：中国热带农业科学院热带作物品种资源研究所

植株

花序
枝叶局部
果荚
叶轴及小托叶

茸毛木蓝 *Indigofera stachyodes* Lindl.

形态特征 灌木，高1～3 m。茎直立，密生棕色或黄褐色长柔毛。羽状复叶长10～20 cm；托叶线形，长5～6 mm，被长软毛；小叶15～20对，互生，长圆状披针形，长1.2～2 cm，宽4～9 mm，两面密生棕黄色长软毛。总状花序长达12 cm；总花梗长于叶柄，与花序轴均密被长软毛；苞片线形，长达7 mm，被毛；花梗长约1.5 mm，被毛；花萼长约3.5 mm，被棕色长软毛，萼齿披针形，最下萼齿长约2 mm；花冠深红色，旗瓣椭圆形，长约1 cm，宽约5 mm，外面有长软毛，翼瓣长约9.5 mm，龙骨瓣长约1 cm，上部及边缘具毛；子房仅缝线上有疏短柔毛。荚果圆柱形，长约3 cm，密生长柔毛，有10余种子。花期4～7月；果期8～11月。

生境与分布 喜亚热带气候。多生于山坡草地阳坡。云南、贵州及广西等有分布。

饲用价值 牛、羊采食其嫩枝叶，为良等饲用植物。其化学成分如下表。

茸毛木蓝的化学成分（%）

样品情况	干物质	占干物质					钙	磷
		粗蛋白	粗脂肪	粗纤维	无氮浸出物	粗灰分		
开花期 干样	89.53	13.35	2.65	22.69	53.46	7.85	2.46	0.22

数据来源：贵州省草业研究所

植株及生境

花序
果荚
分枝及叶片
小叶腹面特征
小叶背面特征
果荚局部特征
种子

野青树 *Indigofera suffruticosa* Mill.

形态特征 直立亚灌木。茎灰绿色，有棱。羽状复叶长5～10 cm；叶柄长约1.5 cm，叶轴上面有槽，被丁字毛；托叶钻形，长达4 mm；小叶5～7对，对生，长椭圆形，长1～4 cm，宽5～15 mm，先端急尖，稀圆钝，基部阔楔形或近圆形，腹面绿色，密被丁字毛，背面淡绿色，被平贴丁字毛。总状花序呈穗状，长2～3 cm；苞片线形，长约2 mm；花萼钟状，长约1.5 mm，外面有毛，萼齿宽短；花冠红色，旗瓣倒阔卵形，长约4 mm，外面密被毛，有瓣柄，翼瓣与龙骨瓣等长；子房在腹缝线上密被毛。荚果镰状弯曲，长约1.5 cm，有6～8种子。种子短圆柱状，两端截平，干时褐色。花期3～5月；果期6～10月。

生境与分布 生于低海拔山地路旁、山谷疏林、空旷地、田野沟边及海滩沙地。江苏、浙江、福建、台湾、广东、广西、云南有分布。

饲用价值 牛、羊采食，属中等饲用植物。其化学成分如下表。

野青树的化学成分（%）

样品情况	占干物质					钙	磷
	粗蛋白	粗脂肪	粗纤维	无氮浸出物	粗灰分		
开花期　绝干	16.20	3.14	31.51	39.59	9.56	0.91	0.35

数据来源：中国热带农业科学院热带作物品种资源研究所

植株
花序腋生
种子

果序

果荚
叶片
花序

多花木蓝 *Indigofera amblyantha* Craib.

形态特征 直立灌木。幼枝具棱，密被白色平贴丁字毛。羽状复叶长达18 cm；叶柄长2～5 cm；小叶3～4对，卵状长圆形，长1.5～3.5 cm，宽1～2 cm，腹面绿色，背面苍白色被毛较密。总状花序腋生，长约10 cm；苞片线形，长约2 mm；花萼长约3.5 mm，被白色平贴丁字毛，萼筒长约1.5 mm，最下萼齿长约2 mm，两侧萼齿长约1.5 mm，上方萼齿长约1 mm；花冠淡红色，旗瓣倒阔卵形，长约6.5 mm，翼瓣长约7 mm，龙骨瓣较翼瓣短；花药球形，顶端具小突尖。荚果棕褐色，线状圆柱形，长约4 cm，被短丁字毛。种子褐色，长圆形，长约2.5 mm。花期5～7月；果期9～11月。

生境与分布 喜湿润的亚热带气候。生于低海拔山坡草地。长江以南多有分布。

饲用价值 嫩枝和叶片质地柔软，蛋白质含量高，适口性好，牛、羊、兔喜食，可刈割青饲或青贮，也可晒制干草或干草粉。其化学成分如下表。

多花木蓝的化学成分（%）

样品情况	干物质	占干物质					钙	磷
		粗蛋白	粗脂肪	粗纤维	无氮浸出物	粗灰分		
营养期 干样[1]	91.86	17.52	4.20	17.32	42.36	10.64	0.35	—
初花期 干样[1]	90.35	19.00	3.06	24.60	36.23	8.46	0.32	—
开花期 鲜样[2]	35.39	10.11	1.56	27.76	57.64	2.93	0.39	0.13
开花期 干样[3]	94.73	18.45	5.00	19.99	45.87	10.69	0.32	0.19

数据来源：1. 贵州省草业研究所；2. 重庆市畜牧科学院；3. 湖北省农业科学院畜牧兽医研究所

花期植株

营养期植株
结荚期植株
种子
花序

河北木蓝 | *Indigofera bungeana* Walp.

形态特征 直立灌木。茎褐色，被灰白色丁字毛。羽状复叶长2.5～5 cm；叶柄长达1 cm；托叶三角形，长约1 mm；小叶2～4对，椭圆形，长达15 mm，宽3～10 mm，小托叶与小叶柄近等长。总状花序腋生，长4～6 cm；花萼长约2 mm，外面被白色丁字毛，萼齿近相等，三角状披针形；花冠紫色或紫红色，旗瓣阔倒卵形，长达5 mm，外面被丁字毛，翼瓣与龙骨瓣等长，龙骨瓣有距；花药圆球形，先端具小凸尖；子房线形，被疏毛。荚果褐色，线状圆柱形，长不超过2.5 cm，被白色丁字毛，种子间有横隔，内果皮有紫红色斑点。种子椭圆形。花期5～6月；果期8～10月。

生境与分布 喜湿润的亚热带气候。多生于低海拔山坡灌丛。江苏、安徽、江西等长江以南省区均有分布。

饲用价值 牛和羊喜食其嫩茎叶，属中等饲用植物。

植株及生境

花序

叶片背面

叶片腹面及茎部特征

果荚

苏木蓝 | *Indigofera carlesii* Craib.

形态特征 灌木，幼枝具棱。羽状复叶长达20 cm；叶柄长1.5～3.5 cm；小叶2～4，椭圆形，长2～5 cm，宽1～3 cm，两面密被白色短丁字毛，小叶柄长约4 mm。总状花序长10～20 cm；总花梗长约1.5 cm，花序轴被疏短丁字毛；苞片卵形，长2～4 mm；花萼杯状，萼齿披针形，下萼齿与萼筒等长；花冠粉红色，旗瓣近椭圆形，长约1.3 cm，宽约8 mm，翼瓣长约1.3 cm，边缘有睫毛，龙骨瓣与翼瓣等长；花药卵形，两端有髯毛；子房无毛。荚果褐色，线状圆柱形，长4～6 cm，顶端渐尖，近无毛，果瓣开裂后旋卷，内果皮具紫色斑点；果梗平展。花期4～6月；果期8～10月。

生境与分布 喜湿润的亚热带气候。多生于低海拔山坡灌丛中。江苏、安徽、江西、湖北等长江以南省区均有分布。

饲用价值 牛和羊喜食其嫩茎叶，属中等饲用植物。

植株

花序

叶片

托叶

庭藤 *Indigofera decora* Lindl.

形态特征 灌木。羽状复叶长8～25 cm；叶柄长约1 cm，稀达3 cm；小叶3～7对，叶形变异甚大，长2～7 cm，宽1～3.5 cm，腹面无毛，背面被平贴白色丁字毛，小叶柄长约2 mm，小托叶钻形，长约1.5 mm。总状花序长10～23 cm，总花梗长2～4 cm；苞片线状披针形，长约3 mm，早落；花梗长3～6 mm；花萼杯状，长2.5～3.5 mm，萼筒长约2 mm，萼齿三角形，长约1 mm，有时下萼齿与萼筒等长；花冠旗瓣椭圆形，长1.2～1.8 cm，宽约7 mm，外面被棕褐色短柔毛，翼瓣长1.2～1.4 cm，龙骨瓣与翼瓣近等长；花药卵球形，顶端有小突尖，两端有毛；子房无毛，有10余胚珠。荚果棕褐色，圆柱形，长2.5～6.5 cm，近无毛，内果皮有紫色斑点，有7～8种子。种子椭圆形，长约4.5 mm。

生境与分布 喜湿润的亚热带气候。多生于低海拔山坡灌丛中。浙江、福建、广东等有分布。

饲用价值 牛和羊喜食其嫩茎叶，适于放牧利用。

果荚局部 种子

叶片

植株局部
花
果荚
花序

深紫木蓝

Indigofera atropurpurea Bench.-Ham. ex Hornem.

形态特征 直立灌木，高约2 m。羽状复叶长达25 cm；托叶钻状披针形，长3～5 mm，早落；小叶3～9对，椭圆形，长约2 cm，宽约1.2 cm，两面疏生短丁字毛。总状花序长约20 cm；苞片卵形；花萼钟状，外面密被灰褐色丁字毛；花冠深紫色，旗瓣长圆状椭圆形，长约8 mm，宽约5 mm，翼瓣长约7 mm，龙骨瓣先端及边缘有柔毛，中下部有距。荚果圆柱形，长约3 cm，早期疏被毛，后变无毛，有6～9种子。花期5～9月；果期8～12月。

生境与分布 喜湿热气候。生于低海拔的山坡路旁灌丛中、山谷疏林中及路旁草坡。华中及西南均有分布。

饲用价值 青草带有特殊气味，影响家畜采食，属中等饲用植物。

花序

幼荚

植株局部
叶片腹面
叶片背面

网叶木蓝 *Indigofera reticulata* Franch.

形态特征 矮小灌木，有时平卧。羽状复叶长达6 cm；托叶线形，长约3 mm；小叶3～4对，对生，坚纸质，长圆形，顶生小叶倒卵形，长5～12 mm，宽约5 mm，两面被白色并间生棕色短丁字毛。总状花序长2～4 cm；苞片线形，长约2 mm；花萼长约3 mm，外面被毛；花冠紫红色，长约6 mm，外面被毛，翼瓣长约7 mm，边缘具睫毛，龙骨瓣先端外面被毛。荚果圆柱形，长约2 cm，被短丁字毛。种子赤褐色，椭圆形或长圆形，长约2 mm。花期5～7月；果期9～12月。

生境与分布 生于海拔3000 m以下山坡疏林、灌丛中及林缘草坡。云南及四川常见。

饲用价值 牛、羊采食，属良等饲用植物。

植株分枝局部

幼荚

花序

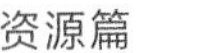

植株
叶片腹面
叶片背面

西南木蓝 *Indigofera mairei* H. Lév.

形态特征 直立小灌木。茎栗褐色，圆柱状，皮孔圆形。羽状复叶长约5 cm；小叶2～6对，对生，椭圆形或椭圆状长圆形，腹面绿色，背面苍白色，两端薄被白色平贴丁字毛。总状花序长2～10 cm，基部有宿存鳞片；苞片线状披针形，长约3 mm；花梗长约1.5 mm，花萼杯状，长约2.5 mm；花冠紫红色，旗瓣长圆状椭圆形，外面有丁字毛，翼瓣与旗瓣等长，龙骨瓣长8～10 mm，先端外面有毛。荚果褐色，圆柱形，长约3 cm，成熟时近无毛，内果皮有紫色斑点，具6～7种子。花期5～7月；果期8～10月。

生境与分布 生于海拔2000 m左右的山坡草地、沟边灌丛中及杂木林中。西南常见。

饲用价值 牛、羊喜食，属良等饲用植物。

示花序着生

植株局部
叶片形态
茎部颜色
花序

绢毛木蓝 *Indigofera hancockii* Craib

形态特征 小灌木，高约1.5 m。茎红褐色，初密生白色和褐色平贴丁字毛，密具皮孔。羽状复叶长3～6 cm；托叶卵状披针形，长约2 mm；小叶4～8对，通常为长圆状倒卵形，两面有平贴丁字毛。总状花序长3～8 cm，花密集；苞片卵形，外面有毛；花萼钟状，外面密被丁字毛；花冠紫红色，旗瓣长圆形，长约7 mm，宽约4 mm，外面密生丁字毛，翼瓣长约6 mm，先端有缘毛，龙骨瓣长约6.5 mm，背部及先端有毛。荚果褐色，圆柱形，长约3 cm，被毛。花期5～8月；果期10～11月。

生境与分布 生于低海拔的山坡灌丛、路旁、岩石缝或林缘草坡。云南及四川有分布。

饲用价值 牛、羊采食，属中等饲用植物。

植株局部

花序

幼枝特征
叶片背面
叶片腹面
示花序着生
茎部皮孔

硬毛木蓝 *Indigofera hirsuta* L.

形态特征 平卧或直立亚灌木。枝、叶柄和花序均被开展长硬毛。羽状复叶长达10 cm；叶柄长约1 cm，叶轴上面有槽，有灰褐色开展毛；小叶3～5对，倒卵形，长3.5 cm，宽2 cm，两面有伏贴毛，小叶柄长约2 mm。总状花序长10～25 cm，密被锈色和白色混生硬毛，花小，密集；总花梗较叶柄长；苞片线形，长约4 mm；花梗长约1 mm；花萼长约4 mm，外面有红褐色开展长硬毛，萼齿线形；花冠红色，长4～5 mm，外面有柔毛，旗瓣倒卵状椭圆形，翼瓣与龙骨瓣等长；花药卵球形，顶端有红色尖头；子房有淡黄棕色长粗毛。荚果线状圆柱形，长约2 cm，有开展长硬毛，有6～8种子。花期7～9月；果期10～12月。

生境与分布 喜干热气候。多生于低海拔的山坡旷野及海滨沙地上。华南有分布。

饲用价值 牛、羊采食嫩茎叶，属中等饲用植物。其化学成分如下表。

硬毛木蓝的化学成分（%）

样品情况	占干物质					钙	磷
	粗蛋白	粗脂肪	粗纤维	无氮浸出物	粗灰分		
开花期 绝干	14.71	2.94	34.15	36.78	11.42	0.51	0.22

数据来源：中国热带农业科学院热带作物品种资源研究所

营养期植株

花
叶片及托叶
果序
花序
果荚
小叶特征（左为腹面，右为背面）
种子

疏花木蓝 *Indigofera chuniana* Metc.

形态特征 披散草本。羽状复叶长达5 cm；叶柄长约1 cm；小叶3～5对，椭圆形，长5～7 mm，宽约1.5 mm，两面均被白色丁字毛。总状花序腋生，长达3 cm，有5～10疏离的花；总花梗长达1 cm；苞片线形，长约5 mm；花梗极短；花萼长约1.5 mm，密被白色丁字毛；花冠红色，长约4 mm，旗瓣倒卵形，外面被毛，翼瓣线状长圆形，均具极短瓣柄，龙骨瓣中部以下渐狭。荚果圆柱形，被腺毛和开展丁字毛，有9～12种子，内果皮有紫红色斑点。种子方形。花期4～8月，果期6～11月。

生境与分布 喜干热、贫瘠的生境。生于海边灌丛、空旷沙地上。海南特有，昌江、乐东、东方及三亚均有分布。

饲用价值 干热贫瘠海滨沙质草地中常见的披散小草本，羊喜采食其嫩茎叶，适合放牧利用，属中等饲用植物。其化学成分如下表。

疏花木蓝的化学成分（%）

样品情况	占干物质					钙	磷
	粗蛋白	粗脂肪	粗纤维	无氮浸出物	粗灰分		
开花期全株 绝干	16.54	2.09	36.87	32.35	12.15	0.85	0.35

数据来源：中国热带农业科学院热带作物品种资源研究所

植株及生境

植株分枝

叶片

腺毛及托叶

花

果荚及腺毛

种子

滨海木蓝 *Indigofera litoralis* Chun et T. C. Chen

形态特征 多年生，披散草本。羽状复叶长约3 cm；叶柄长约3 mm；小叶1～3对，互生，稀狭长圆形，两面有平贴丁字毛。总状花序长约3 cm；总花梗长5～8 mm；苞片卵形，长约2 mm，脱落；花梗长不及1 mm；花萼钟状，长约3 mm，外面有丁字毛，萼齿线状钻形；花冠伸出萼外，红色，长约5 mm，旗瓣倒卵形，先端圆钝，瓣柄短，外面中部以上被丁字毛，翼瓣倒卵状长圆形，龙骨瓣镰形；花药近球形；子房线状，有毛。荚果劲直，四棱，下垂，线形，长约3 cm，背腹缝有隆起的脊，在种子间有隔膜，有7～10种子。种子赤褐色，长方形，长约1.2 mm，两端截平。花期8～9月；果期10月。

生境与分布 喜干热、贫瘠的生境。生于海边灌丛、空旷沙地上。海南特有，昌江、乐东、东方及三亚均有分布。

饲用价值 海滨沙质草地中常见的披散小草本，羊喜采食其嫩茎叶，适合放牧利用，属中等饲用植物。其化学成分如下表。

滨海木蓝的化学成分（%）

样品情况	占干物质					钙	磷
	粗蛋白	粗脂肪	粗纤维	无氮浸出物	粗灰分		
营养期嫩枝叶 绝干	18.02	3.11	28.34	41.42	9.11	1.05	0.54

数据来源：中国热带农业科学院热带作物品种资源研究所

披散植株

密生株丛
叶片及托叶
花序
叶片腹面
叶片背面
种子
果荚
果序

穗序木蓝 *Indigofera hendecaphylla* Jacq.

形态特征　多年生草本，高15～40 cm。枝直立或披散，幼枝具棱，有灰色紧贴丁字毛。羽状复叶长2.5～7.5 cm；托叶膜质，披针形，长达6 mm；小叶2～5对，互生，倒卵形至倒披针形，长8～20 mm，宽4～8 mm，腹面无毛，背面疏生粗丁字毛。总状花序约与复叶等长；总花梗长约1 cm；苞片膜质，披针形，长约3 mm；花梗长约1 mm，有粗丁字毛；花萼钟状，萼筒长约1 mm，萼齿线状披针形；花冠青紫色，旗瓣阔卵形，长约6 mm，翼瓣长约4 mm，龙骨瓣长约5 mm。荚果具四棱，线形，长10～25 mm，无毛，有8～10种子；果梗下弯。花果期4～11月。

生境与分布　适应性较强，干热或湿热条件下均可生长。多生于低海拔空旷草地或路边潮湿的向阳处。海南、广东、广西、福建及云南均有分布。

饲用价值　家畜喜食，属良等饲用植物。其化学成分如下表。

穗序木蓝的化学成分（%）

样品情况	占干物质					钙	磷
	粗蛋白	粗脂肪	粗纤维	无氮浸出物	粗灰分		
营养期地上部　绝干	21.05	2.76	22.15	48.02	6.02	0.83	0.31

数据来源：中国热带农业科学院热带作物品种资源研究所

花期植株

叶片
花序
种子
果序

九叶木蓝 *Indigofera linnaei* Ali

形态特征　多年生草本。茎基部木质化，枝纤细平卧，长10～40 cm，上部有棱，下部圆柱形，被白色平贴丁字毛。羽状复叶长1.5～3 cm；托叶膜质，披针形，长约3 mm；小叶2～5对，互生，狭倒卵形，长3～8 mm，宽1～3.5 mm，两面有白色粗硬丁字毛。总状花序短缩，长4～10 mm，有10～20花；苞片膜质，卵形至披针形，长约2 mm；花梗短，长约0.5 mm；花萼杯状，萼筒长约1 mm，萼齿线状披针形，最下萼齿长约1.5 mm；花冠紫红色，长约3 mm；花药卵状心形；子房椭圆形，有毛。荚果长圆形，长2.5～5 mm，顶端有锐尖头，有紧贴白色柔毛，有2种子。花期8月；果期11月。

生境与分布　喜干热的生境。生于海边灌丛、空旷沙地或向阳贫瘠山坡。海南、广东、广西沿海干热区域及云南干热河谷区有分布。

饲用价值　植株含水量低，羊喜啃食，属良等饲用植物。其化学成分如下表。

九叶木蓝的化学成分（%）

样品情况	占干物质					钙	磷
	粗蛋白	粗脂肪	粗纤维	无氮浸出物	粗灰分		
嫩枝叶　绝干	17.14	1.87	36.15	31.08	13.76	1.21	0.34

数据来源：中国热带农业科学院热带作物品种资源研究所

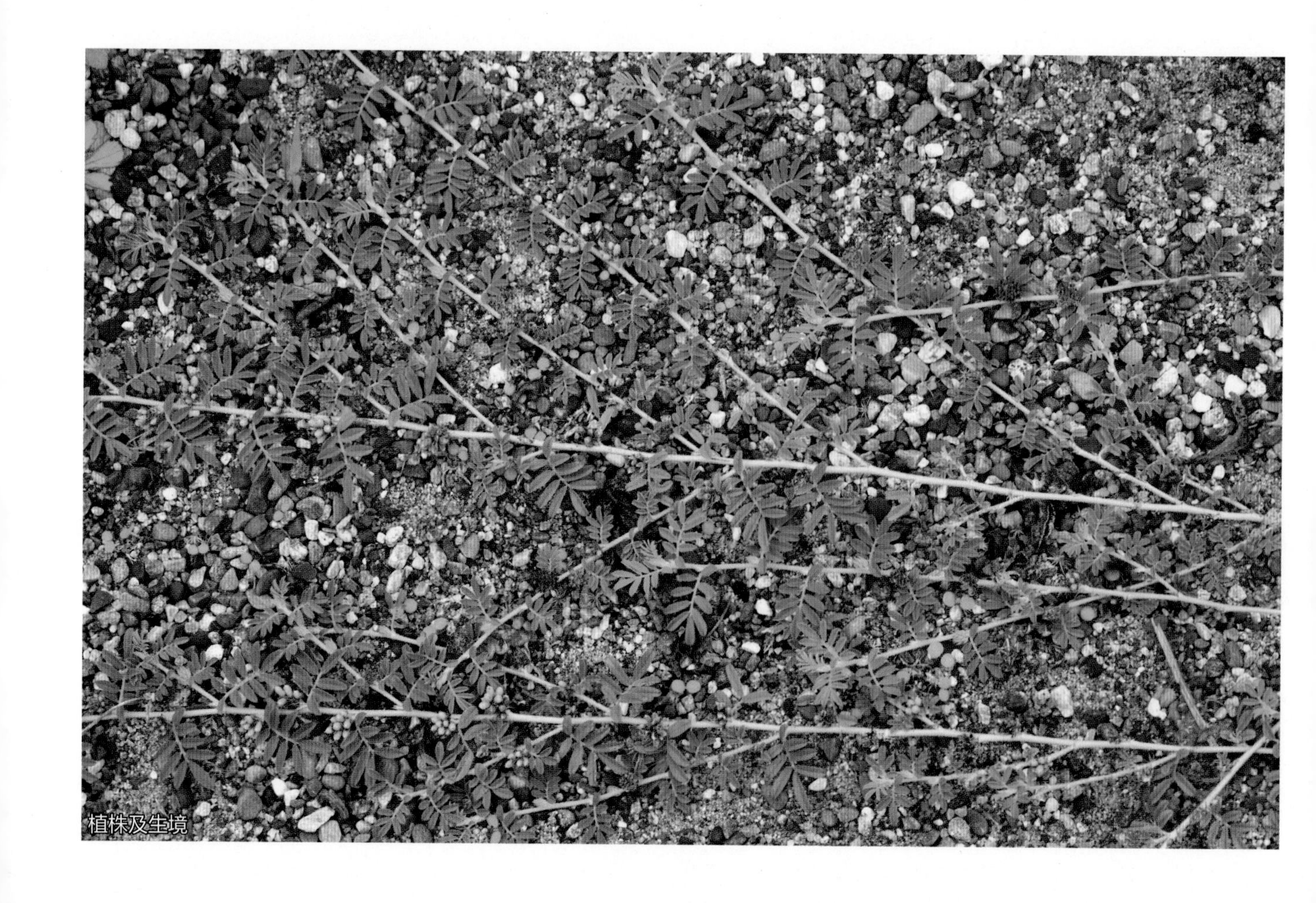
植株及生境

果序

花序

叶片、果荚及茎上的毛状物

枝叶局部

种子

三叶木蓝 *Indigofera trifoliata* L.

形态特征 多年生草本。茎近直立，基部木质化，具细长分枝。三出羽状复叶；叶柄长6～10 mm；托叶微小；小叶膜质，倒卵状长椭圆形，长约2 cm，宽约5 mm，腹面灰绿色，背面淡绿色，有暗褐色腺点，两面被柔毛，小叶柄长约1 mm。总状花序近头状，远较复叶短，花小，通常6～12花；总花梗长约2.5 mm，密生长硬毛；花萼钟状，长约2.5 mm，萼齿刚毛状，长达2 mm；花冠红色，旗瓣倒卵形，长约6 mm，被毛，翼瓣长圆形，无毛，龙骨瓣镰形，外面密被毛；花药圆形；子房无毛。荚果长约1.5 cm，下垂，背腹两缝线有明显的棱脊，早期被毛及红色腺点，有6～8种子。花期7～9月；果期9～10月。

生境与分布 喜干热、贫瘠的生境。生于低海拔的山坡草地。广东、海南、广西、四川、云南等均有分布。

饲用价值 家畜采食，属中等饲用植物。其化学成分如下表。

三叶木蓝的化学成分（%）

样品情况	占干物质					钙	磷
	粗蛋白	粗脂肪	粗纤维	无氮浸出物	粗灰分		
嫩枝叶 绝干	15.59	3.87	38.00	31.03	11.51	0.86	0.51

数据来源：中国热带农业科学院热带作物品种资源研究所

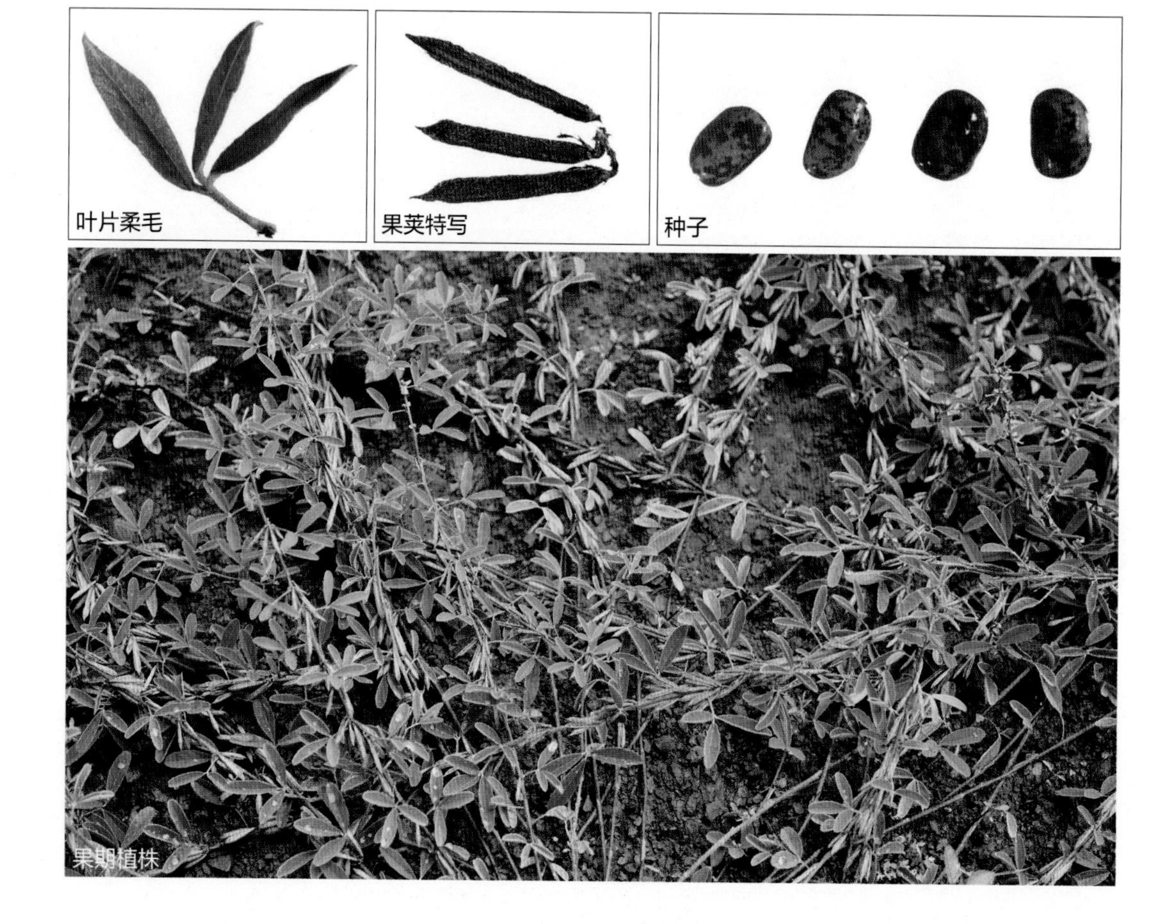

叶片柔毛 果荚特写 种子

果期植株

植株及生境

示叶片着生

花期植株局部

密集的果荚（叶片掉落）

单叶木蓝 *Indigofera linifolia* (L. f.) Retz.

形态特征 多年生草本，高30～40 cm。茎平卧，基部分枝，二棱，被绢丝状平贴丁字毛。单叶，长圆形至披针形，长8～20 mm，宽2～4 mm，两面密生白色平贴粗丁字毛；托叶小，钻形，长约2 mm。总状花序较叶短，长5～8 mm，有3～8花；苞片卵形，长约1 mm；花梗短，长约1 mm；萼筒长约1 mm，外面被毛，萼齿披针状钻形，最下萼齿长约3 mm；花冠紫红色，旗瓣椭圆形至近圆形，长约4 mm，宽约2.5 mm，翼瓣长圆状倒卵形，长约3 mm，龙骨瓣长圆形，长约4 mm。荚果球形，直径约2 mm，微扁，有白色细柔毛，具1种子。花期4～5月；果期5～8月。

生境与分布 喜干热、贫瘠的环境。生于低海拔山坡草地。四川、云南有分布。

饲用价值 家畜稍食，属中等饲用植物。

叶片及种子形态

植株整体

果荚

种子

花期植株
花
植株及生境
植株分枝
叶片腹面
叶片背面

刺荚木蓝 | *Indigofera nummularifolia* (L.) Livera ex Alston

形态特征　多年生铺散草本。茎基部分枝，幼枝有毛。单叶互生，倒卵形，长约1.5 cm，宽约1.2 cm；托叶三角形，长达5 mm。总状花序长约3 cm；苞片卵形，长约2 mm；花萼长约4 mm，萼筒长约1 mm，萼齿线形，长约2 mm；花冠深红色；花药圆形，两端有髯毛；子房有毛。荚果镰形，侧向压扁，长约5 mm，宽约4 mm，顶端有宿存花柱所成的尖喙，腹缝微弯，背缝极弯拱，沿弯拱部位有数行钩刺，有1种子。种子亮褐色，肾状长圆形，长约3 mm。花果期7～11月。

生境与分布　喜干热的生境。多生于海滨沙土或稍干燥的草地中。海南有分布。

饲用价值　羊喜采食，但植株个体较小，适于放牧利用，属中等饲用植物。

植株及生境

果荚

叶片腹面

叶片背面

三叉刺属
Trifidacanthus Merr.

三叉刺 *Trifidacanthus unifoliolatus* Merr.

形态特征 直立小灌木，有些节上具三叉锐刺。叶柄长2～4 mm；托叶卵状披针形，长约2 mm；小托叶微小；小叶近革质，长圆状椭圆形至线状长圆形，长1.5～6 cm，宽0.7～1.5 cm，先端钝圆具细尖，两面无毛。总状花序长约3 cm，单生腋间，略被稀疏柔毛，基部为许多托叶状的苞片所包；苞片宽卵形，具条纹；通常数花簇生于花序的节上，花长约1 cm，花梗长5 mm；花萼被稀疏短柔毛，膜质，长约3 mm，上部的裂片三角状卵形；花冠紫色；子房略被柔毛，子房柄长1 mm。荚果劲直，扁平而薄，长约2 cm，有网纹，略被短柔毛，腹缝线直或微波状，背缝线凹缺；荚节通常3～4，长6～7 mm，宽约4 mm。花期4～7月；果期9～10月。

生境与分布 喜干热、贫瘠的生境。生于低海拔干热稀树灌丛中或河旁疏林中。海南东方、乐东、三亚等有分布。

饲用价值 叶片质嫩，山羊喜采食，属中等饲用植物。

花序 果荚特写 种子 株丛 幼荚

植株及生境
叶片形态
叶片腹面
三叉状锐刺

假木豆属
Dendrolobium (Wight et Arn.) Benth.

假木豆 *Dendrolobium triangulare* (Retz.) Schindl.

形态特征 灌木。嫩枝三棱形，密被灰白色丝状毛。羽状三出复叶；托叶披针形，长8～20 mm；顶生小叶倒卵状长椭圆形，腹面无毛，背面被长丝状毛；小托叶钻形至狭三角形，长3～8 mm。花序腋生，伞形花序有20～30花；苞片披针形；花萼长5～9 mm，被贴伏丝状毛，萼筒长1.8～3 mm；花冠白色或淡黄色，长约9 mm，旗瓣宽椭圆形，具短瓣柄，翼瓣和龙骨瓣长圆形，基部具瓣柄；雄蕊长8～12 mm；雌蕊长7～14 mm，花柱长7～12 mm。荚果长2～2.5 cm，稍弯曲，有荚节3～6，被贴伏丝状毛。种子椭圆形，长2.5～3.5 mm，宽2～2.5 mm。花期8～10月；果期10～12月。

生境与分布 喜湿热气候。多生于低海拔的向阳荒草地或山坡灌丛中。海南、广东、广西、贵州、云南等均有分布。

饲用价值 枝叶繁茂，其嫩叶粗蛋白含量高，牛、羊喜采食，可刈割利用，也可放牧利用，属优等牧草。其化学成分如下表。

假木豆的化学成分（%）

样品情况	干物质	占干物质					钙	磷
		粗蛋白	粗脂肪	粗纤维	无氮浸出物	粗灰分		
野生营养期 鲜样	26.70	14.18	2.00	26.27	51.46	6.10	0.78	0.31
栽培营养期 鲜样	24.50	22.07	2.24	17.78	50.70	7.21	0.62	0.24
栽培开花期 鲜样	36.80	21.44	3.08	28.71	39.88	6.89	0.73	0.25
栽培结荚期 鲜样	37.50	26.79	3.87	39.87	21.01	8.46	1.09	0.34

数据来源：中国热带农业科学院热带作物品种资源研究所

花序

幼枝具棱
叶片腹面
叶片背面
果序
托叶
茎叶丝状毛
植株
种子

单节假木豆 *Dendrolobium lanceolatum* (Dunn) Schindl.

形态特征 灌木。嫩枝微具棱角，被黄褐色长柔毛。羽状三出复叶；托叶披针形，长约8 mm；小叶硬纸质，长圆形，长2～5 cm，宽1～2 cm，腹面无毛，背面被贴伏短柔毛；小托叶针形，长约3 mm；小叶柄长约2 mm。花序腋生；苞片披针形；花梗长约2 mm，被柔毛；花萼长4 mm，外面被贴伏柔毛；花淡黄色，旗瓣椭圆形，长约9 mm，宽约6 mm，翼瓣狭长圆形，长约5 mm，宽约2 mm，龙骨瓣近镰刀状，长7～9 mm，宽约2.5 mm。荚果具1荚节，宽椭圆形，扁平而中部突起，有明显的网脉。种子1，长约3 mm，宽约2 mm。花期5～8月；果期9～11月。

生境与分布 喜干热气候。生于低海拔的向阳山坡草地、灌丛或疏林中。海南昌江、乐东及东方一带的干热灌丛中常见。

饲用价值 植株枝叶幼嫩，牛、羊极喜采食，属优等饲用植物。其化学成分如下表。

单节假木豆的化学成分（%）

样品情况	干物质	占干物质					钙	磷
		粗蛋白	粗脂肪	粗纤维	无氮浸出物	粗灰分		
营养期 鲜样	23.60	14.50	1.13	23.70	53.35	7.32	0.89	0.17
结荚期 干样	90.80	13.31	3.34	39.46	37.29	6.60	0.58	0.15

数据来源：中国热带农业科学院热带作物品种资源研究所

幼荚

成熟果荚

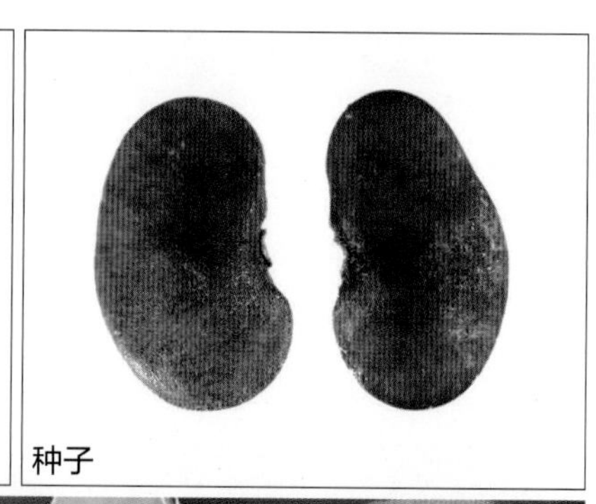
种子

幼叶

托叶及小托叶

花序

植株

伞花假木豆 *Dendrolobium umbellatum* (L.) Benth.

形态特征 直立灌木，高达3 m。嫩枝圆柱形，密被黄色贴伏丝状毛，老枝渐变无毛。羽状三出复叶；托叶长6～9 mm，外面被贴伏丝状毛；叶柄长2～5 cm；小叶近革质，椭圆形，顶生小叶长5～14 cm，宽3～7 cm。伞形花序通常有10～20花；苞片卵形；花梗在开花时长3～7 mm，密被丝状毛；花萼长约4 mm，外面密被丝状毛；花冠白色，旗瓣宽倒卵形，长约1.3 cm，宽约1 cm，翼瓣狭椭圆形，长约1.2 cm，宽约2 mm，龙骨瓣较翼瓣宽，长约1.1 cm，宽约5 mm。荚果狭长圆形，长约3.5 cm，宽4～6 mm，有荚节3～5，荚节宽椭圆形。种子椭圆形，长约4 mm，宽约3 mm。

生境与分布 喜生于潮湿的海边沙滩。海南有引种栽培。

饲用价值 枝叶幼嫩、叶量丰富、适口性佳，牛、羊极喜采食，属优等饲用植物。

花序 种子 荚节

植株

叶片

排钱树属
Phyllodium Desv.

排钱树 *Phyllodium pulchellum* (L.) Desv.

形态特征 直立灌木。小枝密被短柔毛。托叶三角形，长约5 mm；叶柄长5～7 mm，密被灰黄色柔毛；顶生小叶卵形，长6～10 cm，宽2.5～4.5 cm，侧生小叶约比顶生小叶小1倍，腹面近无毛，背面疏被短柔毛；小托叶钻形，长1 mm；小叶柄长1 mm，密被黄色柔毛。伞形花序有5～6花，藏于叶状苞片内，叶状苞片排列成总状圆锥花序状，长8～30 cm；叶状苞片圆形，直径约1.5 cm；花梗长约3 mm；花萼长约2 mm，被短柔毛；花冠白色或淡黄色，旗瓣长约5 mm，翼瓣长约5 mm，龙骨瓣长约6 mm；雌蕊长约6 mm。荚果长6 mm，通常有荚节2，成熟时无毛。种子宽椭圆形。花期7～9月；果期10～11月。

生境与分布 喜湿热气候。多生于低海拔的丘陵荒地、路旁或山坡疏林中。福建、江西南部、广东、海南、广西、云南南部均有分布。

饲用价值 牛、羊采食其嫩枝叶。其化学成分如下表。

排钱树的化学成分（%）

样品情况	干物质	占干物质					钙	磷
		粗蛋白	粗脂肪	粗纤维	无氮浸出物	粗灰分		
营养期 鲜样	23.70	13.49	4.39	20.02	54.90	7.20	0.96	0.21
结荚期 干样	91.60	15.05	3.50	37.31	38.65	5.49	0.36	0.17

数据来源：中国热带农业科学院热带作物品种资源研究所

叶片腹面

植株
叶状苞片
顶生花序
示花序着生方式
种子

毛排钱树 *Phyllodium elegans* (Lour.) Desv.

形态特征 直立灌木，全株密被黄色绒毛。托叶宽三角形，长3～5 mm；叶柄长约5 mm；小叶革质，顶生小叶卵形，长7～10 cm，宽3～5 cm，侧生小叶斜卵形，两面均密被绒毛；小托叶针状，长约2 mm；小叶柄长约2 mm，密被黄色绒毛。通常4～9花组成伞形花序生于叶状苞片内；苞片宽椭圆形，长14～35 mm，宽9～25 mm；花萼钟状，长约3 mm，被灰白色短柔毛；花冠白色，旗瓣长约6 mm，宽约3 mm，翼瓣长约6 mm，龙骨瓣较翼瓣大，长约7 mm，宽2 mm，瓣柄长约2 mm；雌蕊长8～10 mm。荚果长约1.2 cm，宽约4 mm，密被银灰色绒毛，通常有荚节3～4。种子椭圆形，长2.5 mm，宽约2 mm。花期7～8月；果期10～11月。

生境与分布 喜热带、亚热带气候。生于低海拔的丘陵荒地或山坡草地中。福建、广东、海南、广西及云南有分布。

饲用价值 羊采食其嫩茎叶。其化学成分如下表。

毛排钱树的化学成分（%）

样品情况	干物质	占干物质					钙	磷
		粗蛋白	粗脂肪	粗纤维	无氮浸出物	粗灰分		
营养期茎叶 干样	93.61	13.84	2.63	35.12	40.33	8.08	0.78	0.15

数据来源：中国热带农业科学院热带作物品种资源研究所

冬季植株

春季植株
果序
果荚及叶状苞片
枝叶
叶片腹面
叶片背面
托叶及绒毛
种子

长叶排钱树 *Phyllodium longipes* (Craib.) Schindl.

形态特征 直立灌木。植株被开展短柔毛。托叶狭三角形，长约5 mm；小叶革质，顶生小叶披针形，长达20 cm，宽约4 cm，先端渐尖，基部圆形，侧生小叶斜卵形，长约4 cm，宽约2.5 cm，先端急尖，腹面疏被毛，背面密被毛。总状圆锥花序顶生，苞片斜卵形，先端微缺，长约3 cm，宽约2 cm；花萼长约4 mm，被白色绒毛；花冠白色，旗瓣倒卵形，长约9 mm，翼瓣长约8 mm，龙骨瓣长约8.5 mm。荚果长约1.2 cm，宽约3.5 mm，有荚节2～5。种子长约3 mm。花果期7～11月。

生境与分布 喜热带、亚热带气候。生于低海拔的丘陵荒地或山坡草地中。福建、广东、海南、广西及云南有分布。

饲用价值 植株较大，叶量丰富，羊喜采食其嫩茎叶；耐牧性好，也可用于草地改良，建植混播草地。

植株局部
苞片
花序

小枝之字形弯曲
茎叶绒毛
托叶
叶片腹面
叶片背面

山蚂蝗属
Desmodium Desv.

单叶拿身草 | *Desmodium zonatum* Miq.

形态特征 亚灌木状草本。单叶；托叶三角状披针形；小叶纸质，卵状椭圆形，长3～10 cm，宽约3.5 cm，腹面无毛，背面密被毛；小托叶钻形。总状花序顶生，长达30 cm；总花梗密被小钩状毛；通常每节簇生2～3花，疏离；花梗长约8 mm，被开展柔毛；花萼密被开展钩状毛；花冠白色，旗瓣倒卵形，翼瓣长椭圆形，龙骨瓣弯曲；雄蕊二体；雌蕊长约5 mm，子房线形被毛。荚果线形，长1～3.5 cm，腹背两缝线均为浅波状，有荚节6～12，荚节扁平，长圆状线形，密被黄色小钩状毛。花期7～8月；果期8～9月。

生境与分布 喜湿热气候，不耐干燥，稍耐阴。多生于湿润山坡草地或林缘。海南、广东、广西及云南有分布。

饲用价值 叶纸质，稍显粗糙，适口性一般，牛、羊有喜食，属中等饲用植物。其化学成分如下表。

单叶拿身草的化学成分（%）

样品情况	占干物质					钙	磷
	粗蛋白	粗脂肪	粗纤维	无氮浸出物	粗灰分		
营养期茎叶 绝干	16.55	3.04	31.23	39.10	10.08	0.94	0.24

数据来源：中国热带农业科学院热带作物品种资源研究所

示果荚着生　花序局部　果荚特写　托叶　枝叶局部

株丛

大叶山蚂蝗 *Desmodium gangeticum* (L.) DC.

形态特征 直立亚灌木，高约1 m。茎稍具棱，被稀疏柔毛。单叶；托叶狭三角形，长约1 cm；叶纸质，长椭圆状卵形，长约10 cm，宽约5 cm，腹面无毛，背面薄被灰色长柔毛；小托叶钻形；小叶柄长约3 mm。总状花序或圆锥花序顶生和腋生，长约20 cm，每节2～4花；苞片针状，脱落；花梗长2～5 mm，被毛；花萼宽钟状，长约2 mm，被糙伏毛；花冠绿白色，长约4 mm，旗瓣倒卵形，翼瓣长圆形，龙骨瓣狭倒卵形；雄蕊二体。荚果密集，长约2 cm，宽约2.5 mm，腹缝线稍直，背缝线波状，有荚节6～8，荚节长约3 mm，被钩状短柔毛。花果期8～9月。

生境与分布 生于荒地草丛中或次生林中。广东、广西、海南及云南南部有分布。

饲用价值 枝叶适口性较好，牛、羊采食，属良等饲用植物。其化学成分如下表。

大叶山蚂蝗的化学成分（%）

样品情况	干物质	占干物质					钙	磷
		粗蛋白	粗脂肪	粗纤维	无氮浸出物	粗灰分		
嫩茎叶 鲜样	26.30	15.46	3.08	26.53	48.43	6.50	1.05	0.33

数据来源：中国热带农业科学院热带作物品种资源研究所

植株局部

花序
花序局部
叶片腹面
叶片背面
成熟果荚
种子
果荚

小槐花 *Desmodium caudatum* (Thunb.) H. Ohashi

形态特征 亚灌木。羽状三出复叶，小叶3；托叶披针状线形，长5～10 mm；小叶近革质，顶生小叶披针形，长可达10 cm，宽约2.5 cm，侧生小叶较小，腹面绿色，疏被极短柔毛，背面疏被贴伏短柔毛；小叶柄长达14 mm。总状花序顶生，长达30 cm，花序轴密被柔毛；苞片钻形，长约3 mm；花梗长约3 mm，被贴伏柔毛；花萼窄钟形；花冠绿白色，长约5 mm，旗瓣椭圆形，翼瓣狭长圆形，龙骨瓣长圆形；雄蕊二体。荚果线形，扁平，稍弯曲，被钩状毛，腹背缝线浅缢缩，有荚节4～10，荚节长椭圆形。花期7～9月；果期9～11月。

生境与分布 生于海拔150～1000 m的山坡、路旁草地、沟边、林缘或林下。长江以南均有分布。

饲用价值 枝叶适口性较好，牛、羊采食，属良等饲用植物。其化学成分如下表。

小槐花的化学成分（%）

样品情况	占干物质					钙	磷
	粗蛋白	粗脂肪	粗纤维	无氮浸出物	粗灰分		
营养期茎叶 绝干	17.81	2.88	29.36	43.77	6.18	1.02	0.14

数据来源：中国热带农业科学院热带作物品种资源研究所

枝叶局部

叶片腹面
叶片背面
托叶
株丛
分枝形态

蝎尾山蚂蝗 *Desmodium scorpiurus* (Sw.) Desv.

形态特征 多年生披散草本。羽状三出复叶；托叶三角状披针形，长约2 mm，基部宽3～5 mm；叶柄长1.5～3 cm；小叶膜质，顶生小叶卵形，长1～4 cm，宽0.7～2.5 cm，两面被贴伏毛；小托叶钻形，长约1 mm。总状花序单一或具少分枝，总花梗细长，被小钩状毛，单花或成对生于每节上；花梗长3～7 mm；苞片卵状披针形，长2 mm，被糙伏毛；花萼钟状，长2.5 mm，上部裂片微2裂，具柔毛；花冠粉红色，长约4 mm，旗瓣倒卵形，翼瓣长圆形，具瓣柄，龙骨瓣斜倒卵形。荚果线形，细长，长2～5 cm，宽2.5 mm，有荚节3～8，荚节间缢缩，荚节长4～6 mm，长为宽的3～4倍，被钩状毛。花果期8～10月。

生境与分布 生于低海拔和中海拔空旷干燥地方。原产热带美洲。海南有引种栽培。

饲用价值 植株较矮小细嫩，适口性较好，牛、羊喜食，适于放牧利用。

植株及生境

植株局部
叶片腹面
叶片背面
幼茎钩状毛
托叶

南美山蚂蝗 | *Desmodium tortuosum* (Sw.) DC.

形态特征 多年生直立草本。茎圆柱形，被灰黄色小钩状毛。羽状三出复叶，有3小叶；托叶宿存，披针形，长5～8 mm；小叶纸质，顶生小叶长3～8 cm，宽1.5～3 cm，侧生小叶多为卵形，长2.5～4 cm，宽1～2.5 cm，两面疏被毛。总状花序顶生或腋生；总花梗密被小钩状毛；苞片狭卵形，长3～6.5 mm；花2，生于每节上；花萼长约3 mm，5深裂，密被毛；花冠红色，旗瓣倒卵形，长约3 mm，宽2 mm，翼瓣长圆形，长约3 mm，先端钝，龙骨瓣斜长圆形，长约3.5 mm。荚果窄长圆形，长约2 cm，有荚节5～7，近圆形，被灰黄色钩状小柔毛。花果期7～9月。

生境与分布 喜湿热气候。多生于土壤肥厚、湿润的草地中。华南有引种栽培，现已逸为野生。

饲用价值 栽培条件下生物量较高，可建植刈割型栽培草地，每年可刈割2～3次。青饲适口性一般，刈割晒制干草可明显改善其适口性。其化学成分如下表。

南美山蚂蝗的化学成分（%）

样品情况	占干物质					钙	磷
	粗蛋白	粗脂肪	粗纤维	无氮浸出物	粗灰分		
营养期茎叶 绝干	16.04	2.18	31.31	41.93	8.54	1.09	0.19

数据来源：中国热带农业科学院热带作物品种资源研究所

叶片 果荚 小托叶 托叶 茎节特征 种子

植株局部

株丛

绒毛山蚂蝗 *Desmodium velutinum* (Willd.) DC.

形态特征 直立亚灌木。茎嫩时密被黄褐色绒毛。叶通常具单小叶，少有3小叶；托叶三角形，长5～7 mm；叶柄长约1.5 cm，密被黄色绒毛；小叶薄纸质至厚纸质，长5～10 cm，宽3～8 cm，两面被黄色绒毛。总状花序腋生和顶生，顶生者有时具少数分枝而成圆锥花序状，长4～10 cm；花生于节上；花梗长约1.5 mm；花萼宽钟形，长约3 mm，外面密被小钩状毛；花冠紫色，长约3 mm，旗瓣倒卵状圆形，翼瓣长椭圆形，龙骨瓣狭窄；雄蕊二体，长约5 mm；雌蕊长约6 mm，子房密被糙伏毛。荚果狭长圆形，长10～20 mm，宽2～3 mm，有荚节5～7，近圆形，两面稍凸起，密被黄色直毛和混有钩状毛。花果期9～11月。

生境与分布 喜湿热气候。多生于低海拔的山地、丘陵向阳的草坡或灌丛中。海南、广东、广西、云南、贵州及江西有分布。

饲用价值 嫩枝叶富含蛋白质，适口性好。干旱季节仍保持青绿，可供家畜采食。其化学成分如下表。

绒毛山蚂蝗的化学成分（%）

样品情况	占干物质					钙	磷
	粗蛋白	粗脂肪	粗纤维	无氮浸出物	粗灰分		
营养期茎叶 绝干	15.07	3.78	29.54	41.54	10.07	1.15	0.32

数据来源：中国热带农业科学院热带作物品种资源研究所

花
花序
叶片腹面
叶片背面

植株局部

假地豆 *Desmodium heterocarpon* (L.) DC.

形态特征 亚灌木。茎直立或平卧，多少被糙伏毛，后变无毛。羽状三出复叶，小叶3；托叶宿存，长5～15 mm；小叶纸质，顶生小叶椭圆形，长3～6 cm，宽1～3 cm，腹面无毛，背面被贴伏白色短柔毛；小托叶丝状，长约5 mm。总状花序顶生或腋生，长2～7 cm；花生于花序的节上；苞片卵状披针形；花梗长约3 mm；花萼长约2 mm，4裂，疏被柔毛，裂片三角形，上部裂片先端微2裂；花冠紫红色，长约5 mm，旗瓣倒卵状长圆形，翼瓣倒卵形，龙骨瓣极弯曲；雄蕊二体，长约5 mm；雌蕊长约6 mm。荚果密集，狭长圆形，长10～20 mm，宽约3 mm，腹缝线浅波状，腹背两缝线被钩状毛，有荚节4～7，荚节近方形。花期7～10月；果期10～11月。

生境与分布 喜湿热气候。多生于低海拔的山坡草地中。华南广泛分布，西南常见，华中及华东偶见。

饲用价值 枝叶繁茂，无异味，适口性甚好，具有较高的饲用价值，可青刈或制成干草，也可放牧。其化学成分如下表。

假地豆的化学成分（%）

样品情况	占干物质					钙	磷
	粗蛋白	粗脂肪	粗纤维	无氮浸出物	粗灰分		
盛花期枝叶 绝干[1]	15.05	2.08	36.21	34.53	12.13	1.03	0.21
盛花期枝叶 绝干[2]	19.12	2.24	37.60	33.46	7.58	0.84	0.37

数据来源：1. 中国热带农业科学院热带作物品种资源研究所；2. 贵州省草业研究所

株丛

叶片
幼叶
果序
花序
托叶
种子
果荚

热研 16 号卵叶山蚂蝗

Desmodium ovalifolium Wall 'Reyan No. 16'

品种来源 中国热带农业科学院热带作物品种资源研究所热带牧草研究中心申报，2005年通过全国草品种审定委员会审定，登记为引进品种；品种登记号313；申报者为刘国道、白昌军、何华玄、唐军、李志丹。

形态特征 多年生灌木状平卧草本。分枝细而多，稍具棱，上部贴生灰白色绒毛。三出复叶或下部小叶单叶互生；小叶近革质，绿色，顶端小叶阔椭圆形，长2.5～4.5 cm，宽2.2～2.8 cm；侧生小叶阔椭圆形，长1.6～2.5 cm，宽1～1.5 cm。总状花序顶生；花冠蝶形，长6～8 mm，蓝紫色。荚果长1.5～1.9 cm，具4～5荚节。种子扁肾形，微凹，淡黄色，长约2 mm，宽约1.5 mm；种子千粒重约1.54 g。

生物学特性 喜潮湿的热带、亚热带气候，适应性广，抗逆性强，牧草产量较高。对土壤营养需求不高，能在高铝、高锰和低磷土壤上生长。具有较强的耐阴性和耐涝性。

饲用价值 叶量大，营养丰富，但适口性稍差。耐践踏，适于放牧利用。茎节通常着地生根，易形成表土覆盖层，也可作为优良的水土保持植物。其化学成分如下表。

栽培要点 可直播，播种前采用80℃热水浸种3 min，穴播、撒播或条播均可，播种量10～15 kg/hm^2，播种深度不宜超过1 cm，播后轻耙。也可采用育苗移栽，育苗时将种子播于苗床，淋水保湿，50～60天后移栽，选阴雨天定植，定植株行距为80 cm×80 cm，移栽前用黄泥浆根可明显提高成活率。由于初期生长缓慢，需及时除草。人工草地建植2个月后即可放牧，适于轮牧，轮牧间隔期6～8周。刈割利用时，每年刈割3～4次，留茬10～20 cm。

热研16号卵叶山蚂蝗的化学成分（%）

样品情况	占干物质					钙	磷
	粗蛋白	粗脂肪	粗纤维	无氮浸出物	粗灰分		
开花期 绝干	13.43	2.48	36.52	41.46	6.11	—	—

分枝 叶片 匍匐枝 种子

花序

株丛

糙毛假地豆 *Desmodium heterocarpon* (L.) DC. var. *strigosum* Van. Meeuwen

形态特征 多年生亚灌木。与原变种区别：花序总梗密被贴伏的白色糙伏毛；荚果扁平，长1～2 cm，宽2～3 mm，有4～7荚节，密被毛。

生境与分布 喜湿热气候。多生于低海拔的山坡草地中。华南常见。

饲用价值 嫩枝叶的适口性好，为各家畜所喜食，属良等饲用植物。其化学成分如下表。

糙毛假地豆的化学成分（%）

样品情况	干物质	占干物质					钙	磷
		粗蛋白	粗脂肪	粗纤维	无氮浸出物	粗灰分		
营养期 鲜样	17.63	23.14	8.50	27.00	39.43	1.93	—	—
盛花期 干样	88.45	13.70	2.08	31.07	44.64	8.51	1.29	0.14

数据来源：《中国饲用植物》

匍匐株丛形成的草地

叶片腹面
叶片背面
植株及生境
托叶
果荚
花序

疏果假地豆 *Desmodium griffithianum* Benth.

形态特征 平卧草本。分枝被伸展的黄褐色短柔毛。羽状三出复叶，小叶3；托叶狭卵形，长5～10 mm；叶柄密被黄褐色；小叶纸质，倒三角状卵形，长1～2 cm，宽1～1.5 cm，腹面几无毛，背面被贴伏微柔毛；小托叶钻形，长1～3 mm。总状花序顶生，长约10 cm，总花梗被黄褐色短柔毛；花梗长3～5 mm，被锈色毛；花萼长3～3.5 mm；花冠紫红色，长约7 mm，旗瓣近圆形，具瓣柄，翼瓣长圆形，具短瓣柄，龙骨瓣较翼瓣小；雄蕊长约5 mm；雌蕊长5～6 mm，子房被糙伏毛，花柱无毛。荚果长约12 mm，宽2.5 mm，腹缝线直，背缝线缢缩，有3～4荚节，近方形，被钩状毛和硬直毛。花果期8～9月。

生境与分布 喜湿润的亚热带气候。多生于较湿润的山地草坡中。四川、贵州、云南等有分布。

饲用价值 牛、羊喜食，属中等饲用植物。

花序局部特写

茎叶局部

果荚

托叶
叶片特写
种子
花序及叶片
花序
平卧株丛

显脉山绿豆 *Desmodium reticulatum* Champ. ex Benth.

形态特征 直立亚灌木。羽状三出复叶，有时顶部为单叶；托叶宿存，狭三角形，长约10 mm；叶柄长1.5～3 cm；小叶厚纸质，顶生小叶狭卵形，长3～5 cm，宽1～2 cm，侧生小叶较小，腹面无毛，背面被贴伏疏柔毛；小托叶钻形，长约5 mm。总状花序顶生，长10～15 cm，总花梗密被钩状毛；每2花生于节上；苞片卵状披针形；花梗长约3 mm，无毛；花萼钟形，长约2 mm，4裂，疏被柔毛，裂片三角形；花冠粉红色，后变蓝色，长约6 mm，旗瓣卵状圆形，翼瓣倒卵状长椭圆形，翼瓣与龙骨瓣明显弯曲；雄蕊二体，长约5 mm；雌蕊长约6 mm，子房无毛，与花柱等长。荚果长圆形，长10～20 mm，宽约2.5 mm，腹缝线直，背缝线波状，被钩状短柔毛，有3～7荚节。花期6～8月；果期9～10月。

生境与分布 喜阴湿。多生于低海拔的潮湿山坡草地中或疏林下。广东、海南、广西、云南南部有分布。

饲用价值 嫩枝叶适口性好，为多种家畜所喜食。其化学成分如下表。

显脉山绿豆的化学成分（%）

样品情况	占干物质					钙	磷
	粗蛋白	粗脂肪	粗纤维	无氮浸出物	粗灰分		
营养期枝叶 绝干	18.01	3.01	26.32	46.35	6.22	0.48	0.17

数据来源：中国热带农业科学院热带作物品种资源研究所

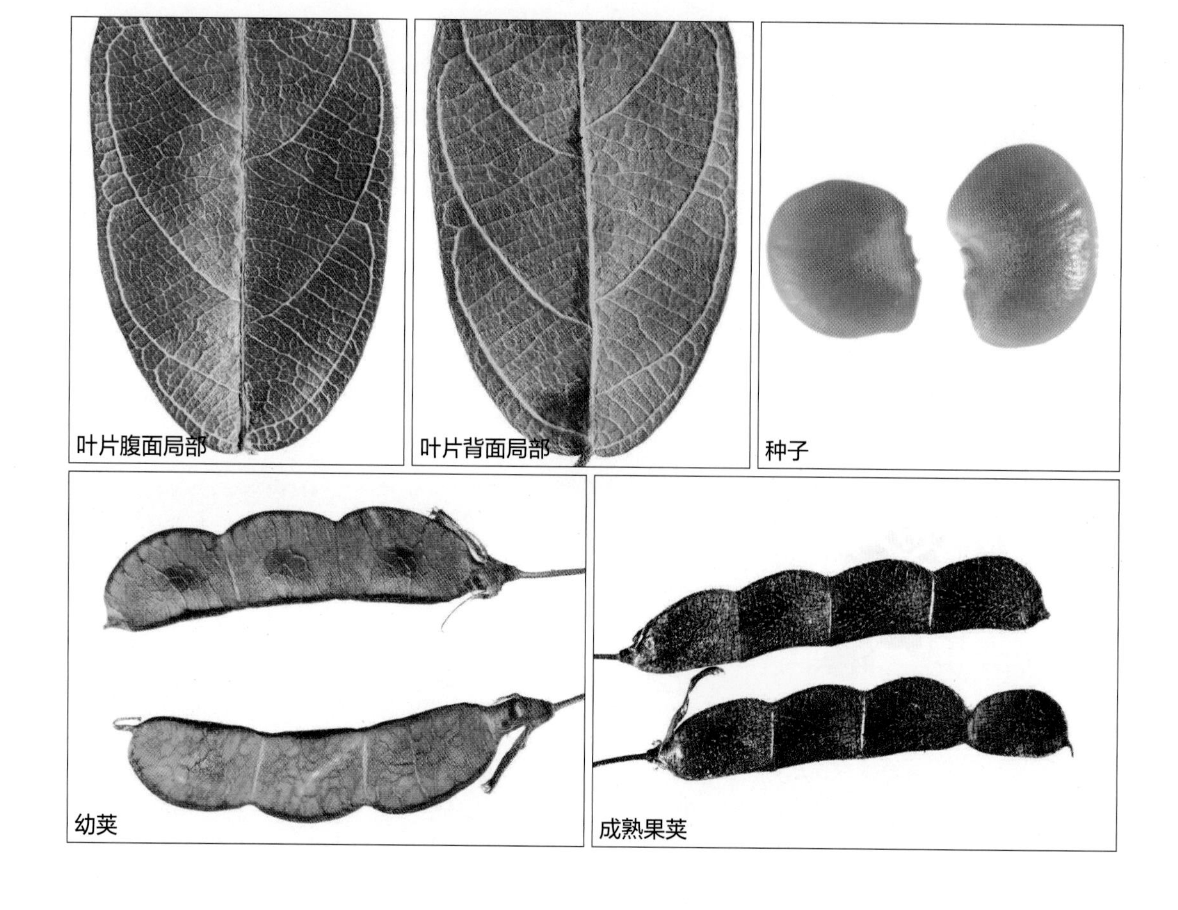
叶片腹面局部 叶片背面局部 种子 幼荚 成熟果荚

花序

叶片形态（三出复叶）

叶片形态（单叶）

植株局部

赤山蚂蝗 | *Desmodium rubrum* (Lour.) DC.

形态特征 直立亚灌木。多分枝，幼时密被贴伏白色丝状毛。叶通常为单小叶，稀三出复叶；托叶狭卵形，长5～7 mm；叶柄长4～10 mm，密被贴伏柔毛；小叶硬纸质，长椭圆形，长10～30 mm，宽5～15 mm，腹面无毛，背面疏被贴伏柔毛；小叶柄长1 mm。总状花序顶生，长5～25 cm；总花梗被黄色钩状毛；花极稀疏；苞片膜质，早落，长4～6 mm；花梗长约3 mm；花萼通常红色，长约2.5 mm；花冠蓝色或粉红色，长约6 mm，旗瓣倒心状卵形，与龙骨瓣等长，翼瓣斜卵形；雄蕊长约5 mm；雌蕊长约5.5 mm，无毛，花柱弯曲。荚果狭长圆形，长约2 cm，微弯曲，腹缝线直，背缝线缢缩，有2～7荚节，荚节近方形，无毛，有明显的网脉。花果期4～6月。

生境与分布 喜干热气候。生于近海荒地或滨海沙质草地。海南、广东及广西海边干热灌丛草地中常见。

饲用价值 植株细弱，分枝多，山羊喜食，适宜放牧利用。其化学成分如下表。

赤山蚂蝗的化学成分（%）

样品情况	干物质	占干物质					钙	磷
		粗蛋白	粗脂肪	粗纤维	无氮浸出物	粗灰分		
开花期茎叶 鲜样	34.90	21.58	8.40	31.59	33.66	4.77	0.82	0.33

数据来源：中国热带农业科学院热带作物品种资源研究所

植株及生境

果序
小叶形态（左为腹面，右为背面）
果荚
种子
茎叶局部
花序
花

广东金钱草 *Desmodium styracifolium* (Osbeck.) Merr.

形态特征 亚灌木状草本。幼枝密被淡黄色毛。叶通常为单小叶，偶3小叶；叶柄长约1.5 cm，密被贴伏丝状毛；托叶披针形，长7～8 mm；小叶厚纸质至近革质，近圆形，腹面无毛，背面密被贴伏丝状毛；小叶柄长5～8 mm，密被贴伏丝状毛。总状花序短，顶生或腋生，长1～3 cm；花密生，每2花生于节上；花梗长约3 mm；苞片密集，覆瓦状排列，宽卵形，长约4 mm；花萼长约3.5 mm，密被小钩状毛，萼筒长约1.5 mm，顶端4裂；花冠紫红色，长约4 mm；雄蕊二体，长4～6 mm；雌蕊长约6 mm，子房线形，被毛。荚果长10～20 mm，宽约2.5 mm，被短柔毛，腹缝线直，背缝线波状，有3～6荚节，荚节近方形，扁平，具网纹。花果期6～9月。

生境与分布 不耐阴。生于低海拔的向阳山坡、草地或灌木丛中。广东、海南、广西南部和西南部、云南南部均有分布。

利用价值 全株供药用，具有平肝火、清湿热、利尿通淋的功效，华南多作为凉茶原料使用。饲用方面，牛、羊采食其嫩茎叶，属良等饲用植物。其化学成分如下。

广东金钱草的化学成分（%）

样品情况	干物质	占干物质					钙	磷
		粗蛋白	粗脂肪	粗纤维	无氮浸出物	粗灰分		
营养期茎叶 鲜样	26.80	16.16	5.80	33.74	38.92	5.38	1.63	0.26

数据来源：中国热带农业科学院热带作物品种资源研究所

植株及生境

植株分枝
花序
叶片腹面
叶片背面
果荚
种子
托叶

肾叶山蚂蝗 *Desmodium renifolium* (L.) Schindl.

形态特征 亚灌木。茎细弱，多分枝。叶具单小叶；托叶线形，长约4 mm；叶柄纤细，长约2 cm；小叶膜质，肾形，腹面绿色，背面灰绿色；小叶柄长1 mm。圆锥花序顶生或腋生，长5～15 cm；总花梗纤细；花疏离，通常2～5花生于花序每节上；苞片干膜质，长约3 mm；花梗长2～8 mm；花萼长约2 mm，外面疏生钩状毛，裂片三角形；花冠白色至淡黄色，长约5 mm，旗瓣倒卵形，先端微凹入，具宽短瓣柄，翼瓣狭长圆形，龙骨瓣长椭圆形；雄蕊单体，长约4 mm；雌蕊长约5 mm。荚果狭长圆形，长2～3 cm，宽2.5～4 mm，有2～5荚节，荚节近方形，初时有小柔毛，后渐变无毛，具网脉。花果期9～11月。

生境与分布 喜湿热气候。生于低海拔的向阳草地、灌丛中。海南及云南南部有分布。

饲用价值 牛采食嫩茎叶，属中等饲用植物。

植株枝叶

种子
嫩叶及托叶
叶片
托叶
植株及生境

三点金 *Desmodium triflorum* (L.) DC.

形态特征 多年生平卧草本。茎被开展柔毛。羽状三出复叶，小叶3；托叶披针形，膜质，长3～4 mm；叶柄长约5 mm，被柔毛；小叶纸质，顶生小叶倒心形，长和宽为2.5～10 mm，腹面无毛，背面被白色柔毛。花单生或2～3花簇生于叶腋；苞片狭卵形，长约4 mm；花梗长3～8 mm；花萼长约3 mm，密被白色长柔毛；花冠紫红色，与萼近相等，旗瓣倒心形，翼瓣椭圆形，龙骨瓣略呈镰刀形；雄蕊二体；雌蕊长约4 mm，子房线形，多少被毛。荚果扁平，狭长圆形，略呈镰刀状，长5～12 mm，宽2.5 mm，腹缝线直，背缝线波状，有3～5荚节，荚节近方形，长2～2.5 mm，被钩状短毛，具网脉。花果期6～10月。

生境与分布 生于低海拔的旷野草地、路旁、河边沙土上。浙江、福建、江西、广东、海南、广西、云南、台湾等均有分布。

饲用价值 三点金草产量低，但牛、羊喜食，常供放牧利用。其化学成分如下表。

三点金的化学成分（%）

样品情况	干物质	占干物质					钙	磷
		粗蛋白	粗脂肪	粗纤维	无氮浸出物	粗灰分		
营养期 鲜样[1]	29.10	12.92	2.13	22.78	53.87	8.30	1.29	0.27
开花期 干样[1]	91.00	15.43	2.69	37.74	37.54	6.60	0.85	0.13
结荚期 干样[1]	92.20	14.50	2.56	35.44	35.77	11.73	0.44	0.12
开花期 干样[2]	90.95	15.45	2.49	37.74	37.52	6.80	0.85	0.13

数据来源：1. 中国热带农业科学院热带作物品种资源研究所；2. 贵州省草业研究所

花序

平卧株丛
果荚
叶片及托叶
种子
叶片形态（左为腹面，右为背面）

小叶三点金 *Desmodium microphyllum* (Thunb.) DC.

形态特征　多年生亚灌木状草本。茎通常红褐色，纤细，多分枝。羽状三出复叶；小叶薄纸质，倒卵状长椭圆形，长约10 mm，宽约5 mm，腹面无毛，背面被极稀疏柔毛。总状花序顶生或腋生，被黄褐色开展柔毛；有6～10花，长约5 mm；苞片卵形，被黄褐色柔毛；花梗长5～8 mm；花萼长4 mm；花冠粉红色，旗瓣倒卵形，翼瓣倒卵形，龙骨瓣长椭圆形；雄蕊二体，长约5 mm；子房线形，被毛。荚果长12 mm，宽约3 mm，腹背两缝线浅齿状，3～4荚节，荚节近圆形，扁平，被小钩状毛和缘毛。花期5～9月；果期9～11月。

生境与分布　喜湿润的亚热带气候。生于低海拔向阳荒草丛中或灌木林中。除海南之外的华南、西南及华中均有分布。

饲用价值　株丛密集、茎秆细弱，饲用价值较高，牛、羊喜食，马亦乐食，属良等饲用植物。也可作栽培利用。其化学成分如下表。

小叶三点金的化学成分（%）

样品情况	占干物质					钙	磷
	粗蛋白	粗脂肪	粗纤维	无氮浸出物	粗灰分		
茎叶　绝干	13.41	2.19	29.02	46.84	8.54	0.74	0.24

数据来源：中国热带农业科学院热带作物品种资源研究所

株丛及生境

植株分枝
示叶片着生
植株局部
花特写
花
幼荚
叶片形态
种子

异叶山蚂蝗 *Desmodium heterophyllum* (Willd.) DC.

形态特征　平卧草本。茎幼嫩部分被开展柔毛。羽状三出复叶；小叶纸质，顶生小叶宽椭圆形，长约1.5 cm，宽约1 cm。花2～3散生于总梗上；苞片卵形；花梗长10～25 mm；花萼宽钟形，长约3 mm，被长柔毛和小钩状毛，5深裂；花冠紫红色至白色，长约5 mm，旗瓣宽倒卵形，翼瓣倒卵形，龙骨瓣稍弯曲；雄蕊二体，长约4 mm；雌蕊长约5 mm，子房被贴伏柔毛。荚果长12～18 mm，宽约3 mm，有3～5荚节，荚节宽长圆形，长约4 mm。花果期7～10月。

生境与分布　生于低海拔的河边、田边、路旁草地或海边沙滩草地。福建、江西、广东、海南、广西和云南均有分布。

饲用价值　异叶山蚂蝗极易通过节上生根的特点快速繁殖新的枝条，具耐牧性好的特点，适于放牧利用。其化学成分如下表。

异叶山蚂蝗的化学成分（%）

样品情况	干物质	占干物质					钙	磷
		粗蛋白	粗脂肪	粗纤维	无氮浸出物	粗灰分		
营养期　鲜样	22.40	13.43	2.48	36.52	41.46	6.11	0.83	0.11

数据来源：中国热带农业科学院热带作物品种资源研究所

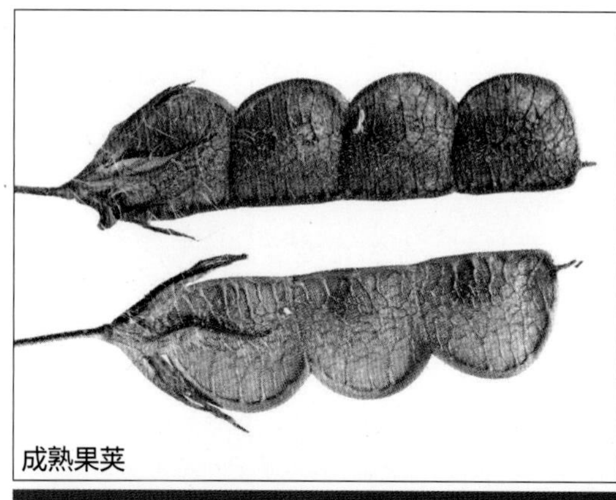
成熟果荚

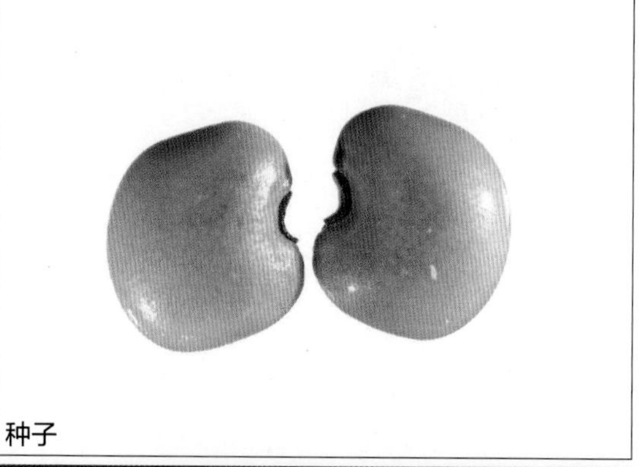
种子

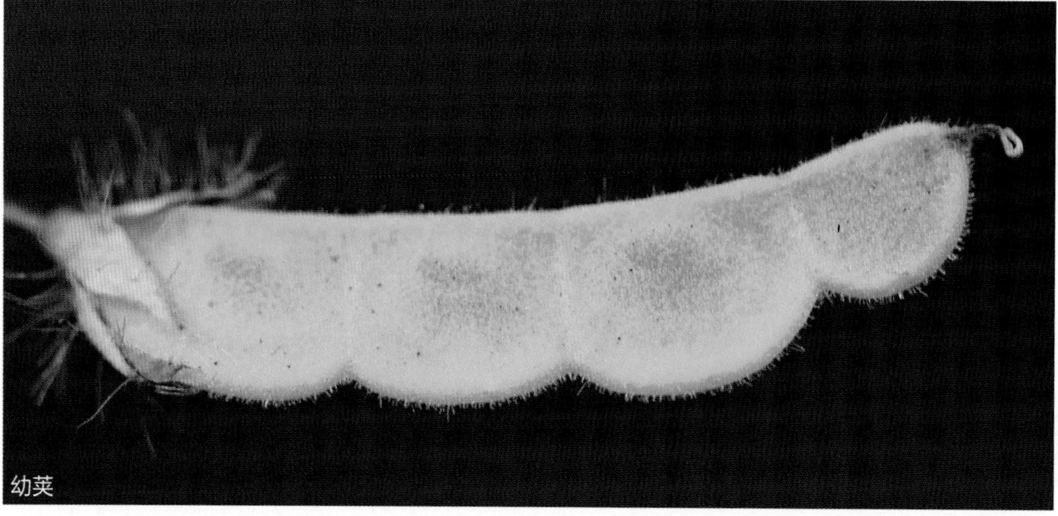
幼荚

托叶

植株及生境

饿蚂蝗 *Desmodium multiflorum* DC.

形态特征 直立灌木。多分枝，幼枝具棱角，密被淡黄色柔毛。羽状三出复叶；小叶近革质，椭圆形，顶生小叶长5～10 cm，宽3～6 cm。花序顶生；总花梗密被小钩状毛；常2花生于节上；苞片披针形，长约1 cm；花梗长约5 mm，被直毛和钩状毛；花萼密被钩状毛；花冠紫色，旗瓣椭圆形，长8～11 mm，翼瓣狭椭圆形，龙骨瓣长7～10 mm；雄蕊单体，长约7 mm；雌蕊长约9 mm，子房线形，被贴伏柔毛。荚果长15～24 mm，腹缝线近直，背缝线圆齿状，有4～7荚节，密被贴伏褐色丝状毛。花期7～9月；果期8～10月。

生境与分布 喜湿润的亚热带气候，耐冷性相对本属其他种要强。多生于低海拔至中高海拔的山坡草地或林缘。浙江南部、福建、江西、湖北、湖南、广东、广西、四川、贵州及云南均有分布。

饲用价值 生物量较大，结实前植物叶片较嫩，牛、羊采食，进入冬季后叶片不掉落，但适口性降低，属中等饲用植物。其化学成分如下表。

饿蚂蝗的化学成分（%）

样品情况	占干物质					钙	磷
	粗蛋白	粗脂肪	粗纤维	无氮浸出物	粗灰分		
开花期 绝干[1]	12.91	3.04	30.13	42.69	11.23	0.58	0.14
开花期 绝干[2]	11.51	1.90	31.77	45.62	9.20	2.24	—

数据来源：1. 中国热带农业科学院热带作物品种资源研究所；2. 重庆市畜牧科学院

荚果特征　种子　花序　叶片形态

结荚期植株
果序局部
株丛
叶片腹面
叶片背面
托叶

美花山蚂蝗 *Desmodium callianthum* Franch.

形态特征 直立灌木。多分枝，幼枝具棱角。羽状三出复叶；小叶纸质，卵状菱形，顶生小叶长1.3～4 cm，宽1～3 cm，腹面被极短柔毛，背面苍白色。总状花序顶生，长15～22 cm；花2～4生于每节上；花梗丝状，长约7 mm；花萼长约3 mm；花冠紫色或粉红色，长8～10 mm，旗瓣宽椭圆形，翼瓣具耳和瓣柄，龙骨瓣先端有细尖。荚果扁平，长3～5 cm，宽约5 mm，稍弯曲，腹缝线于节间稍缢缩，背缝线缢缩呈圆齿状，有5～6荚节，荚节长约6 mm。花期6～8月；果期8～10月。

生境与分布 喜亚热带气候。多生于中高海拔的干燥山坡草地、灌丛或林中。云南西北部、四川西部及西南部有分布。

饲用价值 叶量大，牛、羊采食，但适口性不佳，属中等饲用植物。

叶片

果荚

结荚期植株

云南山蚂蝗 *Desmodium yunnanense* Franch.

形态特征 灌木。多分枝，幼枝具棱或沟槽，密被白色绒毛。羽状三出复叶；小叶厚纸质，顶生小叶近圆形，长5～20 cm，宽5～15 cm，叶面疏被柔毛，叶背密被灰色。圆锥花序较大，顶生，长达25 cm；花2～5生于每节上；花萼长约4 mm，外面密被绒毛；花冠粉红色，长10～13 mm，旗瓣近圆形，先端微凹，基部具短瓣柄，翼瓣具耳和瓣柄，龙骨瓣较短无毛；雄蕊长10～12 mm；雌蕊长达13 mm，子房被柔毛。荚果扁平，长4～6 cm，腹缝线近直，背缝线波状，具网纹，幼时被毛，成熟时渐变无毛。花期8～9月；果期9～10月。

生境与分布 喜干燥生境。生于山坡石砾地、荒草坡或灌丛中。西南干热河谷区常见草种。

饲用价值 植株高大，叶片密集且宽厚，饲用价值较高，牛、羊喜采食，冬季保持青绿，属良等牧草。其化学成分如下表。

云南山蚂蝗的化学成分（%）

样品情况	占干物质					钙	磷
	粗蛋白	粗脂肪	粗纤维	无氮浸出物	粗灰分		
开花期 绝干	15.21	2.77	27.51	44.98	9.53	1.17	0.48

数据来源：中国热带农业科学院热带作物品种资源研究所

植株及生境

花期植株
花
花序
幼荚
果荚
叶片腹面
叶片背面
托叶
成熟果荚
分枝局部

滇南山蚂蝗 *Desmodium megaphyllum* Zoll.

形态特征 灌木。多分枝，幼枝被白色柔毛。羽状三出复叶；托叶通常脱落；小叶厚纸质，宽卵形，长5～15 cm，宽5～9 cm，侧生小叶通常较小，腹面被小柔毛，背面密被丝状毛；小托叶狭三角形或狭卵形，长约5 mm，宽约1 mm；小叶柄长2～3 mm，被柔毛。花序腋生或顶生，顶生者多为大型圆锥花序，总花梗被开展柔毛和钩状毛；花2～3生于每节上；苞片卵形，外面疏被柔毛；花萼钟形，被贴伏丝状毛；花冠紫色，长约1.2 cm，旗瓣椭圆形，翼瓣、龙骨瓣具长瓣柄，龙骨瓣先端通常有钩状毛；雄蕊单体，长约10 mm；子房被贴伏柔毛。荚果扁平，腹、背缝线浅缢缩，幼时具小钩状毛，成熟时近无毛。花果期6～11月。

生境与分布 喜干热气候。生于低海拔的砂石山坡。云南南部和西南部有分布。

饲用价值 叶量丰富，适口性较好，山羊极喜采食其叶片及花序，属良等饲用植物。

植株

植物分枝局部

叶片腹面

叶片背面

花序

托叶

花

圆锥山蚂蝗 *Desmodium elegans* DC.

形态特征 直立灌木。多分枝，小枝被短柔毛至渐变无毛。羽状三出复叶；托叶早落，狭卵形；小叶纸质，卵状椭圆形，侧生小叶略小，先端圆，腹面几无毛，背面被短柔毛至近无毛；小托叶线形，长1～3 mm，密被小柔毛；小叶柄长2～3 mm。花序顶生或腋生，顶生者多为圆锥花序；通常2～3花生于每节上；花梗长4～10 mm；花萼钟形，长约3 mm，被柔毛；花冠紫红色，长约1 cm，旗瓣宽椭圆形，翼瓣、龙骨瓣均具瓣柄；子房被贴伏短柔毛。荚果扁平，线形，长3～5 cm，宽4～5 mm，疏被贴伏短柔毛。花果期8～11月。

生境与分布 本种是国内山蚂蝗属中耐冷性较强的代表，最高分布海拔达3700 m。多生于海拔2800 m左右的林缘或湿润山坡草地。西南有分布。

饲用价值 枝叶和荚果是羊的优质饲料，羊四季均喜食，牛、马也喜食。除放牧利用外，还可作舍饲补充饲料。

植株局部

花序

花期株丛
花
果荚
幼枝局部
托叶
老枝局部
叶片腹面
叶片背面

长波叶山蚂蝗 *Desmodium sequax* Wall.

形态特征 亚灌木。幼枝和叶柄被锈色柔毛。羽状三出复叶；叶柄长约3 cm；小叶纸质，卵状椭圆形，顶生小叶长4～10 cm，宽4～6 cm，腹面密被贴伏小柔毛，背面被贴伏柔毛；小叶柄长约2 mm。总状花序顶生，顶生者通常分枝成圆锥花序，长达12 cm；总花梗密被开展小绒毛；通常2花生于每节上；苞片早落，狭卵形，长约4 mm；花梗长约3 mm；花萼长约3 mm；花冠紫色，长约8 mm，旗瓣椭圆形，先端微凹，翼瓣狭椭圆形，龙骨瓣具长瓣柄。荚果腹背缝线缢缩呈念珠状，长约3 cm，宽3 mm，有6～10荚节，荚节近方形，密被开展褐色小钩状毛。花期7～9月；果期9～11月。

生境与分布 喜湿润的亚热带气候。生于山地草坡或林缘。西南和华中常见。

饲用价值 牛、羊采食其嫩茎叶，属中等饲用植物。其化学成分如下表。

长波叶山蚂蝗的化学成分（%）

样品情况	干物质	占干物质					钙	磷
		粗蛋白	粗脂肪	粗纤维	无氮浸出物	粗灰分		
营养期 鲜样	21.50	10.27	2.88	20.27	58.48	8.10	1.67	0.24
开花期 鲜样	25.20	13.14	2.54	22.89	54.33	7.10	1.56	0.30

数据来源：中国热带农业科学院热带作物品种资源研究所

植株及生境

成熟果荚
种子
花序局部
花序
叶片腹面
嫩枝
叶片背面

绿叶山蚂蝗 *Desmodium intortum* Urd.

形态特征 多年生披散草本。茎粗壮，呈绿色至微红棕色，直径5～8 mm，密生绒毛；茎节着地即生根，向上生出新枝。羽状三出复叶；小叶长7.5～12.5 cm，宽5～7.5 cm，椭圆形，腹面绿并间有红棕色或紫红色斑点。总状花序顶生，长达25 cm；总花梗密被开展小绒毛；花通常多朵生于每节上；花冠紫色或淡紫色，长约7 mm。荚果弯曲，每荚含6～10种子；种子肾形，长约2 mm，宽约1.5 mm。

生境与分布 喜湿热气候。原产中美洲和南美洲北部。20世纪70年代从澳大利亚引入我国，在广西、广东、海南、福建等种植表现良好，海南现有逸为野生的居群。

饲用价值 绿叶山蚂蝗枝叶柔嫩多汁，无异味，茎枝密生绒毛，适口性略受影响。幼嫩时，马、牛、羊、猪、鹅等均喜食，结实后，适口性下降，适于加工干草，属良等饲用植物。其化学成分如下表。

绿叶山蚂蝗的化学成分（%）

样品情况	占干物质					钙	磷
	粗蛋白	粗脂肪	粗纤维	无氮浸出物	粗灰分		
开花期　绝干	22.45	3.12	28.50	38.73	7.20	0.81	0.31

数据来源：中国热带农业科学院热带作物品种资源研究所

花期株丛

株丛

叶片腹面

叶片背面

托叶及茎部特征

茎叶局部

银叶山蚂蝗 *Desmodium uncinatum* (Jacq.) DC.

形态特征 多年生匍匐草本。茎圆柱形，长达数米，幼时稍具棱，密被钩状毛；基部着地生根，形成新的分枝。羽状三出复叶；顶生小叶较大，卵圆状披针形，顶部渐尖，其部圆形或心形，长3～6 cm，宽2～3.5 cm，沿中脉向两侧不规则散布白色或淡黄色色斑，两侧边缘为绿色或深绿色，侧生小叶较小，基部偏斜，顶部渐尖，长2～4 cm，宽1.5～3 cm，两面疏被长绒毛。总状花序顶生和腋生，长达25 cm；总花梗密被开展小绒毛；通常2花生于每节上；花萼长约4 mm；花冠紫色，长约1 cm；雄蕊单体，子房线形，疏被短柔毛。荚果腹背缝线缢缩呈念珠状，长约3.5 cm，有6～10荚节，密被短钩状毛。

生境与分布 喜湿热气候。原产中美洲和南美洲北部。海南有引种栽培。

饲用价值 披散状生长，茎基部着地生根并形成密集分枝，耐阴性也较好，适宜果园间作。其叶片质嫩，营养价值高，但茎上钩状毛较多，影响家畜采食，适宜刈割后晒制干草投喂或加工颗粒饲料。其化学成分如下表。

银叶山蚂蝗的化学成分（%）

样品情况	占干物质					钙	磷
	粗蛋白	粗脂肪	粗纤维	无氮浸出物	粗灰分		
开花期 绝干	18.06	2.72	26.02	45.08	8.12	1.18	0.43

数据来源：中国热带农业科学院热带作物品种资源研究所

植株

花序
果荚
花
叶片腹面
叶片背面

灰毛山蚂蝗 *Desmodium cinereum* (Kunth.) DC.

形态特征 多年生直立亚灌木。主茎中部以上分枝多，中部以下趋于木质化，高达3 m；幼枝被短绒毛或钩状毛，通常呈红色。托叶约长3 mm，被毛，早脱落；三出复叶；顶生小叶较大，厚纸质，圆形或卵圆形，先端微凹而具短尖，长3～7 cm，宽3～5 cm，腹面绿色，背面灰绿色，两面被平伏毛；侧生小叶较小，基部偏斜，顶部凹尖，卵圆形，长3～5 cm，宽2～4 cm。圆锥花序大型，顶生或腋生，长达50 cm，分枝多，花序轴密被钩状毛，花密集，每节2～3花互生排列；花萼长约3 mm，被毛；花冠开放初期红色，渐转为蓝紫色，长约8 mm；雄蕊单体，子房线形，被短柔毛。荚果扁平，腹背缝线缢缩呈念珠状，长约3 cm，有4～8荚节。花期7～9月；果期9～11月。

生境与分布 喜湿热气候。原产美洲热带。海南有引种栽培。

饲用价值 植株高大，生物量大，叶片柔嫩，适口性好，牛、羊采食，属优等饲用植物。

结荚期植株局部

成熟果荚

花序
托叶
叶片
花
幼荚

楔叶山蚂蝗 *Desmodium cuneatum* Hook. et Arn.

形态特征 直立小灌木，高约1.5 m。羽状三出复叶；托叶三角状披针形，长4～10 mm，早落；叶柄极短，长约3 mm；顶生小叶纸质，披针状长圆形，长约5 cm，宽约1 cm，腹面绿色无毛或稀疏被毛，背面密被短绒毛，叶脉突出；小托叶针状，长约2 mm；侧生小叶较顶生者稍小。圆锥花序顶生，花序轴密被白色短绒毛，花密集排列于每节上，花梗长约3 mm，被钩状毛；花萼钟状，密被柔毛；花冠粉红色，长约6 mm，旗瓣倒卵形，翼瓣长圆形，具瓣柄，龙骨瓣斜倒卵形，瓣柄长；雄蕊二体；子房线形。荚果线形，长约3 cm，宽2.5 mm，3～7荚节，荚节间缢缩，密被短绒毛。花果期9～12月。

生境与分布 生于低海拔的空旷干燥草地。原产热带美洲。海南有引种栽培。

饲用价值 株型直立整齐、分枝少、叶片密集、花色艳丽等特征，可作园艺观赏栽培。适口性较好，放牧草地中牛、羊喜采食，亦可用作天然草地改良补播。

植株局部　示叶片着生

花序局部
叶片腹面
叶片背面
花序
果荚

大荚山蚂蝗 *Desmodium macrodesmum* (S. F. Blake) Standl. et Steyerm.

形态特征 多年生攀援草本。茎圆柱状，具脊，密被钩状毛。羽状三出复叶；托叶狭椭圆形，长渐尖，具条纹，边缘具缘毛，早脱落；叶柄长2～5 cm，具棱，被钩状毛；小叶柄粗壮：小叶圆形或卵圆形，腹面被中等长绒毛，背面密被短绒毛，脉呈网状突起。总状花序或圆锥花序腋生和顶生，轴具棱，密被钩状毛；花成对着生于每节上，疏离，每对被一苞片包围；苞片具缘毛，背面被微柔毛，早落；花萼钟状，密被短绒毛；花冠红色，旗瓣圆形，长宽5 mm，龙骨瓣部分融合，长5 mm。荚果长约2 cm，具1～3荚节，腹缝线一侧呈“V”形缺口，具钩状毛。种子肾形，微红色或棕色，长3.5 mm，宽2.5 mm。花果期9～12月。

生境与分布 生于海拔1000 m以下的空旷草地。原产中美洲。海南有引种栽培。

利用价值 植株叶片、茎和花序轴密被钩状毛，青饲适口性较差，家畜少采食，一般用于调制干草或作果园覆盖。

植株

花序
果荚
叶片腹面
叶片背面
花

长柄山蚂蝗属
Hylodesmum H. Ohashi et R. R. Mill

尖叶长柄山蚂蝗 *Hylodesmum podocarpum* subsp. *oxyphyllum* (Candolle) H. Ohashi et R. R. Mill

形态特征 直立草本。根茎稍木质；茎具条纹，疏被伸展短柔毛。羽状三出复叶；托叶钻形；小叶纸质，顶生小叶披针状菱形，长4～8 cm，宽2～3 cm，先端凸尖，基宽楔形，全缘，两面疏被短柔毛，侧生小叶较小，偏斜。总状花序顶生或腋生，长20～30 cm；通常每节生2花，花梗长2～4 mm；花萼钟形，长约2 mm；花冠紫红色，长约4 mm，旗瓣宽倒卵形，翼瓣窄椭圆形，龙骨瓣与翼瓣相似；雌蕊长约3 mm，子房具子房柄。荚果长约1.6 cm，通常有2荚节，背缝线弯曲，节间深凹入达腹缝线；荚节略呈宽半倒卵形，长5～10 mm，宽3～4 mm，先端截形，基部楔形，被钩状毛和小直毛，稍有网纹；果梗长约6 mm；果颈长3～5 mm。花果期8～9月。

生境与分布 喜湿润的亚热带气候，不耐干旱。生于半阴的山坡路旁、沟旁或林缘。长江以南均有分布。

饲用价值 叶片柔嫩，适口性好，山羊采食，但生物量较小，属中等饲用植物。其化学成分如下表。

尖叶长柄山蚂蝗的化学成分（%）

样品情况	占干物质					钙	磷
	粗蛋白	粗脂肪	粗纤维	无氮浸出物	粗灰分		
开花期 绝干	20.18	2.58	32.23	35.13	9.88	3.53	0.40

数据来源：贵州省草业研究所

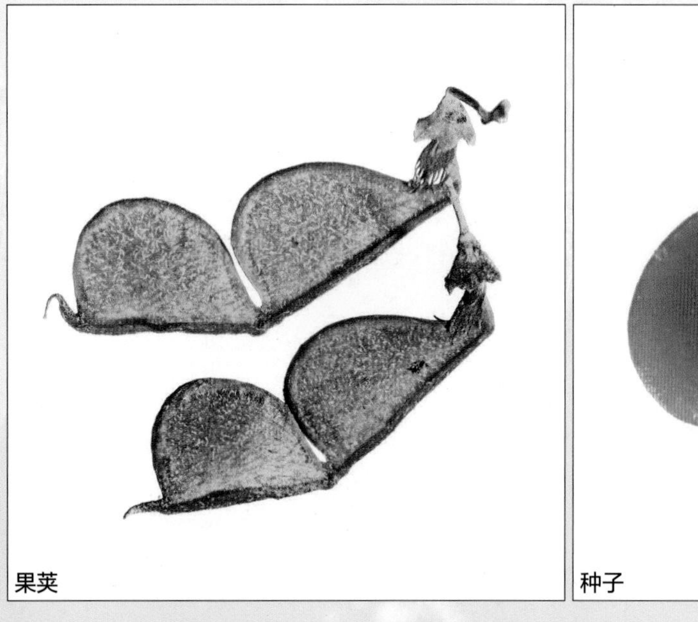
果荚

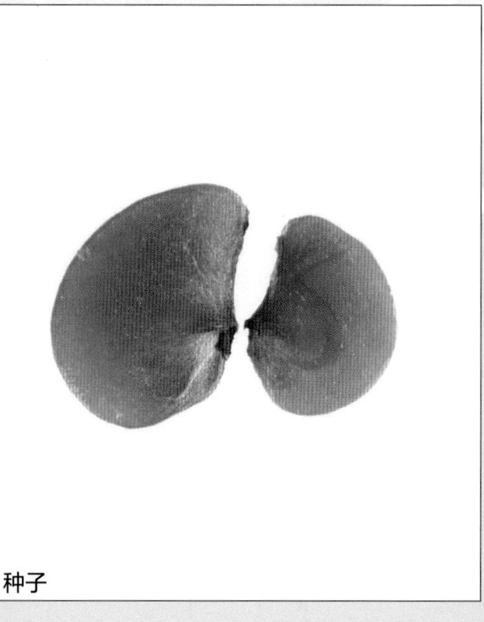
种子

果序

植株局部

舞草属
Codoriocalyx Hassk.

舞 草 | *Codoriocalyx motorius* (Houttuyn) H. Ohashi

形态特征 直立小灌木。茎圆柱形，微具条纹。三出复叶；托叶窄三角形，长10～14 mm；叶柄长约2 cm，上面具沟槽，疏生开展柔毛；顶生小叶长椭圆形，长5～10 cm，宽1～2.5 cm，腹面无毛，背面被贴伏短柔毛；小托叶钻形，长3～5 mm；小叶柄长约2 mm。圆锥花序顶生或腋生；苞片宽卵形，长约6 mm；花萼膜质，长2～2.5 mm；花冠紫红色，旗瓣长宽各7～10 mm，翼瓣长6～10 mm，宽约5 mm，龙骨瓣长约10 mm，宽约3 mm；雄蕊长约10 mm；雌蕊长约11 mm。荚果长2.5～4 cm，宽约5 mm，腹缝线直，背缝线稍缢缩，成熟时沿背缝线开裂，有5～9荚节。种子长约4 mm，宽2.5～3 mm。花期7～9月；果期10～11月。
生境与分布 喜热带、亚热带湿润气候。生于低海拔丘陵山坡草地或灌丛中。福建、江西、广东、海南、广西、四川、贵州及云南均有分布。
饲用价值 植株幼嫩，牛、羊、兔和草鱼喜食。其化学成分如下表。

舞草的化学成分（%）

样品情况	干物质	占干物质					钙	磷
		粗蛋白	粗脂肪	粗纤维	无氮浸出物	粗灰分		
结荚期 干样	90.32	16.69	1.46	44.34	31.13	6.38	0.96	0.25

数据来源：贵州省草业研究所

植株分枝 叶片 种子 花序 株丛 植株

圆叶舞草 *Codariocalyx gyroides* (Roxb. ex Link) Hassk.

形态特征 直立灌木。茎圆柱形，幼时被柔毛；嫩枝被长柔毛。三出复叶；托叶狭三角形，长12～15 mm；叶柄长2～2.5 cm，疏被柔毛；小叶纸质，顶生小叶倒卵形或椭圆形，长3.5～5 cm，宽2.5～3 cm，侧生小叶较小，长1.5～2 cm，宽8～10 mm，腹面被稀疏柔毛，背面毛被较密。总状花序顶生或腋生；苞片宽卵形；花梗长4～9 mm，密被黄色柔毛；花萼宽钟形；花冠紫色，旗瓣长约11 mm，翼瓣长约9 mm，龙骨瓣长9～12 mm；雄蕊长约10 mm；雌蕊长约12 mm。荚果长2.5～5 cm，宽4～6 mm，腹缝线直，背缝线稍缢缩为波状，成熟时沿背缝线开裂，密被黄色短钩状毛和长柔毛，有5～9荚节。种子长4 mm，宽约2.5 mm。花期9～10月；果期10～11月。

生境与分布 喜热带、亚热带湿润气候。生于低海拔的山坡草地、河边草地及山坡疏林中。广东、海南、广西及云南南部有分布。

饲用价值 嫩枝叶无毒、无异味。牛、羊、兔和草鱼喜食。其化学成分如下表。

圆叶舞草的化学成分（%）

样品情况	干物质	占干物质					钙	磷
		粗蛋白	粗脂肪	粗纤维	无氮浸出物	粗灰分		
营养期　鲜样[1]	25.60	15.97	2.18	27.39	51.66	2.80	0.71	0.35
分枝期　干样[2]	90.46	18.69	2.46	37.24	34.23	7.38	1.26	0.55

数据来源：1. 中国热带农业科学院热带作物品种资源研究所；2. 贵州省草业研究所

叶片形态　叶片背面　果荚　株丛　成熟果荚局部　种子

密子豆属
Pycnospora R. Br. ex Wight et Arn.

密子豆 | *Pycnospora lutescens* (Poir.) Schindl.

形态特征　亚灌木状草本，从基部分枝；茎与枝柔弱，丛生，铺散状，被毛，长30～60 cm。羽状三出复叶；小叶近革质，倒卵形，长1～3 cm，侧生小叶常较小，顶端圆形，基部钝，两面均被紧贴的柔毛；小叶柄长约1 mm；小托叶针状；托叶线状披针形。总状花序顶生，柔弱，长3～6 cm；总花梗被绒毛；花小，每2花排列于疏离的节上；苞片早落，卵形，膜质，顶端锥状，被糙伏毛；花梗比萼长1～2倍；萼长约2 mm；花冠淡紫蓝色，长约4 mm。荚果长6～10 mm，宽及厚5～6 mm，稍被毛，黑色。种子6～8，肾状椭圆形，长约2 mm。花期8～9月。

生境与分布　喜湿热气候。生于向阳山坡草地上。海南、广东、广西、江西及云南有分布。

饲用价值　茎叶纤细柔软，牛、羊喜食。其化学成分如下表。

密子豆的化学成分（%）

样品情况	干物质	占干物质					钙	磷
		粗蛋白	粗脂肪	粗纤维	无氮浸出物	粗灰分		
结荚期茎叶　鲜样	30.40	9.74	2.45	40.33	41.89	5.59	0.71	0.19

数据来源：中国热带农业科学院热带作物品种资源研究所

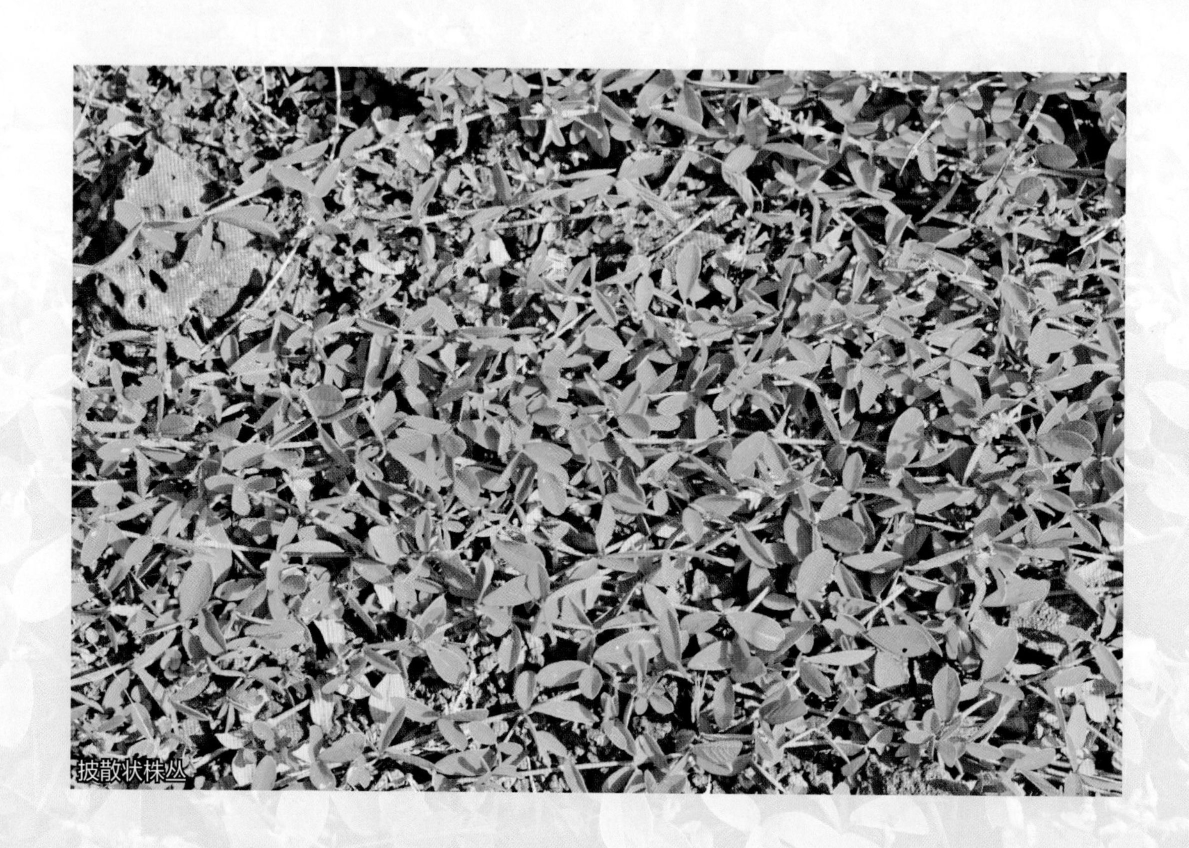

披散状株丛

叶片腹面局部
叶片背面局部
种子
叶片及花序
成熟果荚
花期株丛
花序
幼荚

葫芦茶属
Tadehagi H. Ohashi

葫芦茶 | *Tadehagi triquetrum* (L.) Ohashi

形态特征 亚灌木。幼枝三棱形，棱上被疏短硬毛。叶为单身复叶；托叶披针形，长1～2 cm；叶柄长1～3 cm，两侧有宽翅；小叶纸质，狭披针形，长5～10 cm，宽约2.5 cm。总状花序顶生和腋生，长可达30 cm；花2～3簇生于每节上；苞片钻形；花梗开花时长2～6 mm；花萼宽钟形，长约3 mm；花冠淡紫色，长约5 mm，旗瓣近圆形，翼瓣倒卵形，龙骨瓣镰刀形。荚果长约3.5 cm，宽约5 mm，密被糙伏毛，有5～8荚节，荚节近方形。种子宽椭圆形或椭圆形，长2～3 mm，宽1.5～2.5 mm。花期6～10月；果期10～12月。

生境与分布 喜湿热气候。生于低海拔的山坡草地或疏林下。福建、江西、广东、海南、广西、贵州及云南有分布。

利用价值 全草可供药用，具清热解毒、健脾消食和利尿的功效；饲用方面，牛、羊喜食其嫩枝叶，属良等饲用植物。其化学成分如下表。

葫芦茶的化学成分（%）

样品情况	干物质	占干物质					钙	磷
		粗蛋白	粗脂肪	粗纤维	无氮浸出物	粗灰分		
营养期茎叶　鲜样	29.20	11.37	1.88	31.09	51.76	3.90	0.58	0.16

数据来源：中国热带农业科学院热带作物品种资源研究所

株丛

果荚特征
种子
花序
花果期株丛
叶片形态
分枝及托叶
幼荚

蔓茎葫芦茶 *Tadehagi pseudotriquetrum* (DC.) Yang et Huang

形态特征 蔓生亚灌木。幼枝三棱形，棱上疏被短硬毛。叶为单身复叶；托叶披针形，长达1.5 cm；叶柄长1～3.5 cm，两侧有宽翅；小叶卵形，长3～10 cm，宽1～5 cm，先端急尖，基部心形。总状花序顶生和腋生，被贴伏丝状毛和小钩状毛；每节通常簇生2～3花；苞片狭三角形，长达10 mm；花萼长5 mm，疏被柔毛，萼裂片披针形，稍长于萼筒；花冠紫红色，伸出萼外，旗瓣近圆形，翼瓣倒卵形，龙骨瓣镰刀状；子房被毛，花柱无毛。荚果长2～4 cm，宽约5 mm，仅背腹缝线密被白色柔毛，果皮无毛，具网脉，腹缝线直，背缝线稍缢缩，有5～8荚节。花期8月；果期10～11月。

生境与分布 喜湿热气候。生于低海拔的山坡草地或疏林下。福建、江西、广东、海南、广西、贵州及云南有分布。

利用价值 全草可供药用，具清热解毒、健脾消食和利尿的功效；饲用方面，牛、羊喜食其嫩枝叶，属良等饲用植物。

托叶 叶片

平卧茎着地生根

成熟果序

成熟果荚

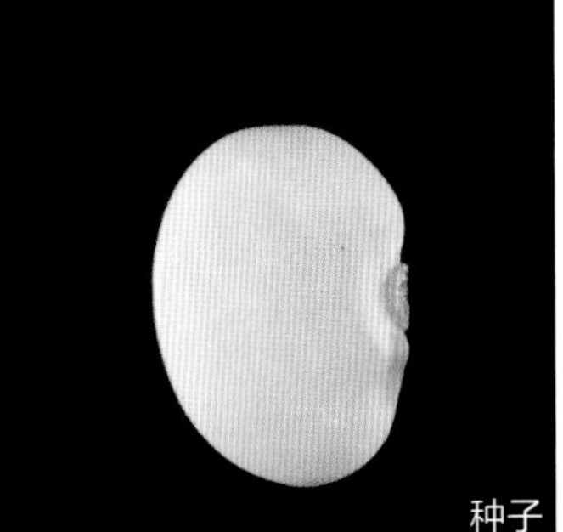
种子

蔓生株丛

长柄荚属
Mecopus Benn.

长柄荚 *Mecopus nidulans* Benn.

形态特征　直立或披散草本。茎纤细，无毛。叶具单小叶；小叶膜质，宽倒卵状肾形，两面无毛；叶柄纤细，长约1 cm。总状花序顶生，长约3 cm，花成对着生于花序轴上；苞片2，锥形，长约7 mm；花梗长约1.5 cm，先端钩状，被灰黄色短柔毛；花极小；花萼膜质，5裂，裂片披针形；花冠白色，旗瓣倒卵形，基部渐狭，翼瓣镰刀形，龙骨瓣向内弯曲，先端钝；雄蕊二体；子房具柄。荚果椭圆形，两面稍凸起，被短柔毛，先端有喙，藏于苞片和果梗之中。种子1，肾形，长约2 mm。花期9月；果期9～10月。

生境与分布　喜热带气候。生于低海拔的向阳山坡草地或灌丛中。海南东方、三亚等近海干热灌丛草地中有分布。

饲用价值　牛、羊采食其嫩枝叶，属中等饲用植物。

植株及生境

花序

叶片背面

叶片腹面

果荚

种子形态

狸尾豆属
Uraria Desv.

狸尾豆 *Uraria lagopodioides* (Linn.) Desv. ex DC.

形态特征 平卧或开展草本。叶多为3小叶；托叶三角形，长3 mm，宽约1 mm；小叶纸质，顶生小叶近圆形，长2～5 cm，宽约2.5 cm，侧生小叶较小，腹面略粗糙，背面被灰黄色短柔毛；小托叶刚毛状，长1.5 mm。总状花序顶生，长3～6 cm；苞片宽卵形，长约10 mm；花梗长4 mm，疏被白色长柔毛；花萼5裂；花冠长约6 mm，淡紫色，旗瓣倒卵形，基部渐狭；雄蕊二体。荚果小，包藏于萼内，有荚节1～2，荚节椭圆形，长约2.5 mm，黑褐色，膨胀，无毛，略有光泽。花果期8～10月。

生境与分布 喜干燥的生境。多生于低海拔的干燥荒坡或灌丛间。福建、江西、湖南、广东、海南、广西、贵州及云南有分布。

饲用价值 牛、羊采食。其化学成分如下表。

狸尾豆的化学成分（%）

样品情况	干物质	占干物质					钙	磷
		粗蛋白	粗脂肪	粗纤维	无氮浸出物	粗灰分		
结荚期 鲜样[1]	31.2	15.70	2.17	31.48	42.62	8.03	1.52	0.23
开花期 干样[2]	89.36	17.10	3.60	21.50	47.60	9.32	1.42	0.23

数据来源：1. 中国热带农业科学院热带作物品种资源研究所；2. 贵州省草业研究所

植株及生境

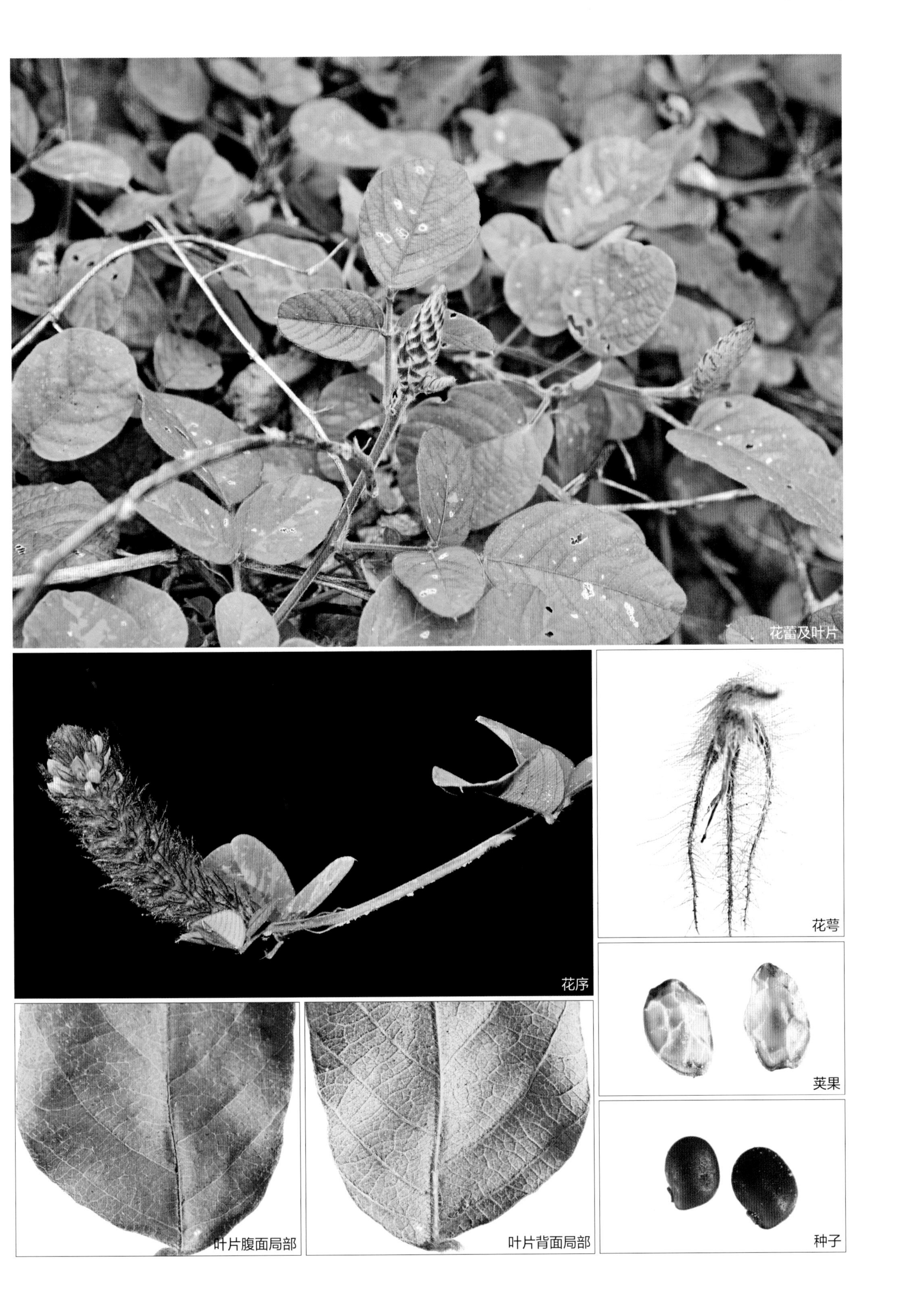
花蕾及叶片
花序
花萼
荚果
叶片腹面局部
叶片背面局部
种子

中华狸尾豆 *Uraria sinensis* (Hemsl.) Franch.

形态特征 亚灌木。茎直立，被灰黄色短粗硬毛。羽状三出复叶；托叶长三角形，长约5 mm；叶柄长约2.5 cm；小叶纸质，长圆形，长3～5 cm，宽约2.5 cm，腹面沿脉上有疏柔毛，背面有灰黄色长柔毛；小托叶刺毛状。圆锥花序顶生，长20～30 cm，有稀疏的花，花序轴具灰黄色毛；苞片圆卵形，长约4 mm，宽3 mm，每苞有1或2花；花梗纤细，丝状，长8～10 mm；花萼膜质，长约3 mm；花冠紫色，较花萼长4倍；子房稀被柔毛。荚果与果梗几等长，具4～5荚节，近无毛，具网纹。花果期9～10月。

生境与分布 生于干燥的河谷山坡草地或灌丛中。西南干燥山坡草地中较常见。

饲用价值 牛、羊采食，属中等饲用植物。其化学成分如下表。

中华狸尾豆的化学成分（%）

样品情况	干物质	占干物质					钙	磷
		粗蛋白	粗脂肪	粗纤维	无氮浸出物	粗灰分		
开花期 干样	92.13	21.34	7.23	26.17	37.94	7.32	1.94	0.29

数据来源：西南民族大学

植株枝叶

花序

幼荚

植株基部
植株
叶片腹面
叶片背面
嫩茎叶
荚节形态
种子
成熟果荚

钩柄狸尾豆 *Uraria rufescens* (DC.) Schindl.

形态特征 亚灌木，小枝被稀疏灰白色短柔毛。三出复叶或单小叶；托叶披针形，长8～10 mm，早落；叶柄长约2 cm；小叶纸质，卵状椭圆形，长约5 cm，宽约3 cm，腹面无毛，背面被短柔毛。圆锥花序顶生，长约20 cm，密被钩状毛；花稀疏；苞片圆形；花梗短，被毛；花萼长约3 mm，5裂，裂片狭三角形，被柔毛；花冠紫色，比花萼长。荚果有反复折叠的荚节4～7，荚节扁平，灰褐色，被毛。花果期10～11月。

生境与分布 喜干热气候。生于路旁或干热山坡草地。海南及云南南部有分布。

饲用价值 牛、羊采食，属中等饲用植物。

分枝局部

复叶腹面

复叶背面

单叶腹面
单叶背面
幼荚
成熟果荚
种子形态

美花狸尾豆 *Uraria picta* (Jacq.) Desv. ex DC.

形态特征 亚灌木状草本。奇数羽状复叶，小叶5～7；托叶卵形，中部以上收缩成尾尖，长约1 cm；小叶纸质，线状长圆形，长5～11 cm，宽约2 cm，腹面中脉及基部边缘处被短柔毛，背面脉上毛较密；小托叶长4 mm，刺毛状；小叶柄长约2 mm。总状花序顶生，长10～30 cm；苞片长披针形，长约2.5 cm，宽约5 mm；花梗长约6 mm；花萼5深裂；花冠蓝紫色，稍伸出于花萼之外，旗瓣圆形，翼瓣耳形，龙骨瓣约与翼瓣等长，上部弯曲；雄蕊二体。荚果铅色，有光泽，无毛，有3～5荚节，荚节长约3 mm，宽约2 mm。花果期4～10月。

生境与分布 喜湿润气候。多生于低海拔的湿润草地上。广西、四川、贵州及云南有分布。

饲用价值 牛、羊采食，属中等饲用植物。其化学成分如下表。

美花狸尾豆的化学成分（%）

样品情况	干物质	占干物质					钙	磷
		粗蛋白	粗脂肪	粗纤维	无氮浸出物	粗灰分		
开花期 干样	83.29	23.14	6.49	27.29	36.41	6.67	1.94	0.26

数据来源：西南民族大学

植株

种子
叶片腹面
花序局部（示花）
托叶
叶片背面
成熟果荚
花序

猫尾草 *Uraria crinita* Desv.

形态特征 直立亚灌木。奇数羽状复叶，小叶3～7；叶柄长约10 cm，被短柔毛；小叶革质，长椭圆形，顶生小叶长达15 cm，宽约5 cm，侧生小叶略小，腹面无毛但具粗糙质感，背面沿脉上被短柔毛；小托叶狭三角形，长5 mm。总状花序顶生，长达30 cm，粗壮，密被灰白色长硬毛和腺毛；苞片卵形，被白色缘毛；花梗长约10 mm，弯曲，被短钩状毛和白色长毛；花萼浅杯状，被白色长硬毛，5裂，上部2裂长约3 mm，下部3裂长3.5 mm；花冠白紫色，长约6 mm。荚果略被短柔毛；荚节4，椭圆形。花果期4～9月。

生境与分布 喜湿润气候。多生于低海拔的山坡草地或稀树灌丛中。福建、江西、广东、广西及海南有分布。

饲用价值 全草供药用，有散瘀止血、清热止咳之效。牛、羊采食其嫩枝叶。其化学成分如下表。

猫尾草的化学成分（%）

样品情况	占干物质					钙	磷
	粗蛋白	粗脂肪	粗纤维	无氮浸出物	粗灰分		
茎叶 绝干	13.82	1.91	31.70	41.07	11.50	1.02	0.18

数据来源：中国热带农业科学院热带作物品种资源研究所

植株

花序　密集果荚　叶片腹面　花序被长硬毛及腺毛　叶片背面　果荚　小托叶　花

蝙蝠草属
Christia Moench

蝙蝠草 *Christia vespertilionis* (L. f.) Bahn. F.

形态特征 亚灌木。羽状三出复叶；托叶披针状钻形，长4 mm；小叶近革质，顶生小叶长圆形，长约5 cm，宽约3 cm，腹面被灰色贴伏柔毛，背面毛较密；小叶柄长约3 mm。总状花序顶生，长约15 cm，密被钩状毛；每节1～2花，密被锈色钩状柔毛；花萼钟形，5裂至中部以下，裂片三角形，长4 mm，外面被灰黄色柔毛，上部2裂片合生，萼筒长1.5～2 mm；花瓣等长，长4～6 mm，旗瓣阔圆形，翼瓣长圆形，龙骨瓣船形；雄蕊二体。荚果有2～4荚节，荚节椭圆形，长3 mm，宽2 mm，疏被短柔毛，稍具网纹，全部藏于宿存萼内。花果期9～12月。

生境与分布 喜干热生境。生于干燥荒坡草地、路旁。海南、广东、广西、贵州、云南及福建常见。

饲用价值 牛、羊采食。其化学成分如下表。

蝙蝠草的化学成分（%）

样品情况	干物质	占干物质					钙	磷
		粗蛋白	粗脂肪	粗纤维	无氮浸出物	粗灰分		
开花期茎叶 鲜样	35.20	17.24	5.12	26.56	37.65	13.43	3.85	0.28

数据来源：中国热带农业科学院热带作物品种资源研究所

植株局部　叶片　合生萼裂片　宿存花萼特写

植株及生境
花序局部（示花）
花萼
叶片局部（上为腹面，下为背面）
荚节
种子

铺地蝙蝠草 *Christia obcordata* (Poir.) Bahn. F.

形态特征 多年生平卧草本。茎与枝极纤细，被灰色短柔毛。通常为三出复叶；托叶刺毛状；叶柄长8～10 mm，疏被灰色柔毛；顶生小叶多为肾形，长5～15 mm，宽10～20 mm，侧生小叶较小，倒卵形，长约6 mm，宽约5 mm，腹面无毛，背面被疏柔毛。总状花序多为顶生，长3～18 cm；每节1花；花萼半透明，被灰色柔毛，最初长约2 mm，结果时长达6～8 mm，有明显网脉，5裂，裂片三角形，与萼筒等长，上部2裂片稍合生；花冠蓝紫色，略长于花萼。荚果有4～5荚节，完全藏于萼内，荚节圆形，直径约2.5 mm，无毛。花期5～8月；果期9～10月。

生境与分布 喜湿润生境。生于湿润的旷野草地、荒坡及丛林中。福建、广东、海南、广西有分布。

饲用价值 羊采食。其化学成分如下表。

铺地蝙蝠草的化学成分（%）

样品情况	干物质	占干物质					钙	磷
		粗蛋白	粗脂肪	粗纤维	无氮浸出物	粗灰分		
营养期 鲜样	29.40	15.48	4.38	20.22	38.40	21.52	4.76	0.16

数据来源：中国热带农业科学院热带作物品种资源研究所

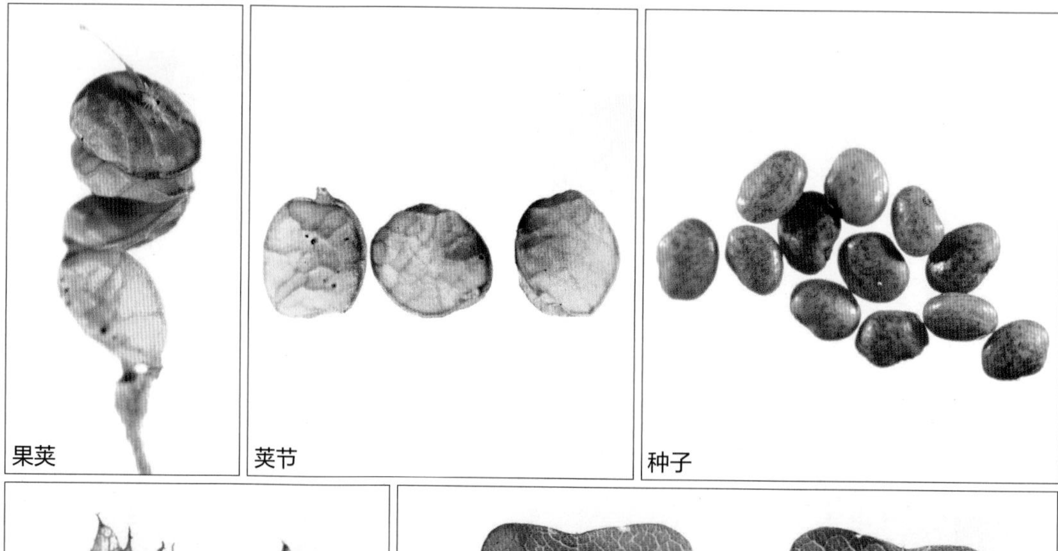

果荚 荚节 种子

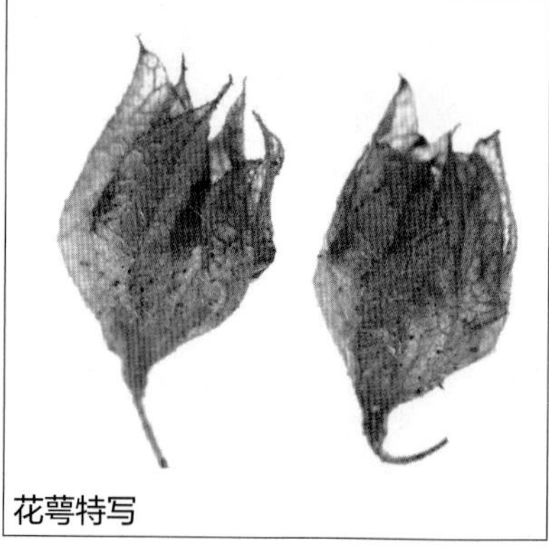

花萼特写

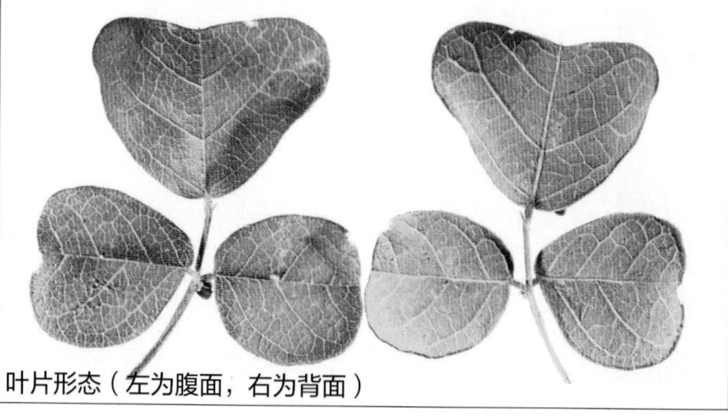

叶片形态（左为腹面，右为背面）

花序
复叶
花序钩状毛
营养期株丛
单叶
托叶
生境

长管蝙蝠草 *Christia constricta* (Schindl.) T. Chen

形态特征　平卧亚灌木。叶具单小叶或3小叶；托叶针刺状，长约4 mm；叶柄长8～15 mm，密被灰黄色柔毛；小叶革质，顶生小叶近四方形，长约2 cm，宽约1.6 cm；小叶柄长1 mm，密被灰黄色柔毛。总状花序顶生和腋生，有时组成圆锥花序，长约20 cm，被开展短柔毛；花梗被毛，开花时花梗极短，花后增长至3～4 mm；花萼初时长约4 mm，密被钩状毛，结果时萼增长至8～10 mm，有不明显的网纹和小疣体，5裂，上部2裂片离生。荚果有4～5荚节，无毛，有网纹。花期8～9月；果期11月。

生境与分布　生于海边和空旷而干燥的沙质土上。广东及海南有分布。

饲用价值　牛、羊喜食其嫩茎叶，属中等饲用植物。

花序宿存苞片

叶片背面

种子

植株

植株局部

海南蝙蝠草 *Christia hainanensis* Yang et Huang

形态特征 多年生灌木状草本。叶为羽状三出复叶；叶柄长约2 cm；小叶纸质，顶生小叶近倒三角形，长约3 cm，宽约2 cm，先端截形，基部楔形；侧生小叶略小，倒卵形，长约2.5 cm，宽1.5 cm，先端截形，基部楔形；小托叶刺毛状，长约1.5 mm；小叶柄长约7 mm。圆锥花序顶生或腋生，长约10 cm，疏花，总花轴密被灰黄色钩状柔毛，花1～2簇生；花梗纤细，长约6 mm，密被灰黄色钩状柔毛；宿萼钟状，长6 mm，外面具网纹，被灰黄色柔毛，5裂，裂片三角形，上部2裂片合生。荚果完全内藏，有2～3荚节，荚节椭圆形，长约3 mm，宽约2 mm，具网纹，被极短钩状柔毛。花果期9～11月。

生境与分布 喜干热气候。生于空旷而干燥的沙质土上或灌丛中。海南特有种，东方和乐东有分布。

饲用价值 牛、羊喜食其嫩茎叶，属中等饲用植物。

花序

植株局部
花
生境
叶片形态

链荚豆属
Alysicarpus Neck. ex Desv.

链荚豆 *Alysicarpus vaginalis* (L.) Candolle

形态特征 多年生平卧草本。托叶线状披针形，干膜质；小叶形状变化很大，有卵状长圆形、长圆状披针形至线状披针形，长2～6 cm，宽1～3 cm。总状花序腋生或顶生，长约4 cm；苞片膜质，卵状披针形，长约5 mm；花梗长约4 mm；花萼膜质，比第一个荚节稍长，长约6 mm；花冠紫蓝色，旗瓣宽，倒卵形；子房被短柔毛。荚果扁圆柱形，长约2.5 cm，宽约3 mm，被短柔毛，有不明显皱纹，荚节4～7，节间不收缩，但分界处有略隆起线环。花期9月；果期9～11月。

生境与分布 喜阳、耐旱。生于低海拔的空旷草地、草坡、路旁或海边沙地。长江以南均有分布，华南最为常见。

饲用价值 草质柔嫩，适口性好，牛、羊喜食，且耐踩踏，适于放牧利用。其化学成分如下表。

链荚豆的化学成分（%）

样品情况	干物质	占干物质					钙	磷
		粗蛋白	粗脂肪	粗纤维	无氮浸出物	粗灰分		
营养期茎叶 鲜样	29.70	15.41	3.09	30.46	41.17	9.87	1.05	0.37

数据来源：中国热带农业科学院热带作物品种资源研究所

株丛

生境1
生境2
生境3
果荚
种子
叶片1（示托叶）
叶片2（示托叶）
花序
果序

宿苞链荚豆 *Alysicarpus bracteus* X. F. Gao

形态特征　多年生铺散草本。茎被贴伏柔毛。单叶互生；托叶褐色，膜质，三角状披针形，长约7 mm；叶椭圆形，全缘，两端钝圆，腹面近无毛，背面被短柔毛。总状花序顶生，长约2.5 cm；苞片纸质，宽卵形，长约10 mm，宽5～7 mm，外面被微柔毛，边缘具黄色长柔毛，宿存；花近无梗；花萼纸质，深裂达基部，疏被长柔毛，裂片披针形，覆瓦状排列，长约8 mm，宽约2.5 mm。荚果与花萼近等长，皱缩，无毛，具3～4荚节；荚节肾形，具横脉纹，长约2 mm，宽约3 mm。种子椭圆形，黄棕色。果期8月。

生境与分布　喜干热的生境。生于干燥的山坡草地。云南、四川干热河谷区有分布。

饲用价值　草质柔嫩，适口性好，牛、羊喜食，且耐踩踏，适于放牧利用。

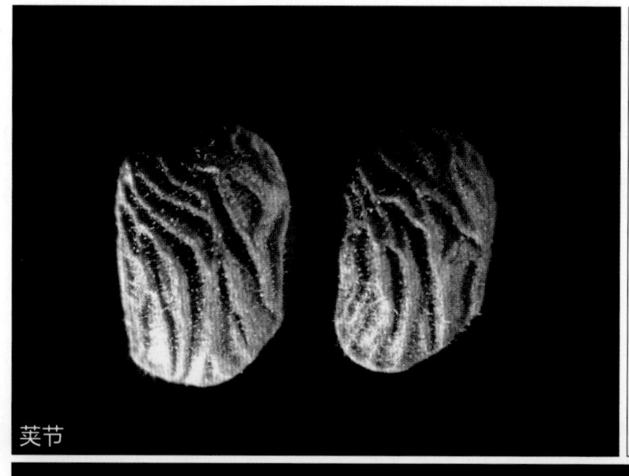
荚节

种子

花

株丛及生境

植株局部

分枝（示宿存花萼）

云南链荚豆 *Alysicarpus yunnanensis* Yang et Huang

形态特征 多年生丛生草本。茎披散，被短钩状柔毛和开展硬毛。叶具单小叶；托叶披针形，长4～7 mm；小叶硬纸质，长圆形，长5～10 mm，宽约5 mm，两面被极细柔毛。总状花序腋生或顶生，长约3 cm；花4～10，每节2花；苞片卵形，长约3 mm；花萼干膜质，长约4 mm；花冠紫色，长5 mm，较花萼略长，旗瓣倒卵形；雄蕊二体。荚果圆柱念珠状，长1～2 cm，宽2 cm，有5～7荚节，荚节间收缩，分界处无隆起线环，无网纹和小脉，被极短钩状柔毛。花果期8～9月。

生境与分布 喜干热生境。生于干燥的山坡草地。云南、四川干热河谷区有分布。

饲用价值 草质柔嫩，适口性好，牛、羊喜食，且耐践踏，适于放牧利用。其化学成分如下表。

云南链荚豆的化学成分（%）

样品情况	干物质	占干物质					钙	磷
		粗蛋白	粗脂肪	粗纤维	无氮浸出物	粗灰分		
营养期茎叶 鲜样	90.26	12.86	7.24	29.47	41.05	9.38	0.63	0.15

数据来源：西南民族大学

果荚1 植株分枝 果荚2 种子

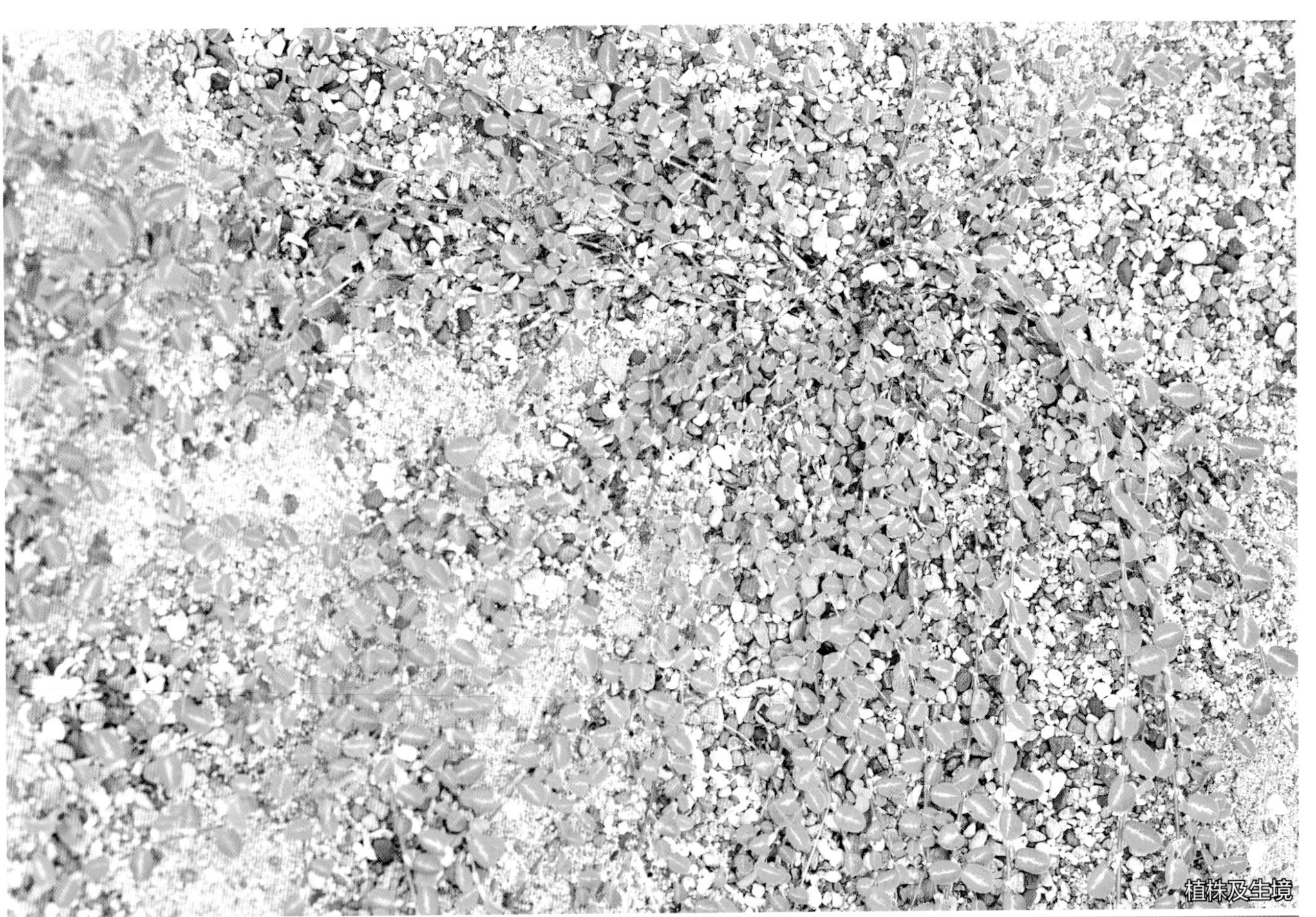
植株及生境

花

示叶片着生

株丛

柴胡叶链荚豆 *Alysicarpus bupleurifolius* (L.) DC.

形态特征 多年生直立草本。叶具单小叶；托叶披针形，长约1 cm；小叶线形至线状披针形，长4～7 cm，宽4～5 mm，先端急尖，基部圆形或楔形，生于下部的叶较宽短，小叶腹面无毛，背面沿中脉有稀疏短毛。总状花序顶生，柔弱，长3～18 cm，有花10～20对，成对着生于节上，节间长8～10 mm；花萼长6～8 mm，5深裂，裂片披针形，干而硬，长约为萼筒的2倍；宿萼远较下部第一个荚节为长；花冠稍短，淡黄色或黄绿色。荚果长6～15 mm，宽1.8 mm，伸出萼处；有3～6荚节，节间收缩，无毛，成熟时褐色。花果期9～11月。

生境与分布 喜干燥生境。生于低海拔的荒地草丛中或山谷向阳处。广东、广西及云南有分布。

饲用价值 牛、羊喜食，适于放牧利用。

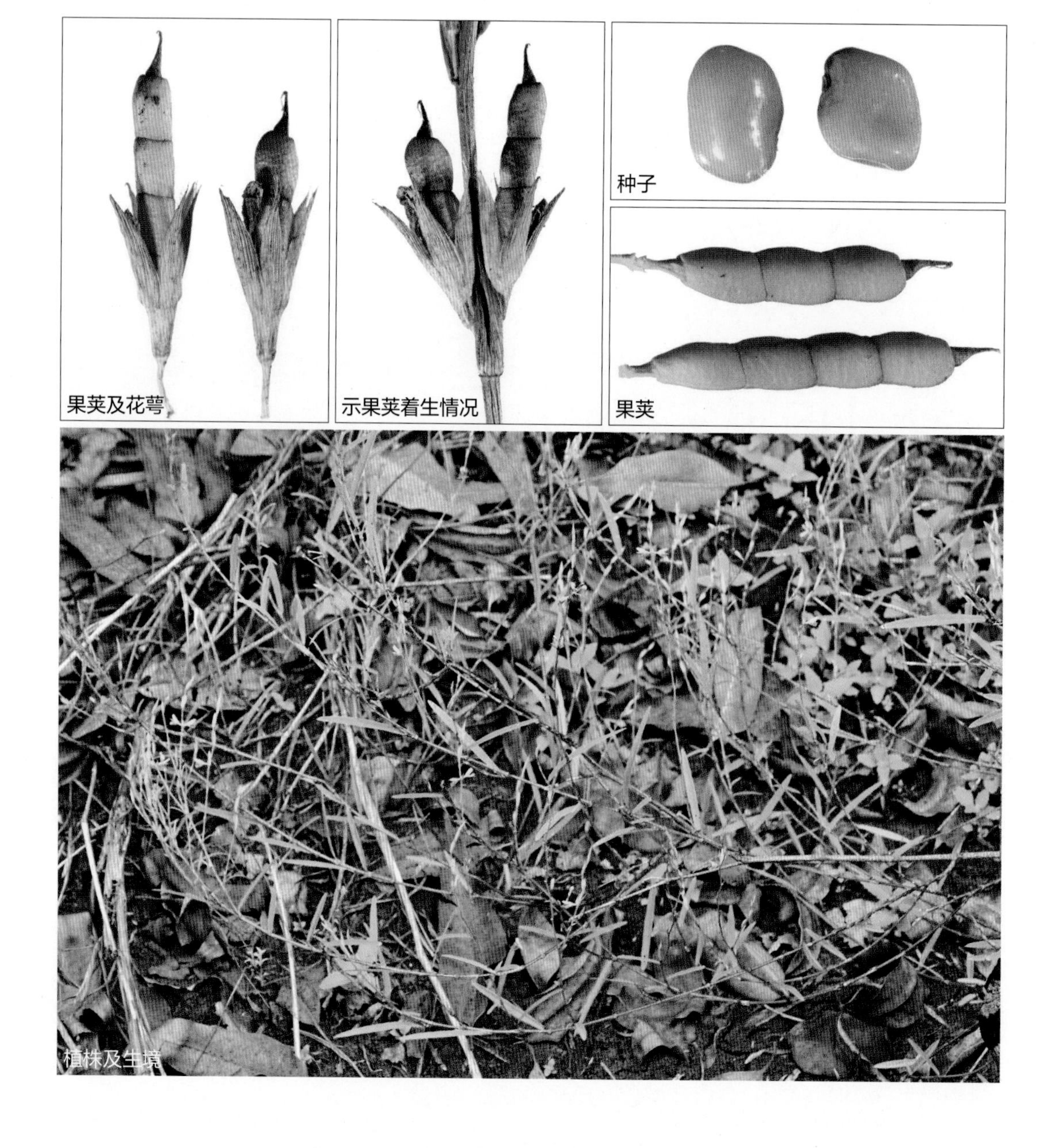

果荚及花萼

示果荚着生情况

种子

果荚

植株及生境

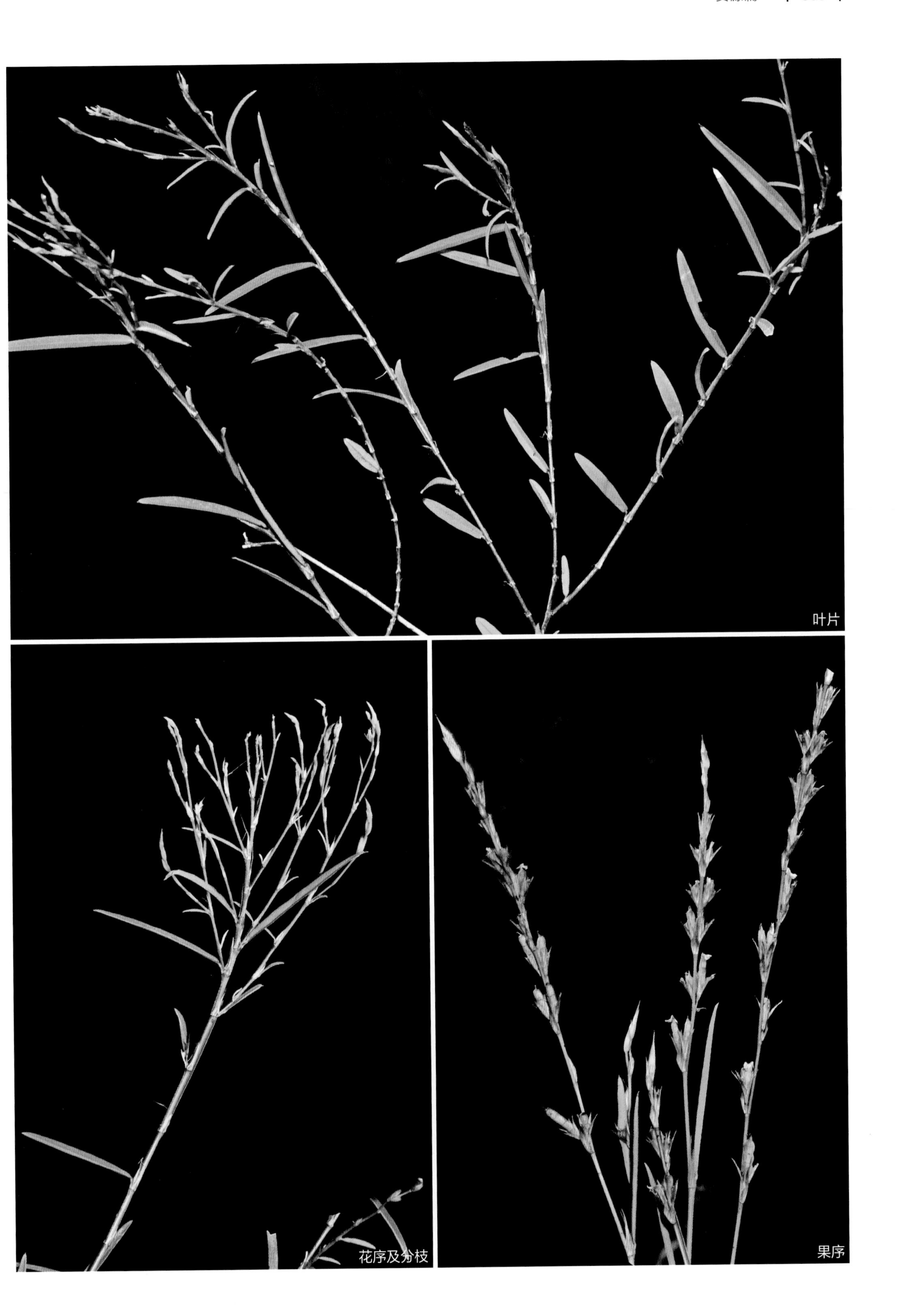
叶片
花序及分枝
果序

莸子梢属
Campylotropis Bunge

莸子梢 *Campylotropis macrocarpa* (Bge.) Rehd.

形态特征 直立灌木。小枝贴生长柔毛，嫩枝毛密。羽状三出复叶；小叶椭圆形，长约4.5 cm，宽约2.5 cm，腹面通常无毛，背面贴生长柔毛。总状花序腋生，长达10 cm，花序轴密生开展的短柔毛；苞片卵状披针形；花萼钟形；花冠红色或粉红色，长约12 mm，旗瓣椭圆形或近长圆形等，近基部狭窄，翼瓣微短于旗瓣，龙骨瓣呈直角，瓣片上部通常比瓣片下部短。荚果长圆形或椭圆形，长10～14 mm，宽约5 mm，先端具短喙尖，果颈长约1.5 mm，具网脉，边缘生纤毛。花果期6～10月。

生境与分布 喜亚热带干燥气候。生于向阳山坡、灌丛、林缘或山谷沟边。华南偶见，西南、华中常见。

饲用价值 植株分枝多，分枝细嫩、叶片多汁，牛、羊均喜采食。叶老后适口性下降，但不影响羊采食。可刈割利用，也可调制干草。其化学成分如下表。

莸子梢的化学成分（%）

样品情况	占干物质					钙	磷
	粗蛋白	粗脂肪	粗纤维	无氮浸出物	粗灰分		
开花期 绝干	16.30	3.30	23.80	48.00	8.60	—	—

数据来源：四川农业大学

花朵

叶片

茎部特征

植株
果荚及种子
果荚
花序

三棱枝杭子梢 *Campylotropis trigonoclada* (Franch.) Schindl.

形态特征 直立亚灌木。枝稍呈之字形弯曲，具三棱，并有狭翅。羽状三出复叶；小叶椭圆形，长4～10 cm，腹面无毛，背面有时贴生稀疏的短柔毛。总状花序顶生，长达20 cm；苞片线状披针形，长约3.5 mm；花萼钟形，长3.5～5 mm，贴生长柔毛，中裂至稍深裂，下方萼裂片较狭长，呈披针状钻形，上方萼裂片大部分合生；花冠淡黄色，旗瓣略呈卵形而基部渐狭，龙骨瓣略直角内弯；子房有毛。荚果椭圆形，长6～8 mm，宽约4 mm，果颈长约1.5 mm，表面贴生微柔毛。花期8～11月；果期10～12月。

生境与分布 喜亚热带湿润气候。生于山坡草地、灌丛或路边草丛等处。云南、贵州及四川等有分布。

利用价值 全株可供药用，具清热解表、止咳等功效。植株分枝多，开花前枝叶幼嫩，适口性好，牛、羊采食，初冬季节保持青绿，可供山羊采食，属中等饲用植物。其化学成分如下表。

三棱枝杭子梢的化学成分（%）

样品情况	干物质	占干物质					钙	磷
		粗蛋白	粗脂肪	粗纤维	无氮浸出物	粗灰分		
开花期　干样	92.30	15.21	3.47	29.60	41.15	10.57	0.91	0.33

数据来源：中国热带农业科学院热带作物品种资源研究所

种子　托叶特写　叶片局部（左为腹面，右为背面）　果荚及宿存苞片

花序

枝稍呈之字形屈曲

叶柄及茎具翅

毛三棱枝杭子梢 | *Campylotropis trigonoclada* var. *bonatiana* (Pampanini) Iokawa et H. Ohashi

形态特征 直立小灌木。枝常呈之字形弯曲，锐三棱，并有狭翅，被微柔毛。羽状三出复叶；托叶卵状披针形，长约1.7 cm；小叶卵状长圆形，长4～10 cm，腹面贴生短柔毛，背面较密生绢毛状长柔毛。总状花序长达10 cm；苞片线状披针形，长约4 mm；花梗长5～10 mm，被稍贴伏的短柔毛；小苞片早落；花萼长4.5～6 mm；花冠红紫色，长10～12 mm，龙骨瓣内弯略成直角，瓣片上部比瓣片下部短；子房有毛。荚果斜椭圆形，长5～7 mm，宽约4 mm，果颈长约1.5 mm，表面密被稍贴伏的短柔毛。花果期8～12月。

生境与分布 喜亚热带湿润气候。生于中海拔的山坡草地、灌丛或路边草丛中。云南、贵州及四川等有分布。

饲用价值 牛、羊采食其叶，属中等饲用植物。

总状花序腋生

叶片及托叶
顶生大型圆锥花序
枝呈之字形屈曲
果荚

绒毛荒子梢 *Campylotropis pinetorum* subsp. *velutina* (Dunn) Ohashi

形态特征 直立亚灌木。植株密被绒毛，幼枝圆形或具5～6棱，密被黄色绒毛。羽状三出复叶；托叶宽三角状披针形，长约8 mm；叶柄长3～5 cm，密被绒毛；顶生小叶长椭圆形，长7～12 cm，宽3.2～5 cm，腹面被短绒毛，背面密被灰色绢状绒毛。总状花序腋生或组成顶生的圆锥花序；花梗长约2 mm，密生开展的长柔毛，结实时可长达4 mm；花萼密被黄褐色绢状绒毛；花冠黄色或白色，长8～10 mm，龙骨瓣呈钝角内弯。荚果椭圆形或长圆状椭圆形，两端渐狭，长达7 mm，宽约4 mm，先端近锐尖，具长1～2.5 mm的喙尖；果柄短，长不及1 mm，通常被开展的短柔毛。花果期12月至翌年4月。

生境与分布 喜湿润的亚热带气候。生于湿润的山坡草地、路边、灌丛、林缘及林下。云南和贵州常见，四川和广西偶见。

饲用价值 叶片宽厚，可饲率高，但密被绵毛，稍影响适口性，牛、羊只采食其嫩茎叶，属中等饲用植物。其化学成分如下表。

绒毛荒子梢的化学成分（%）

样品情况	干物质	占干物质					钙	磷
		粗蛋白	粗脂肪	粗纤维	无氮浸出物	粗灰分		
结荚期 干样	94.70	13.08	4.03	35.54	34.74	12.61	1.21	0.47

数据来源：中国热带农业科学院热带作物品种资源研究所

结荚期植株局部

幼枝
小叶局部（腹面）
小叶局部（背面）
叶片腹面
叶片背面
托叶
茎部绒毛
果荚
种子

毛莸子梢 *Campylotropis hirtella* (Franch.) Schindl.

形态特征 丛生小灌木，枝有细纵棱。羽状三出复叶；叶柄极短；小叶纸质，三角状卵形，长3～6 cm，宽2～4 cm，两面密生小硬毛，腹面绿色，背面带苍白色。总状花序长达30 cm；苞片披针形，宿存；花梗密生开展的小硬毛；小苞片早落；花萼长约6 mm，密生小硬毛；花冠紫红色，龙骨瓣略呈直角内弯，瓣片上部短于下部；子房有毛。荚果宽椭圆形，表面具明显的暗色网脉并密被长硬毛与小硬毛。花期7～10月；果期10～11月。

生境与分布 喜生于灌丛、林缘及山坡、向阳草地。四川、贵州、云南有分布。

饲用价值 家畜采食嫩茎叶和果荚，属中等饲用植物。

花序
示叶片着生
叶片腹面
叶片背面
花

植株

滇蔬子梢 *Campylotropis yunnanensis* (Franch.) Schindl.

形态特征 灌木。小枝细，有棱。羽状三出复叶；托叶披针状钻形，长约5 mm；小叶狭长圆形，长3～5 cm，宽约1.5 cm，腹面无毛，背面被毛。总状花序通常腋生，长5～10 cm；苞片披针状钻形，长约4 mm；花梗密生开展的短柔毛；花萼阔钟形，长约3 mm，被绢毛；花冠粉红色，长约7 mm，龙骨瓣呈锐角，瓣片上部近等长于下部；子房仅边缘有毛。荚果长圆状椭圆形，长8～11 mm，宽约5 mm，先端具短喙尖，果柄长不及1 mm，边缘通常有纤毛，稀有短柔毛。花果期多在8～12月。

生境与分布 喜湿润的亚热带气候。生于山坡及沟谷丛林中。云南有分布。

饲用价值 灌木饲料，植株较矮，习惯放牧采食。晚秋茎部易木质化，5月至10月为最佳利用期。

叶片背面

花

总状花序及果荚

植株局部

胡枝子属
Lespedeza Michx.

中华胡枝子 *Lespedeza chinensis* G. Don

形态特征 小灌木。全株被白色伏毛，茎下部毛渐脱落。托叶钻状，长3～5 mm；叶柄长约1 cm；羽状三出复叶；小叶倒卵状长圆形，长约2 cm，宽约1 cm，腹面无毛，背面密被白色伏毛。总状花序腋生；总花梗极短；花萼长为花冠之半；花冠白色，旗瓣椭圆形，长约7 mm，宽约3 mm，翼瓣狭长圆形，长约6 mm，龙骨瓣长约8 mm；闭锁花簇生于茎下部叶腋。荚果卵圆形，长约4 mm，宽2.5～3 mm，先端具喙，基部稍偏斜，表面有网纹，密被白色伏毛。花期8～9月；果期10～11月。
生境与分布 喜湿润的亚热带气候。生于海拔2500 m以下的灌木丛中、林缘、路旁、山坡、林下草丛等处。华中、西南、华南均有分布。
饲用价值 家畜采食嫩茎叶，属中等饲用植物。

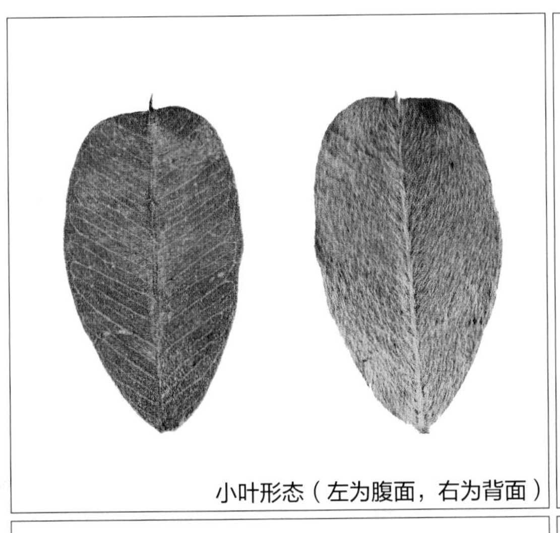
小叶形态（左为腹面，右为背面）

短缩的花序轴

果荚

种子

植株
结荚期植株
结荚期枝条
花序
茎叶特征

短梗胡枝子 | *Lespedeza cyrtobotrya* Miq.

形态特征　直立灌木。小枝褐色，具棱，贴生疏柔毛。羽状三出复叶；托叶线状披针形，长2～5 mm；叶柄长1～2.5 cm；小叶宽卵形，卵状椭圆形，长1.5～4.5 cm，宽1～3 cm，先端圆，腹面无毛，背面贴生疏柔毛，侧生小叶比顶生小叶稍小。总状花序腋生，比叶短；总花梗短缩，密被绒毛；苞片小，卵状渐尖；花梗短，被白毛；花萼筒状钟形，长2～2.5 mm；花冠红紫色，长约11 mm，旗瓣倒卵形，翼瓣长圆形，比旗瓣和龙骨瓣短，龙骨瓣顶端稍弯，与旗瓣近等长。荚果斜卵形，稍扁，长6～7 mm，宽约5 mm，表面具网纹，且密被毛。花期7～8月；果期9月。

生境与分布　喜干燥气候。生于海拔1500 m以下山坡、灌丛或杂木林下。黑龙江、吉林、辽宁、河北、山西、陕西、甘肃、浙江、江西、河南、广东等有分布。

饲用价值　羊乐食，属中等饲用植物。其化学成分如下表。

短梗胡枝子的化学成分（%）

样品情况	干物质	占干物质					钙	磷
		粗蛋白	粗脂肪	粗纤维	无氮浸出物	粗灰分		
开花期　鲜样	22.78	15.30	2.17	23.88	50.82	7.83	1.56	—

数据来源：重庆市畜牧科学院

美丽胡枝子 *Lespedeza thunbergii* subsp. *formosa* (Vogel) H. Ohashi

形态特征 直立灌木。多分枝，被疏柔毛。托叶披针形至线状披针形，长4～9 mm；叶柄长1～5 cm；被短柔毛；小叶椭圆形或卵形，稀倒卵形，长2.5～6 cm，宽1～3 cm，腹面绿色，背面淡绿色，贴生短柔毛。总状花序单一，腋生，比叶长；总花梗长可达10 cm，被短柔毛；苞片卵状渐尖，长约2 mm，密被绒毛；花梗短，被毛；花萼钟状，长5～7 mm；花冠红紫色，长10～15 mm，旗瓣近圆形，基部具明显的耳和瓣柄，翼瓣倒卵状长圆形，短于旗瓣和龙骨瓣，基部有耳和细长瓣柄，龙骨瓣比旗瓣稍长，基部有耳和细长瓣柄。荚果倒卵形，长8 mm，宽4 mm，表面具网纹且被疏柔毛。花期7～9月；果期9～10月。

生境与分布 喜亚热带气候。生于向阳山坡、路旁及林缘灌丛中。华中、华东及西南常见。

饲用价值 叶量大，枝嫩、叶片柔软，饲用价值较高，山羊、牛均采食。其化学成分如下表。

美丽胡枝子的化学成分（%）

样品情况	干物质	占干物质					钙	磷
		粗蛋白	粗脂肪	粗纤维	无氮浸出物	粗灰分		
分枝 干样	89.01	17.48	2.92	18.54	49.78	11.28	3.08	0.14

数据来源：《中国饲用植物》

花序 种子 花

植株及生境

果荚

叶片形态

多花胡枝子 *Lespedeza floribunda* Bunge

形态特征 小灌木。枝有条棱，被灰白色绒毛。托叶线形，长4～5 mm；羽状三出复叶；小叶具柄，倒卵形，长1～1.5 cm，宽6～9 mm，腹面被疏伏毛，背面密被白色伏柔毛，侧生小叶较小。总状花序腋生；总花梗细长，显著超出叶；花多数；小苞片卵形，长约1 mm，先端急尖；花萼长约5 mm，被柔毛；花冠蓝紫色，旗瓣椭圆形，长8 mm，先端圆形，基部有柄，翼瓣稍短，龙骨瓣长于旗瓣，钝头。荚果宽卵形，长约7 mm，超出宿存萼，密被柔毛，有网状脉。花期6～9月；果期9～10月。

生境与分布 喜亚热带气候。生于海拔1300 m以下的干燥山坡草地或石质山坡。华东、华中、西南较为常见，华南仅福建有分布。

饲用价值 丛生小灌木，分枝多，枝条细软，适口性良好，适宜各种家畜，尤为羊最喜食，牛、兔等都喜采食。花期以后，枝条易变粗糙，纤维成分增高，适口性和消化率逐渐降低。其化学成分如下表。

多花胡枝子的化学成分（%）

样品情况	占干物质					钙	磷
	粗蛋白	粗脂肪	粗纤维	无氮浸出物	粗灰分		
孕蕾期 绝干	13.67	2.25	29.30	48.66	6.12	1.09	0.27

数据来源：湖北省农业科学院畜牧兽医研究所

植株及生境

株丛局部

花

果荚

短缩的花序轴

叶片

花期枝条

绒毛胡枝子 *Lespedeza tomentosa* (Thunb.) Sieb.

形态特征 培养灌木，高达1 m，全株密被黄褐色绒毛。托叶线形，长约4 mm；羽状三出复叶；小叶质厚，椭圆形，长3～6 cm，宽1.5～3 cm，边缘稍反卷，腹面被短伏毛，背面密被黄褐色绒毛；叶柄长2～3 cm。总状花序顶生或腋生；总花梗粗壮，长4～8 cm；苞片线状披针形，长2 mm，有毛；花具短梗，密被黄褐色绒毛；花萼密被毛长约6 mm；花冠黄白色，旗瓣椭圆形，长约1 cm，龙骨瓣与旗瓣近等长，翼瓣较短，长圆形；闭锁花生于茎上部叶腋，簇生成球状。荚果倒卵形，长3～4 mm，宽2～3 mm，先端有短尖，表面密被毛。

生境与分布 喜亚热带湿润气候。生于低海拔的向阳山坡草地及灌丛间。西南、华中及华东常见。

饲用价值 植株分枝细软，叶片水分较少，羊极喜采食。开花后植株老化，适口性降低，但羊仍采食。其化学成分如表所示。

绒毛胡枝子的化学成分（%）

样品情况	干物质	占干物质					钙	磷
		粗蛋白	粗脂肪	粗纤维	无氮浸出物	粗灰分		
孕蕾期 干样	95.55	9.75	3.31	35.31	46.18	5.45	0.91	0.32
花期 干样	96.64	12.18	2.15	33.06	42.53	10.09	1.01	0.15

数据来源：湖北省农业科学院畜牧兽医研究所

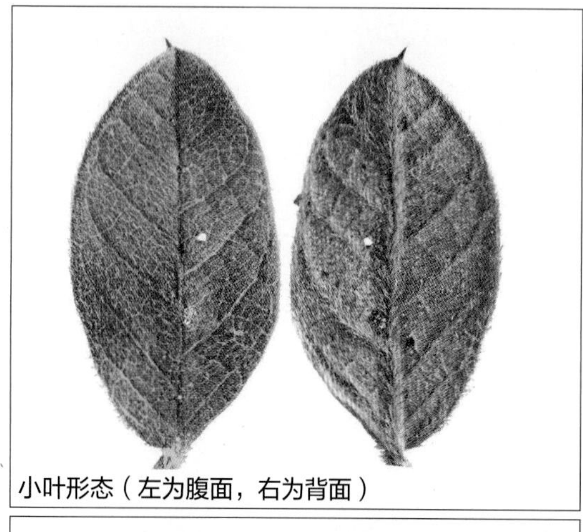
小叶形态（左为腹面，右为背面）

短缩的花序轴及宿存花萼

荚果

种子

植株及生境
植株分枝
示叶片着生
花

细梗胡枝子 *Lespedeza virgata* (Thunb.) DC.

形态特征 小灌木，高25～50 cm。基部分枝，枝细，带紫色，被白色伏毛。托叶线形，长5 mm；羽状三出复叶；小叶椭圆形，长1～2 cm，宽4～10 mm，先端钝圆，有时微凹，基部圆形，边缘稍反卷，腹面无毛，背面密被伏毛，侧生小叶较小；叶柄长1～2 cm，被白色伏柔毛。总状花序腋生，通常具3稀疏的花；总花梗纤细；苞片及小苞片披针形，长约1 mm，被伏毛；花梗短；花萼狭钟形，长4～6 mm，旗瓣长约6 mm，基部有紫斑，翼瓣较短，龙骨瓣长于旗瓣；闭锁花簇生于叶腋，无梗，结实。荚果近圆形，通常不超出萼。花期7～9月；果期9～10月。

生境与分布 喜亚热带湿润气候。多生于低海拔向阳的石山山坡或荒坡草地。华中、华东较常见，华南仅有福建及广东有分布。

饲用价值 家畜采食嫩茎叶，属良等饲用植物。

单株及生境

株丛
花序
托叶
果荚
花
植株局部

阴山胡枝子 *Lespedeza inschanica* (Maxim.) Schindl.

形态特征 直立或斜升灌木，高达1 m。羽状三出复叶；小叶长圆形，长1～2 cm，宽约7 mm，腹面近无毛，背面密被伏毛，顶生小叶较大。总状花序腋生，与叶近等长，具2～6花；小苞片长卵形，背面密被伏毛，边有缘毛；花萼长约5 mm，5深裂，前方2裂片浅裂，裂片披针形，先端长渐尖，萼筒外被伏毛，向上渐稀疏；花冠白色，旗瓣近圆形，基部带大紫斑，翼瓣长圆形，长约5 mm，龙骨瓣长约6 mm。荚果倒卵形，长4 mm，宽2 mm，密被伏毛。

生境与分布 生于干燥干山坡。华中及西南均有分布。

饲用价值 草质柔软，适口性好，饲用价值较好。花期主茎和侧枝基部叶黄化并大量凋落，宜在花期前利用。

叶片腹面 叶片背面 中部叶片有时为单叶

植株局部 果期枝条局部

铁马鞭 | *Lespedeza pilosa* (Thunb.) Sieb. et Zucc.

形态特征 多年生平卧草本。全株密被长柔毛，少分枝。托叶钻形，长约3 mm，先端渐尖；叶柄长6～15 mm；羽状复叶具3小叶；小叶宽倒卵形，长约2 cm，宽约1.3 cm，两面密被长毛，顶生小叶较大。总状花序腋生，比叶短；苞片钻形，长5～8 mm，上部边缘具缘毛；总花梗极短，密被长毛；花萼密被长毛，5深裂，上方2裂片基部合生，上部分离，裂片狭披针形，长约3 mm，先端长渐尖，边缘具长缘毛；花冠黄白色，旗瓣椭圆形，长约8 mm，先端微凹，具瓣柄，翼瓣比旗瓣与龙骨瓣短；闭锁花常1～3集生于茎上部叶腋。荚果广卵形，长约4 mm，两面密被长毛，先端具尖喙。花期7～9月；果期9～10月。

生境与分布 喜亚热带气候。生于低海拔干燥山坡草地。华东、华中及西南分布较广，华南少见。

饲用价值 家畜采食嫩茎叶，属中等饲用植物。其化学成分如下表。

铁马鞭的化学成分（%）

样品情况	占干物质					钙	磷
	粗蛋白	粗脂肪	粗纤维	无氮浸出物	粗灰分		
营养期 绝干	19.34	2.93	25.64	42.98	9.11	0.98	—

数据来源：重庆市畜牧科学院

植株

花

成熟果序

果荚

种子

叶片绒毛

示果序着生（总花梗极短）

叶片形态（腹面）

叶片形态（背面）

束花铁马鞭 *Lespedeza fasciculiflora* Franch.

形态特征 多年生披散草本，茎基部多分枝。托叶干膜质；羽状三出复叶，近无柄；小叶倒心形，长约9 mm，宽约6 mm，先端微凹，具小刺尖，两面凸起，腹面疏生毛，背面密被长柔毛。总状花序腋生；总花梗密被硬毛；花萼长约7 mm，外面密被长硬毛，5深裂，裂片线状披针形，花冠紫红色，稍超出花萼，旗瓣倒卵形，翼瓣小，长圆形，龙骨瓣与旗瓣近等长；闭锁花簇生于叶腋。荚果长卵形，与宿存萼近等长，宽约3 mm，密被硬毛，先端具长喙。花期7～8月；果期9～12月。

生境与分布 生于海拔1500～3000 m的砂石山坡或沙质草地。云南与四川常见。

饲用价值 家畜采食嫩茎叶，属中等饲用植物。

花序

示叶片着生

闭锁花发育的种荚

植株及生境

截叶铁扫帚 *Lespedeza cuneata* (Dum.-Cours.) G. Don

形态特征 直立小灌木。茎上部分枝。羽状三出复叶，叶密集；柄短；小叶线状楔形，长1～3 cm，宽2～5 mm，先端截形，具小刺尖，腹面近无毛，背面密被伏毛。总状花序腋生，具2～4花；总花梗极短；小苞片卵形，长约1.5 mm，先端渐尖，背面被白色伏毛，边具缘毛；花萼狭钟形，密被伏毛，5深裂，裂片披针形；花冠淡黄色或白色，旗瓣基部有紫斑，有时龙骨瓣先端带紫色，翼瓣与旗瓣近等长，龙骨瓣稍长；闭锁花簇生于叶腋。荚果宽卵形或近球形，被伏毛，长约3.5 mm，宽约2.5 mm。花期7～8月；果期9～10月。

生境与分布 适应性较强，干、湿生境下均有生长。多生于湿润的山坡草地或路旁。华南、西南、华中及华南均有分布。

饲用价值 营养期枝叶较柔嫩，饲用营养价值高，但含有一定量的单宁，家畜开始不习惯采食，一经习惯即喜采食。其化学成分如下表。

截叶铁扫帚的化学成分（%）

样品情况	占干物质					钙	磷
	粗蛋白	粗脂肪	粗纤维	无氮浸出物	粗灰分		
孕蕾期 干样[1]	14.75	2.57	25.75	51.29	5.64	1.26	0.34
营养期 绝干[2]	13.97	2.11	22.37	55.89	5.66	1.31	0.35

数据来源：1. 湖北省农业科学院畜牧兽医研究所；2. 重庆市畜牧科学院

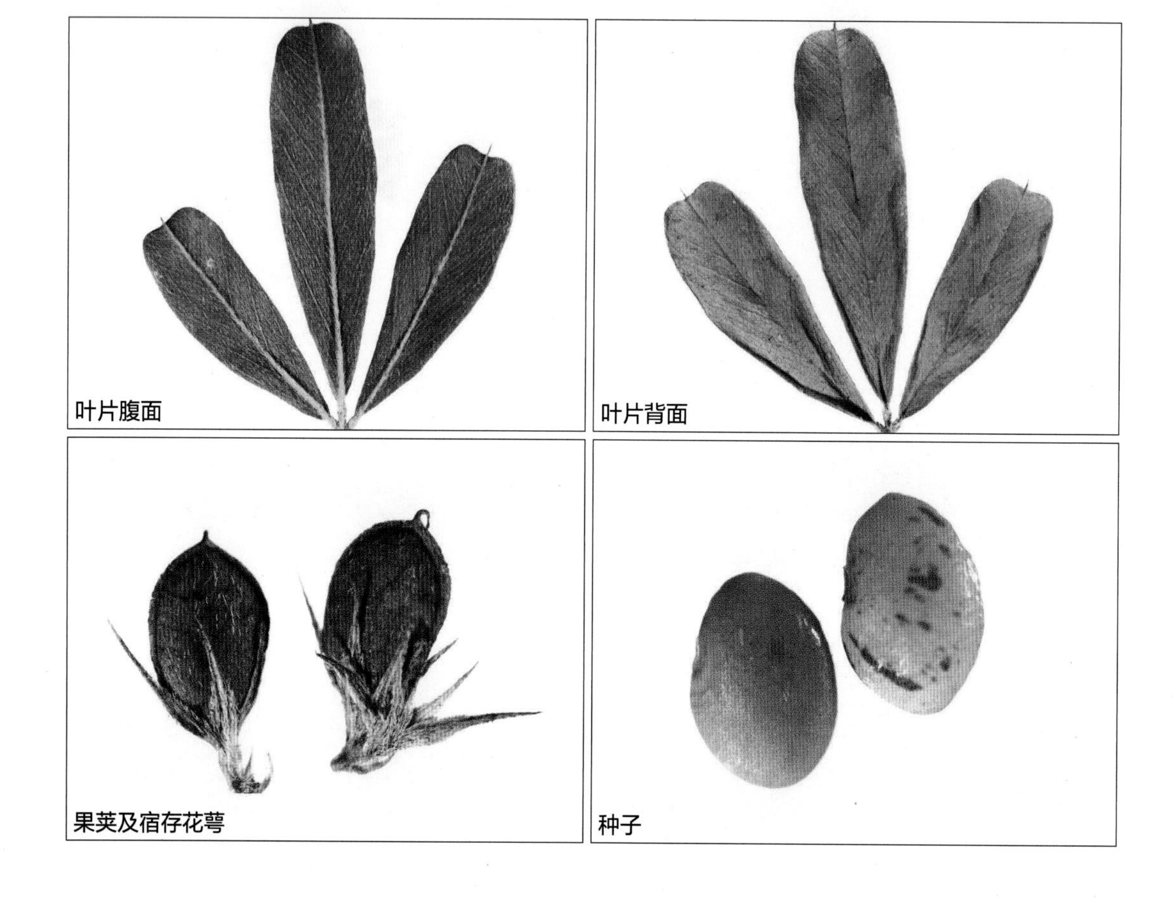

叶片腹面　叶片背面　果荚及宿存花萼　种子

植株
分枝
花序
花

红花截叶铁扫帚 *Lespedeza lichiyuniae* T. Nemoto

形态特征 直立或上升亚灌木，高50～120 cm。羽状三出复叶；叶柄约3 mm；小叶窄倒卵形，长约2 cm，宽约5 mm，腹面无毛，背面密被短伏毛。总状花序腋生，花序梗极短；花萼长3～4 mm，5裂，裂片贴伏，披针形；花冠粉红色，旗瓣宽椭圆形至圆形，长约4 mm，宽约5 mm，基部具深紫色斑点；翼瓣窄倒卵形，长约6.5 mm，宽约2.5 mm；龙骨瓣淡紫色，长约7.5 mm，宽约5.5 mm。荚果扁平，密被短毛。花果期8～11月。

生境与分布 喜亚热带气候。生于海拔2000 m左右的砂石山坡。华中及西南均有分布。

饲用价值 叶量丰富，适口性较好，山羊喜采食其叶片，属良等饲用植物。其化学成分如下表。

红花截叶铁扫帚的化学成分（%）

样品情况	干物质	占干物质					钙	磷
		粗蛋白	粗脂肪	粗纤维	无氮浸出物	粗灰分		
营养期 鲜样	44.57	16.06	2.57	31.24	45.16	4.97	—	—

数据来源：重庆市畜牧科学院

植株及生境

分枝局部
叶片腹面
叶片背面
花序

鸡眼草属
Kummerowia Schindl.

鸡眼草 *Kumgerowia striata* (Thunb.) Schindl.

形态特征 一年生披散草本，茎上被白色细毛。羽状三出复叶；托叶膜质，卵状长圆形，长约4 mm；小叶纸质，倒卵形，长5～25 mm，宽约5 mm，两面沿中脉及边缘有白色粗毛。花小，单生或2～3花簇生于叶腋；萼基部具4小苞片，其中1极小，位于花梗关节处，小苞片常具5～7纵脉；花萼钟状，带紫色，外面及边缘具白毛；花冠粉红色或紫色，长约6 mm，较萼约长1倍，旗瓣椭圆形，下部渐狭成瓣柄，龙骨瓣比旗瓣稍长，翼瓣比龙骨瓣稍短。荚果倒卵形，稍侧扁，先端短尖。花期7～9月；果期8～10月。

生境与分布 喜湿润的热带、亚热带气候。生于低海拔的沙质草地或山坡草地。长江以南均有分布。

饲用价值 适口性良好，鲜草各种家畜均喜食，不会发生膨胀病。盛花期刈割调制的干草，也为各种家畜喜食。其化学成分如下表。

鸡眼草的化学成分（%）

样品情况	干物质	占干物质					钙	磷
		粗蛋白	粗脂肪	粗纤维	无氮浸出物	粗灰分		
营养期 绝干[1]	100.00	15.81	3.47	29.13	46.03	5.56	1.02	0.28
分枝期 干样[2]	90.20	20.25	2.68	34.59	35.06	7.42	1.43	0.24
结实期 绝干[3]	100.00	13.02	3.01	38.77	40.75	4.45	—	—

数据来源：1. 湖北省农业科学院畜牧兽医研究所；2. 贵州省草业研究所；3. 四川农业大学

株丛

示叶片着生
叶片腹面
叶片背面
花
种子
果荚及花萼

长萼鸡眼草 *Kumgerowia stipulacea* (Maxim.) Makino

形态特征 一年生平伏草本。茎疏生白毛。羽状三出复叶；托叶卵形，长3～8 mm；叶柄短；小叶纸质，倒卵状楔形，长5～15 mm，宽3～10 mm。常1～2花腋生；小苞片4，较萼筒稍短，生于萼下，其中1很小，生于花梗关节之下；花梗有毛；花萼膜质，阔钟形，5裂，裂片宽卵形；花冠上部暗紫色，长5～7 mm，旗瓣椭圆形，先端微凹，下部渐狭成瓣柄，较龙骨瓣短，翼瓣狭披针形，与旗瓣近等长，龙骨瓣钝，上面有暗紫色斑点；雄蕊二体。荚果椭圆形，稍侧偏，长约3 mm。花期7～8月；果期8～10月。

生境与分布 生于海拔100～1200 m的路旁、山坡草地、沙丘等处。华东、华中、华南及西南等有分布。

饲用价值 茎枝柔软，叶密量多，营养丰富，为优等饲草。可直接刈割饲喂畜禽，青贮或晒制成干草家畜尤为喜食。其化学成分如表所示。

长萼鸡眼草的化学成分（%）

样品情况	占干物质					钙	磷
	粗蛋白	粗脂肪	粗纤维	无氮浸出物	粗灰分		
营养期 绝干	15.53	3.54	42.92	32.15	5.86	0.87	0.41

数据来源：湖北省农业科学院畜牧兽医研究所

示叶片着生

托叶、花萼等特征

叶片腹面

叶片背面

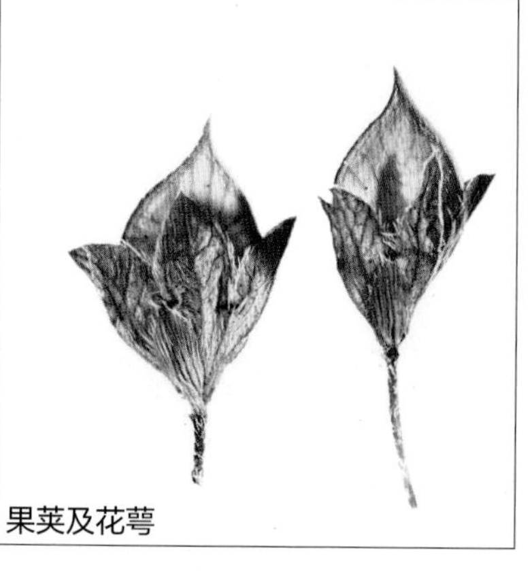
果荚及花萼

植株

分枝

刺桐属
Erythrina L.

刺 桐 *Erythrina variegata* L.

形态特征 乔木。树皮灰褐色，枝有直刺。羽状三出复叶；托叶披针形；叶柄长10～15 cm；小叶膜质，长15～30 cm，基脉3条，侧脉5对；小叶柄基部有1对腺体状的托叶。总状花序顶生，长10～16 cm；总花梗木质，粗壮，长7～10 cm，花梗长约1 cm；花萼佛焰苞状，长约3 cm；花冠红色，长约7 mm，旗瓣椭圆形，翼瓣与龙骨瓣近等长，龙骨瓣2离生；雄蕊10，单体；子房被微柔毛，花柱无毛。荚果黑色，肥厚，种子间略缢缩，长15～30 cm，宽2～3 cm，稍弯曲，先端不育。种子1～8，肾形，长约1.5 cm，宽约1 cm，暗红色。花期3月；果期8月。

生境与分布 喜湿润的热带、亚热带气候，喜阳光，不耐寒冷。生于向阳的山坡草地或干燥的沟谷。福建、广东、广西、海南及云南等有分布。

饲用价值 植株叶量丰富，叶片肥厚多汁，但含有特殊气味，适口性一般，只有山羊有采食。

植株分枝

植株局部
花序局部
花蕾
花序

鸡冠刺桐 *Erythrina crista-galli* L.

形态特征 落叶灌木，茎和叶柄稍具皮刺。羽状三出复叶；小叶长卵形或披针状长椭圆形，长5～12 cm，宽2～5 cm，先端钝，基部近圆形。花与叶同出，总状花序顶生，每节有1～3花；花深红色，长3～5 cm，稍下垂；花萼钟状，先端二浅裂；雄蕊二体；子房有柄，具细绒毛。荚果长约15 cm，褐色，种子间缢缩。种子大，亮褐色。

生境与分布 喜湿润的热带、亚热带气候，喜阳光，不耐寒冷。华南有栽培。

利用价值 花色艳丽、花期长，多用于观赏种植。饲用价值与刺桐相似。

花序 果荚 花 种子

植株局部

示叶片着生

鹦哥花 *Erythrina arborescens* Roxb.

形态特征 小乔木。干和枝条具皮刺。羽状复叶具3小叶；顶生小叶近肾形，侧生小叶斜宽心形，长宽约20 cm，宽约18 cm，基部截形或近心形，两面无毛。总状花序生于先端叶腋；花鲜红色，具花梗，下垂；苞片单生，卵形，内有3花，每花梗基部有1小苞片；花萼陀螺形；花冠红色，旗瓣近卵形，舟状，长约3 cm，翼瓣比龙骨瓣短，斜倒卵形，龙骨瓣长仅及雄蕊的一半；花丝比旗瓣稍短；子房具长柄，花柱与雄蕊同长。荚果长12～19 cm，宽约2 cm，有明显的喙，有5～10种子。种子带白色或褐色，肾形，长约2 cm。

生境与分布 喜湿润的热带、亚热带气候，分布海拔较高，耐寒性较本属其他种高。生于山沟中或草坡上。云南、西藏、四川、贵州及海南有分布。

利用价值 花色艳丽，花期长，多用于观赏种植。饲用价值与刺桐相似。

皮刺
花序
果荚

植株

叶片腹面

叶片背面

油麻藤属
Mucuna Adans.

海南黧豆 *Mucuna hainanensis* Hayata

形态特征 多年生攀援灌木。羽状三出复叶；托叶脱落；小叶纸质，顶生小叶倒卵状椭圆形，长5～10 cm，宽2.5～5 cm，腹面疏被毛，侧生小叶极偏斜，长5～8 cm。总状花序腋生，长6～27 cm；萼筒宽杯状，密被黄褐色刚刺毛；花冠深紫色，旗瓣近卵圆形，先端微凹，翼瓣长约5.5 cm，宽1～1.3 cm，龙骨瓣长4.5～5.5 cm；雄蕊管长约4 cm，花丝近顶部弯曲，花药被毛；花柱线状，长约4 cm，子房长约6 mm，密被硬毛。果革质，长5～18 cm，宽约5 cm，厚约1 cm，两端渐狭，背腹两荚缝各具2翅，翅宽约1 cm，有横网纹，果瓣有斜向、薄片状的褶襞8～12片。种子2～4，黑色，长圆形。花期1～3月；果期3～5月。

生境与分布 生于山谷疏林或低海拔灌丛中，常攀援在乔木、灌木上。海南、云南有分布。

饲用价值 叶量丰富，牛、羊喜采食，可放牧利用，亦可晒制干草。其化学成分如下表。

海南黧豆的化学成分（%）

样品情况	占干物质					钙	磷
	粗蛋白	粗脂肪	粗纤维	无氮浸出物	粗灰分		
营养期 绝干	14.87	2.83	33.74	35.73	12.83	1.05	0.27

数据来源：中国热带农业科学院热带作物品种资源研究所

花序

花

株丛
叶片腹面
叶片背面
叶片腹面疏被毛
果荚
荚果局部特写

刺毛黧豆 *Mucuna pruriens* (L.) DC.

形态特征 一年生缠绕藤本。羽状三出复叶；托叶长约4 mm；叶柄长5～25 cm；顶生小叶椭圆形，长10～15 cm，宽5～10 cm，侧生小叶极偏斜，长7～15 cm，腹面初被毛，背面薄被灰白色绢毛。总状花序腋生，下垂，长达30 cm；花萼密被浅棕色短毛，萼筒宽杯状，长5 mm，宽10 mm；花冠暗紫色，旗瓣长为龙骨瓣的1/2～2/3，翼瓣长2～4 cm，龙骨瓣长2.5～4.5 cm。荚果长圆形，长5～10 cm，密被深褐色长硬刺毛。种子3～6，浅黄褐色，褐色至黑色，椭圆形。花期8～9月；果期10～11月。

生境与分布 喜湿热气候。生于润湿平地、疏林边缘或河边。华南较常见，贵州、云南也有分布。

饲用价值 株丛密集，叶量丰富且柔嫩，适口性好，牛、羊采食，属优等饲用植物。其化学成分如下表。

刺毛黧豆的化学成分（%）

样品情况	干物质	占干物质					钙	磷
		粗蛋白	粗脂肪	粗纤维	无氮浸出物	粗灰分		
营养期 干样	94.25	16.71	2.51	30.05	42.86	7.87	0.71	0.31

数据来源：中国热带农业科学院热带作物品种资源研究所

植株　果荚

狗爪豆 *Mucuna pruriens* var. *utilis* (Wall. ex Wight) Baker ex Burck

形态特征 一年生缠绕藤本。羽状三出复叶；小叶长5～15 cm，宽4～10 cm，顶生小叶明显比侧生小叶小，卵圆形，侧生小叶极偏斜，斜卵形至卵状披针形，两面均薄被白色疏毛。总状花序下垂，长达30 cm；苞片小，线状披针形；花萼阔钟状，密被疏刺毛；花冠深紫色或白色，常较短，旗瓣长约2 cm，翼瓣长2～3.5 cm，龙骨瓣长2.5～3.5 cm。荚果长5～12 cm，嫩果膨胀，绿色，密被灰色短毛。种子6～8，长圆状，长约1.5 cm，宽约1 cm，厚5～6 mm，灰白色、淡黄褐色或浅橙色，有时带条纹；种脐长约7 mm。花期10月；果期11月。

生境与分布 喜温暖湿润气候，不耐寒冷。华南、华中及西南有栽培，亦有逸为野生居群。

利用价值 嫩荚及未成熟的种子可作蔬菜，种子稍有毒，通常煮熟去皮浸于清水中去毒后炒食。饲用方面，狗爪豆可放牧利用，亦可晒制干草或调制青贮饲料，制作青贮料时，颜色会变黑，但并不影响饲料的质量；成熟豆荚粉碎后可作猪、牛和鸡的精饲料。其化学成分如下表。

狗爪豆的化学成分（%）

样品情况	干物质	占干物质					钙	磷
		粗蛋白	粗脂肪	粗纤维	无氮浸出物	粗灰分		
嫩茎叶 干样	80.62	29.96	4.11	21.00	36.91	8.02	0.28	1.06

数据来源：中国热带农业科学院热带作物品种资源研究所

株丛 叶片腹面 花序 种子 叶片背面 成熟果荚 果荚

大果油麻藤 *Mucuna macrocarpa* Wall.

形态特征 大型木质藤本。羽状三出复叶，叶长20～35 cm；小叶纸质，顶生小叶椭圆形，长10～20 cm，宽5～10 cm，侧生小叶极偏斜，长8～15 cm。花序生于老茎，长达30 cm；花多聚生于顶部，每节有2～3花；花萼密被深褐色刚毛；花冠暗紫色，旗瓣长约3 cm，翼瓣长约4.5 cm，龙骨瓣长约5.5 cm。果带形，长20～50 cm，近念珠状，密被褐色细短毛，具不规则的脊和皱纹。种子6～12，黑色，盘状，稍不对称，两面平，长约3 cm，宽约2.5 cm。花期4～5月；果期6～7月。

生境与分布 喜湿热气候，较耐阴。生于低海拔灌丛、河边或山坡草地上。华南及西南均有分布。

饲用价值 大型藤本植物，叶量丰富，生物量较大，但适口性一般，山羊采食，属中等饲用植物。

植株局部

示荚果着生方式

茎基部

种子

果荚

常春油麻藤 *Mucuna sempervirens* Hemsl.

形态特征 大型藤本。羽状三出复叶，叶长10～25 cm；小叶纸质，顶生小叶长圆形，长5～15 cm，宽3～5 cm，侧生小叶极偏斜。总状花序长达30 cm，每节上有3花；花梗长约2 cm；花萼密被暗褐色伏贴短毛；花冠深紫色，长约6 cm，旗瓣长约4 cm，翼瓣长约5 cm，龙骨瓣长约6 cm；子房被毛。荚果带状，长达60 cm，宽约3.5 cm，种子间缢缩，念珠状。种子4～12，扁圆形，长约2.5 cm，宽约2 cm；种脐黑色。花期4～5月；果期8～10月。

生境与分布 喜亚热带湿润气候。生于低海拔灌丛或溪谷边。华中、华东及西南较常见，华南偶见栽培。

饲用价值 牛、羊采食嫩茎叶，种子可作精饲料利用，属中等饲用植物。

株丛
植株局部
生境

花期植株局部
果荚
花序
花
种子

刀豆属
Canavalia DC.

刀 豆 *Canavalia gladiata* (Jacq.) DC.

形态特征 多年生藤本。羽状三出复叶；小叶卵形，长5～15 cm，宽5～10 cm，两面被微柔毛，侧生小叶偏斜。总状花序具长总花梗；花梗极短，生于花序轴隆起的节上；小苞片卵形，长约1 mm；花萼稍被毛；花冠粉红，长约3.5 cm，旗瓣宽椭圆形，顶端凹入，翼瓣弯曲，龙骨瓣弯曲；子房线形被毛。荚果带状，长10～30 cm，宽约4 cm。种子椭圆形，长约3.5 cm，宽约2 cm，种皮红色。花期7～9月；果期10月。
生境与分布 喜湿润的热带、亚热带气候，不耐寒冷。长江以南均有分布。
饲用价值 藤蔓晒干后可作为家畜饲草，属中等饲用植物。其化学成分如下表。

刀豆的化学成分（%）

样品情况	干物质	占干物质					钙	磷
		粗蛋白	粗脂肪	粗纤维	无氮浸出物	粗灰分		
分枝期 鲜样	17.00	29.72	4.26	20.36	35.86	9.80	1.15	0.25

数据来源：贵州省草业研究所

株丛及生境

叶片腹面
叶片背面
花序
成熟种子
示种子着生
成熟果荚
茎部特征

直生刀豆 *Canavalia ensiformis* (L.) DC.

形态特征 亚灌木状草本。羽状三出复叶；小叶质薄，卵形，长5～15 cm，宽约6 cm；叶柄通常较叶片为长。总状花序单生于叶腋，长10～25 cm，花1～3生于花序轴上；花萼长约2 cm；花冠粉紫色，旗瓣近圆形，直径约2 cm，翼瓣倒卵状长椭圆形，龙骨瓣镰状。荚果带状，长10～30 cm，宽约3 cm，果瓣厚革质，沿背缝线约5 mm处有纵棱。种子椭圆形，长3 cm，宽约2 cm，略扁，种皮白色；种脐长不超过1.5 cm。花期5～7月；果期10月。

生境与分布 喜湿热气候。广东、广西及江西常见栽培，少见逸为野生者。

利用价值 嫩荚及未成熟的种子可作蔬菜，种子稍有毒，通常煮熟去皮浸于清水中去毒后炒食；饲用方面，其茎叶柔嫩，但稍带有气味，青饲适口性一般，刈割晒制干草后，牛、马、羊均喜食，属良等饲用植物。其化学成分如下表。

直生刀豆的化学成分（%）

样品情况	干物质	占干物质					钙	磷
		粗蛋白	粗脂肪	粗纤维	无氮浸出物	粗灰分		
营养期茎叶 干样	93.30	21.22	2.66	28.86	38.52	8.74	1.12	0.31

数据来源：中国热带农业科学院热带作物品种资源研究所

株丛及生境

花序
花
叶片腹面
叶片背面
结荚期植株
果荚

海刀豆 | *Canavalia rosea* (Sw.) DC.

形态特征 草质藤本。羽状三出复叶；小叶倒卵形，长5～10 cm，宽约5 cm，侧生小叶基部常偏斜，两面被柔毛；叶柄长达5 cm。总状花序腋生，长达30 cm；花1～3聚生于花序轴上；花萼钟状，长约1 cm，被柔毛；花冠紫红色，旗瓣圆形，翼瓣镰状，龙骨瓣长圆形；子房被绒毛。荚果线状长圆形，长约7 cm，宽约2.5 cm，厚约1 cm，顶端具短尖，两侧有纵棱。种子椭圆形，种皮褐色。花期6～7月。

生境与分布 喜生于海边沙滩上。华南有分布。

饲用价值 株丛较密集，生物量较大，枝叶多汁，但青饲适口性一般，加工为干草或生产颗粒饲料后各类家畜喜食，属良等饲用植物。其化学成分如下表。

海刀豆的化学成分（%）

样品情况	干物质	占干物质					钙	磷
		粗蛋白	粗脂肪	粗纤维	无氮浸出物	粗灰分		
营养期茎叶 干样	95.70	18.51	3.24	31.20	36.58	10.47	1.37	0.28

数据来源：中国热带农业科学院热带作物品种资源研究所

植株

密集株丛

花

果荚

花序

示种子着生状态

成熟种子

小刀豆 *Canavalia cathartica* Thou.

形态特征 草质藤本。羽状三出复叶；小叶纸质，卵形，长5～10 cm，宽3～7 cm，两面脉上被疏短柔毛；叶柄长约5 cm。花1～3生于花序轴的节上；花梗长约2 mm；萼近钟状，被短柔毛；花冠粉红色，长约2.5 cm，旗瓣圆形，翼瓣与龙骨瓣弯曲；子房被毛。荚果长圆形，长3～6 cm，宽约4 cm，顶端具短喙。种子椭圆形，长约1.5 cm，种皮褐黑色，硬而光滑。花果期3～10月。

生境与分布 适应该性较强，海边沙滩、灌丛或丘陵灌木丛中均有分布。华南有分布。

饲用价值 饲用价值及利用方法与同属其他种一样，属中等饲用植物。其化学成分如下表。

小刀豆的化学成分（%）

样品情况	干物质	占干物质					钙	磷
		粗蛋白	粗脂肪	粗纤维	无氮浸出物	粗灰分		
营养期茎叶 干样	92.51	18.26	2.85	28.74	41.86	8.29	0.97	0.24

数据来源：中国热带农业科学院热带作物品种资源研究所

叶片

植株局部

花

示种子着生方式

成熟后不开裂果荚

果荚

豆薯属
Pachyrhizus Rich. ex DC.

豆 薯 *Pachyrhizus erosus* (L.) Urb.

形态特征 草质藤本。根块状，纺锤形，肉质。羽状三出复叶；小叶卵形，长5～10 cm，宽3～8 cm。总状花序长达25 cm；萼被紧贴毛；花冠浅紫色，旗瓣近圆形，长约2 cm，翼瓣、龙骨瓣近镰刀形；雄蕊二体；子房被浅黄色长毛。荚果带形，长5～15 cm，宽约1.5 cm，扁平，被糙伏毛。种子每荚约10，扁平。花期8月；果期11月。

生境与分布 适应性较强，热带、亚热带低海拔至中海拔区域均可种植。华南、西南、华中及华东均有栽培，少有逸为野生者。

利用价值 块根肉质、脆甜，供生食，亦有作蔬菜使用。饲用方面，茎叶可作牲畜饲料，刈割晒制干草后适口性更佳；种子有毒，作为饲用利用宜在花期前采收。其化学成分如下表。

豆薯的化学成分（%）

样品情况	干物质	占干物质					钙	磷
		粗蛋白	粗脂肪	粗纤维	无氮浸出物	粗灰分		
茎叶 鲜样	21.12	24.19	2.05	19.80	48.21	5.75	0.89	0.27

数据来源：中国热带农业科学院热带作物品种资源研究所

植株

叶片
花序
花
果荚
种子

乳豆属
Galactia P. Browne

乳 豆 | *Galactia tenuiflora* (Klein ex Willd.) Wight et Arn

形态特征 草质藤本。茎密被灰白色柔毛。小叶椭圆形，长约3 cm，宽约2 cm，腹面被疏短毛，背面密被灰白色长柔毛；小叶柄短，长约2 mm；小托叶针状，长约1.5 mm。总状花序腋生，较短；小苞片卵状披针形，被毛；花萼几无毛，萼管长约3 mm，裂片狭披针形；花冠淡蓝色，旗瓣倒卵形，先端圆，基部渐狭，具小耳；翼瓣长圆形，基部具尖耳；龙骨瓣稍长于翼瓣，背部微弯；子房扁平，密被长柔毛。荚果线形，长约3 cm。种子肾形，稍扁，棕褐色，光滑。花果期4～11月。

生境与分布 喜干燥向阳的生境。生于干燥山坡草地和干热稀树灌丛。华南热带地区常见。

饲用价值 茎叶细嫩，适口性好，牛、羊喜食，属优等饲用植物。其化学成分如下表。

乳豆的化学成分（%）

样品情况	干物质	占干物质					钙	磷
		粗蛋白	粗脂肪	粗纤维	无氮浸出物	粗灰分		
营养期茎叶　鲜样	23.10	18.90	1.66	22.38	43.15	13.91	1.27	0.17
结荚期茎叶　鲜样	28.40	13.72	2.20	36.38	41.01	6.69	2.58	0.20

数据来源：中国热带农业科学院热带作物品种资源研究所

株丛

花序
果荚
荚果特写
种子
花
叶片腹面
叶片背面

台湾乳豆 *Galactia formosana* Matsumura

形态特征 多年生草质藤本。小叶纸质，长圆形，长3～5 cm，宽约3.5 cm，腹面几无毛，背面被短柔毛；小托叶钻状，长约1 mm。总状花序腋生，长达30 cm；花少数，常1～4生于总轴的节上；花萼两面被疏微毛；花冠粉红色，伸出萼外，旗瓣倒卵形，略具小耳，翼瓣与龙骨瓣长圆形，近等长；雄蕊内藏；子房狭长圆形，扁平。荚果镰状长圆形，长约5 cm，扁平，近无毛，种子8～10。花期7～11月；果期10～12月。

生境与分布 生于海边旷地灌丛或低海拔丘陵地带疏林或密林中，常攀援于灌木或乔木上。海南有分布。

饲用价值 牛、羊喜采食。嫩茎叶蛋白质含量高，营养丰富，并且能在干旱、贫瘠而其他饲草生长不良的沙地上良好生长，属良等饲用价值。其化学成分如下表。

台湾乳豆的化学成分（%）

样品情况	干物质	占干物质					钙	磷
		粗蛋白	粗脂肪	粗纤维	无氮浸出物	粗灰分		
结荚期 鲜样	21.43	18.90	1.66	22.38	43.15	13.91	2.57	0.19

数据来源：中国热带农业科学院热带作物品种资源研究所

株丛

种子
果荚特写（近无毛）
花序局部
果序
叶片腹面（无毛）
叶片背面
花

毛蔓豆属
Calopogonium Desv.

毛蔓豆 *Calopogonium mucunoides* Desv.

形态特征 平卧草本，全株被黄褐色硬毛。羽状三出复叶；托叶三角状披针形，长约5 mm；顶生小叶卵状菱形，长约5 cm，宽约3 cm，侧生小叶偏斜，两面被绒毛；小托叶锥状。总状花序腋生，总轴极短，有3～6花；苞片和小苞片线状披针形，长5 mm；花冠淡紫色，翼瓣倒卵状长椭圆形，龙骨瓣劲直，耳较短；花药圆形；子房密被长硬毛。荚果线状长椭圆形，长2～4 cm，宽约4 mm，劲直或稍弯，被褐色长刚毛。种子3～8，长2.5 mm，宽2 mm。花果期4～11月。

生境与分布 喜热带气候，适应性较强，喜阳、耐阴。常生于低海拔的山坡草地或疏林间。华南有引种栽培，已逸为野生。

饲用价值 叶茎比高，可饲率高，但茎叶被硬毛，适口性较差，刈割晒制干草后可改善适口性。其化学成分如下表。

毛蔓豆的化学成分（%）

样品情况	干物质	占干物质					钙	磷
		粗蛋白	粗脂肪	粗纤维	无氮浸出物	粗灰分		
茎叶 鲜样	24.27	17.81	3.62	30.66	40.27	7.64	1.14	0.14

数据来源：中国热带农业科学院热带作物品种资源研究所

平卧株丛

植株
茎叶梗毛
示果荚着生
花
示种子着生
种子

葛属
Pueraria DC.

葛　*Pueraria montana* (Loureiro) Merr.

形态特征　粗壮藤本，全体被黄色长硬毛。有粗厚的块状根。羽状三出复叶；托叶背着，卵状长圆形；小托叶线状披针形；小叶三裂，偶全缘，顶生小叶宽卵形，两面被淡疏柔毛，背面较密。总状花序长达30 cm，中部以上有颇密集的花；苞片线状披针形至线形，较小苞片长；花2～3聚生于花序轴的节上；花萼钟形，长8～10 mm，被黄褐色柔毛，裂片披针形；花冠长10～12 mm，紫色，旗瓣倒卵形，基部有2耳及1黄色硬痂状附属体，具短瓣柄，翼瓣镰状，较龙骨瓣为狭，基部有线形、向下的耳，龙骨瓣镰状长圆形。荚果长椭圆形，扁平，被褐色长硬毛。花果期9～12月。

生境与分布　适应性较广。多生于山地、荒地、林缘或密林中。全国广泛分布。

饲用价值　营养丰富，适口性好，牛、羊喜食，可刈割青饲、调制青贮饲料或放牧利用。其化学成分如下表。

葛的化学成分（%）

样品情况	干物质	占干物质					钙	磷
		粗蛋白	粗脂肪	粗纤维	无氮浸出物	粗灰分		
营养期茎叶　鲜样[1]	20.70	21.25	2.90	34.78	30.92	10.15	1.40	0.34
营养期茎叶　绝干[2]	100.00	20.89	2.85	34.19	31.89	9.97	—	—
初花期茎叶　干样[3]	91.58	18.65	1.57	28.60	38.91	12.26	2.93	0.17

数据来源：1. 中国热带农业科学院热带作物品种资源研究所；2. 四川农业大学；3. 湖北省农业科学院畜牧兽医研究所

花序

托叶
花序局部
植株局部
果荚
叶片腹面
叶片背面
小托叶

葛麻姆 *Pueraria montana* var. *lobata* (Willd.) Maesen et S. M. Almeida ex Sanjappa et Predeep

形态特征 多年生藤本，全株被黄色长硬毛。羽状三出复叶；托叶背着，卵状长圆形；小叶全缘，顶生小叶宽卵形，长8～20 cm，宽5～15 cm，两面均被长柔毛，背面毛较密；小叶柄被黄褐色绒毛。总状花序长10～30 cm；小苞片卵形；花2～3聚生于花序轴的节上；花萼钟形，被黄褐色柔毛，裂片披针形；花冠紫色，长约15 mm，旗瓣倒卵形，翼瓣镰状，龙骨瓣镰状；子房线形，被毛。荚果长椭圆形，长3～10 cm，宽约7 mm，扁平，被褐色长硬毛。花期4～10月；果期5～12月。

生境与分布 喜热带、亚热带湿润气候。生于低海拔的山谷或山坡林缘。华南、西南及华中常见，华东偶见。

饲用价值 茎叶富含蛋白质，营养丰富，可供放牧利用、刈割青饲，也可晒制干草。其化学成分如下表。

葛麻姆的化学成分（%）

样品情况	干物质	占干物质					钙	磷
		粗蛋白	粗脂肪	粗纤维	无氮浸出物	粗灰分		
营养期 鲜样[1]	19.43	19.64	0.92	30.18	38.18	11.08	1.96	0.20
分枝期 干样[2]	92.47	21.21	4.80	27.36	36.63	10.00	2.63	0.40

数据来源：1. 中国热带农业科学院热带作物品种资源研究所；2. 贵州省草业研究所

株丛

花序

果荚
叶片腹面
叶片背面
托叶
种子

粉葛 *Pueraria montana* var. *thomsonii* (Benth.) M. R. Almeida

形态特征 多年生藤本，有富含淀粉的粗壮块状根。羽状三出复叶；托叶背着，卵状长圆形；小叶3裂，偶全缘，顶生小叶宽卵形，长8～15 cm，宽7～12 cm，侧生小叶斜卵形，两面被毛。总状花序长达30 cm，花密集；花萼钟形，被黄褐色柔毛；花冠长约20 mm，紫色，旗瓣近圆形，翼瓣镰状，龙骨瓣长圆形；子房线形，被毛。荚果长椭圆形，扁平，被褐色长硬毛。花果期9～12月。

生境与分布 喜热带、亚热带湿润气候。常生于湿润的山谷灌丛中。长江以南均有分布，亦有栽培。

利用价值 块根供食用或制淀粉或酿酒。根和花入药，能解热止泻。茎叶富含蛋白质，营养丰富，可供放牧利用、刈割青饲，也可晒制干草。其化学成分如下表。

粉葛的化学成分（%）

样品情况	干物质	占干物质					钙	磷
		粗蛋白	粗脂肪	粗纤维	无氮浸出物	粗灰分		
营养期 干样	91.25	22.19	3.22	29.51	33.81	10.27	1.80	0.15

数据来源：贵州省草业研究所

植株

叶片腹面
叶片背面
小托叶
花序
托叶
茎柔毛
花特写

赣饲5号葛 *Pueraria montana* var. *thomsonii* (Benth.) M. R. Almeida 'Gansi No. 5'

品种来源 江西省饲料科学研究所申报，2000年通过全国草品种审定委员会审定，登记为育成品种；品种登记号218；申报者为周泽敏等。

形态特征 草质藤本，具块根。羽状三出复叶；托叶背着；小托叶披针形；顶生小叶卵形，3浅裂，先端渐尖；侧生小叶斜宽卵形，多少2裂，两面被短柔毛；小叶柄及总叶柄均密被长硬毛。总状花序较短，花稀疏；苞片卵形；花紫色；花萼钟状，内外被毛，萼管长约5 mm，萼裂片4，披针形；旗瓣近圆形，翼瓣倒卵形，龙骨瓣偏斜；子房被短硬毛。荚果带形，长约5 cm，宽约1 cm，被黄色长硬毛，有种子7～12。种子扁平，卵形，长4约 mm，宽约2.5 mm。

生物学特性 喜高温多雨气候，较耐阴，适合大田、荒坡山地栽种，块根产量高。在江西南昌和横峰于10月中旬开花，12月下旬种子成熟。

饲用价值 适口性好、产量高、富含蛋白质，适宜刈割、青饲或调制青贮饲料利用。其化学成分如下表。

栽培要点 育苗移栽，可育苗30万～45万株/hm^2。江西种植，每年3月中旬至4月上旬移栽。起苗后将种苗浸水12～24 h，可明显提高成活率。按900株/hm^{2}起垄种植，垄内开浅沟并施足基肥，定植时苗平直伸展，芽向上且节芽出土，然后覆盖薄土，浇足定根水。移栽后及时中耕除草并补苗，待移栽成活后追施复合肥，以促进枝叶伸展及块根形成。

赣饲5号葛的化学成分（%）

样品情况	占干物质					钙	磷
	粗蛋白	粗脂肪	粗纤维	无氮浸出物	粗灰分		
叶片 绝干	27.18	4.47	18.00	39.57	10.78	1.39	0.29

数据来源：江西省饲料科学研究所

栽培群体

叶片

托叶及幼茎

密花葛 *Pueraria alopecuroides* Craib

形态特征 多年生藤本，分枝被锈色糙毛。羽状三出复叶；托叶背着，箭头形；小托叶线状披针形；小叶宽卵形，基部圆形，顶生的小叶长达14 cm，宽约7 cm，腹面被疏柔毛，背面幼时被伏贴疏柔毛，侧生的小叶偏斜。总状花序排成圆锥花序式；苞片披针形，被锈色长硬毛；花萼钟状，被锈色长毛；旗瓣白色，近圆形，微凹，长和宽约为1 cm，基部具黄色的斑点，瓣柄长约2.5 mm，翼瓣长圆形，具长附属体，较龙骨瓣稍长，龙骨瓣紫色，长约1 cm；对旗瓣的1雄蕊基部分离，花药同型；子房无柄，长约7 mm，被极疏的长柔毛，约6胚珠，花柱上部弯曲，柱头小，顶部有极短的画笔状毛。

生境与分布 喜热带湿润气候。多生于湿润的山谷灌丛中。云南南部有分布。

饲用价值 苗期植株幼嫩，叶质较为肥厚，适口性较好；进入开花后叶片老化，适口性较差，适宜定期刈割保持较好的草质，属良等饲用植物。

幼苗

托叶

植株局部
花局部
苞片
块根
花序局部
花序

大花葛 *Pueraria grandiflora* Bo Pan et Bing Liu

形态特征 多年生藤本。有块根，常4至多数。茎木质化，幼枝被灰色短柔毛。羽状三出复叶；顶生小叶长5～11 cm，侧生小叶有时差别较大；托叶箭头形。总状花序顶生或腋生，长可达40 cm；花序轴被短伏毛；花3簇生于一节；花萼紫灰色，具短柔毛，花萼上部2萼齿完全融合，裂片4，披针形，略长于萼管；旗瓣倒卵形，淡紫色，中心具黄斑，具瓣柄，基部两侧有胼胝体；翼瓣深紫蓝色，镰刀状，基部有一线状小耳；龙骨瓣的颜色与翼瓣相似，镰状长圆形；雄蕊单体；子房线形，被毛。荚果长圆形，长约5 cm，宽约10 mm，扁平，在种子之间缢缩，被褐色长硬毛，成熟时不扭曲。种子4～5，肾形，扁平，光滑。花期7到9月。

生境与分布 喜干热气候。云南、四川干热河谷区特有种。

利用价值 云南、四川干热河谷区特有种，2015年由中国科学院西双版纳植物园发表（Pan *et al.*, 2015）。植株生物量大，叶量丰富，优良的豆科牧草，予以收录。

果荚 块根

株丛
叶片腹面
叶片背面
花序
花蕾（示花萼特征）
花
小托叶
托叶

食用葛 *Pueraria edulis* Pampan.

形态特征 多年生藤本。偶具块根。茎光滑。羽状三出复叶；托叶背着，箭头形；小托叶披针形；顶生小叶卵形，长约12 cm，宽约7 cm，侧生的斜宽卵形，稍小，两面被短柔毛。总状花序腋生，长达30 cm，花序轴每节上3花；苞片卵形，长约5 mm；小苞片每花2，卵形，长约3 mm；花紫色；花萼钟状，萼管长约5 mm，萼裂片4；旗瓣近圆形，长约1.5 cm，基部有2耳及痂状体，具长约3.5 mm的瓣柄；翼瓣倒卵形，长约1.6 cm，具瓣柄及耳；龙骨瓣偏斜。荚果带形，长约5 cm，宽约8 mm，幼时被稀疏毛或无毛，逐渐脱落。种子卵形扁平，长4约 mm，宽约2.5 mm，红棕色。花果期8～11月。

生境与分布 喜亚热带气候。生于山地林缘或沟谷中。云南大理、丽江至香格里拉一带常见。

饲用价值 营养丰富，适口性好，牛、羊喜食，可刈割青饲、调制青贮饲料或放牧利用。其化学成分如下表。

食用葛的化学成分（%）

样品情况	干物质	占干物质					钙	磷
		粗蛋白	粗脂肪	粗纤维	无氮浸出物	粗灰分		
营养期 干样	90.45	15.19	1.22	45.51	27.81	10.27	1.80	0.15

数据来源：贵州省草业研究所

株丛

花序
叶片腹面
叶片背面
托叶
花
果荚
小托叶

草葛属
Neustanthus Benth.

三裂叶野葛 *Neustanthus phaseoloides* (Rox.) Benth.

形态特征 草质藤本。羽状三出复叶；托叶基着，长约4 mm；小叶宽卵形，顶生小叶较宽，长4～10 cm，宽4～7 cm，腹面被紧贴长硬毛，背面灰绿色密被白色长硬毛。总状花序单生，长5～15 cm；花具短梗，聚生于节上；萼钟状，长约5 mm，被长硬毛；花冠淡紫色，旗瓣近圆形，长约10 mm，翼瓣倒卵状长椭圆形，稍较龙骨瓣为长，龙骨瓣镰刀状；子房线形，被毛。荚果圆柱状，长3～10 cm，初时被紧贴的长硬毛，果瓣开裂后扭曲；种子长椭圆形，两端近截平，长4 mm。花期5～10月；果期9～11月。

生境与分布 喜热带、亚热带气候，不耐寒冷。常见生于湿热丘陵草地、灌丛中或海边沙质草地上。华南、西南常见，华中及华东偶见。

饲用价值 生物量大，营养丰富，适口性好，是优良的高蛋白牧草，可放牧利用，也可刈割青饲或晒制干草。三裂叶野葛还可以加工为草粉或颗粒饲料，饲喂家禽。其化学成分如下表。

修订说明 葛属种间形态差异大，模糊概念较突出，不利于应用。经Egan和Pan（2015）修订，将三裂叶野葛（*Pueraria phaseoloides*）归入草葛属（*Neustanthus*），小花野葛（*Pueraria stricta*）归入琼豆属（*Teyleria*），须弥葛（*Pueraria wallichii*）归入须弥葛属（*Haymondia*），苦葛（*Pueraria peduncularis*）归入苦葛属（*Toxicopueraria*）。为便于理解及应用，本书按上述处理，并将被修订的种置于葛属之后。

三裂叶野葛的化学成分（%）

样品情况	干物质	占干物质					钙	磷
		粗蛋白	粗脂肪	粗纤维	无氮浸出物	粗灰分		
营养期 干样	93.22	22.18	2.57	32.74	32.81	9.69	1.95	0.73

数据来源：中国热带农业科学院热带作物品种资源研究所

叶片腹面及小托叶　叶片背面

植株
果荚
开裂果荚
花序
花
托叶
种子

热研17号爪哇葛藤 *Neustanthus phaseoloides* Benth ‘Renyan No. 17’

品种来源 中国热带农业科学院热带作物品种资源研究所热带牧草研究中心申报，2006年通过全国草品种审定委员会审定，登记为引进品种；品种登记号326；申报者为白昌军、刘国道、何华玄、李志丹、虞道耿。

形态特征 多年生草质藤本。主茎长达10 m以上，全株有毛。羽状三出复叶；顶生小叶卵形、菱形或近圆形，长6～20 cm，宽6～15 cm。总状花序腋生，长15～20 cm；花紫色。荚果圆柱状条形，长5～8 cm。种子10～20，棕色，长约3 mm，宽约2 mm。

生物学特性 喜潮湿的热带气候，耐涝、耐阴、耐重黏质和酸瘦土壤。在海南种植于11月下旬开花，翌年1月种子成熟。

饲用价值 茎叶柔嫩，适口性好，营养价值高，适于放牧利用或调制青贮饲料。其化学成分如下表。

栽培要点 播前平整土地，施腐熟有机肥7500～15 000 kg/hm^{2}和过磷酸钙150～200 kg/hm^{2}作为基肥。海南3～4月即可播种，挖穴点播，株行距50 cm × 100 cm。每穴播种3～4粒种子，盖土2 cm。播后10～15天进行补苗。苗期生长缓慢，在未完全覆盖地面前每月除草一次。人工草地建植2～3个月以后方可放牧利用，适于轮牧，轮牧间隔期6～8周。刈割利用时，年刈割3～4次，留茬高度30～50 cm。

热研17号爪哇葛藤的化学成分（%）

样品情况	干物质	占干物质					钙	磷
		粗蛋白	粗脂肪	粗纤维	无氮浸出物	粗灰分		
营养期 鲜样	20.54	19.26	1.29	35.75	36.04	7.66	1.38	0.17

数据来源：中国热带农业科学院热带作物品种资源研究所

株丛

种子
植株局部
托叶
叶片腹面
叶片背面
花序
茎部硬毛
果荚

须弥葛属
Haymondia A. N. Egan et B. Pan

须弥葛 *Haymondia wallichii* (DC.) A. N. Egan et B. Pan

形态特征 藤状灌木。托叶基着，披针形；顶生小叶倒卵形，长8～15 cm，腹面绿色无毛，背面灰色被疏毛。总状花序长达15 cm，常簇生；花梗纤细，簇生于花序每节上；花萼长约4 mm，近无毛，膜质；花冠淡红色，旗瓣倒卵形，长约1.5 cm，基部渐狭成短瓣柄，翼瓣稍较龙骨瓣短，龙骨瓣与旗瓣相等。荚果直，长5～12 cm，宽约10 mm，无毛，果瓣近骨质。花期9～11月；果期12月至翌年2月。

生境与分布 喜亚热带气候，较耐寒冷。云南南部和四川西南部，以及西藏察隅、错那和墨脱等有分布。

饲用价值 耐寒、耐旱能力较强，再生性、耐牧性和持久性均较好，生育期内可多次放牧或刈割利用。在昆明种植每年刈割3～4次，年均干物质产量2880～3960 kg/hm^2。分枝力较强，再生性好，嫩枝叶比例高，适口性好，山羊和牛喜食，属优等饲用植物。其化学成分如下表。

须弥葛的化学成分（%）

样品情况	干物质	占干物质					钙	磷
		粗蛋白	粗脂肪	粗纤维	无氮浸出物	粗灰分		
叶片 鲜样	26.97	19.72	3.20	32.25	37.85	6.98	—	—

数据来源：云南省草地动物科学研究院

植株嫩枝

株丛
植株
叶片腹面
叶片背面
果荚
幼叶
花序
花序局部

琼豆属
Teyleria Backer

琼 豆 *Teyleria koordersii* (Backer) Backer

形态特征 一年生缠绕草本。茎棱上密被长硬毛。羽状三出复叶；托叶卵形；叶柄长约5 cm；小叶纸质，顶生小叶卵形，长3～10 cm，宽约4 cm，侧生小叶较小，斜卵形；小托叶针状。总状花序腋生；总花梗被糙伏毛；苞片披针形，长约3 mm；小苞片针状，长约3 mm，散生糙伏毛；花萼膜质，长约5 mm，裂片5；花冠白色，长约7 mm，翼瓣与龙骨瓣顶端稍呈紫色，具瓣柄；雄蕊单体；子房无柄，有6～8胚珠。荚果线形，长约3.5 cm，宽约4 mm，种子间有横缢纹，被开展的硬毛。种子4～8，近方形。花期11～12月；果期为翌年1～3月。

生境与分布 喜湿热气候。生于旷野灌木丛内或疏林中。海南有分布。本种是海南狭域种，20世纪50年代在海南三亚有采集记录，调查发现原分布记录的区域已无该种。2019年在海南草地牧草资源调查中于俄贤岭发现居群，已采集标本及种子，其种子妥善保存于国家热带牧草资源保存中期（备份）库中。本种作为珍稀草种资源收入本志。

饲用价值 草质柔软，无特殊气味，适口性好，牲畜喜食，可开展创新利用研究。现存野生资源量少，对于野生资源以保护为主。

叶片 果荚 果荚硬毛特写

紫花琼豆

小花野葛
Teyleria stricta (Kurz) A. N. Egan et B. Pan

形态特征　灌木状藤本。羽状三出复叶；托叶三角状卵形，被灰色短柔毛；顶生小叶菱形至卵形，长8～20 cm，宽5～10 cm，侧生小叶斜卵形，两面被灰色短柔毛。总状花序腋生；苞片披针形，被短柔毛；每花2小苞片；萼齿被灰色短柔毛；花冠紫色，旗瓣倒卵形，顶端微凹，基部具瓣柄，翼瓣、龙骨瓣与旗瓣近等长，均具瓣柄；雄蕊单体；子房长约5 mm。荚果长圆形，长约5 cm，扁平，淡棕色，无毛至薄被短柔毛，具斜条纹，缝线增厚，有种子5～10。种子褐色或黑色，卵形，长约4 mm，宽约3 mm。花期5～6月；果期9～10月。
生境与分布　喜湿热气候，耐阴性较好。多生于山谷林缘或灌丛草地上。云南南部有分布。
饲用价值　植株分枝多，适口性好，是优良的高蛋白牧草，可放牧利用，也可刈割青饲或晒制干草。也可作为绿肥和覆盖作物种植。

叶片腹面
叶片背面
生境

幼枝
幼枝绒毛
果荚
花序
花特写

苦葛属
Toxicopueraria A. N. Egan et B. Pan

苦 葛 | *Toxicopueraria peduncularis* (Benth.) A. N. Egan et B. Pan

形态特征 多年生缠绕草本，各部被粗硬毛。羽状三出复叶；托叶基着，早落；小托叶小，刚毛状；小叶斜卵形，长5～10 cm，宽3～6 cm，全缘，先端渐尖，基部急尖至截平，两面均被粗硬毛；叶柄长4～12 cm。总状花序长达40 cm，纤细，苞片和小苞片早落；花白色或紫色，3～5花簇生于花序轴的节上；花梗纤细，长2～6 mm，萼钟状，长5 mm，被长柔毛；花冠长约1.4 cm，旗瓣倒卵形，基部渐狭。荚果线形，长约5 cm，宽约7 mm，光亮，果瓣近纸质，近无毛或疏被柔毛。花果期8～10月。

生境与分布 喜亚热带气候。生于山坡荒地或杂木林中。云南、四川、贵州、广西有分布。

利用价值 茎有毒，不宜作饲用，可作农田杀虫剂开发。羊偶有采食其叶片，其化学成分如下表。

苦葛的化学成分（%）

样品情况	干物质	占干物质					钙	磷
		粗蛋白	粗脂肪	粗纤维	无氮浸出物	粗灰分		
茎叶 干样	94.15	17.16	4.02	35.23	32.2	11.39	2.10	0.21

数据来源：贵州省草业研究所

果荚

花序

植株局部
叶片腹面
叶片背面
花

闭荚藤属
Mastersia Benth.

闭荚藤 | *Mastersia assamica* Benth.

形态特征 粗壮藤本，幼茎绿色，光滑；老茎粗糙，被皮孔。羽状三出复叶；托叶背着，卵状长圆形，顶端具短尖；小托叶线状披针形，稍短于小叶柄；顶生小叶宽卵形，全缘，长8～17 cm，宽5～15 cm，先端渐尖，侧生小叶斜卵形，稍小，腹面光滑，背面被细毛。总状花序长约35 cm，腋生和顶生；花2～6聚生于花序轴的节上；花萼钟形，长约12 mm，深红色，密被柔毛，裂片披针形，渐尖，宿存；花冠长约15 mm，红色，旗瓣倒卵形，翼瓣镰状，龙骨瓣镰状长圆形。荚果扁平，长圆形，长约5 cm，宽约15 mm，光滑。花果期9～12月。

生境与分布 喜湿热气候。生于低海拔的山坡疏林下或灌丛中。西藏墨脱特有。

饲用价值 植株分枝多，适口性好，是优良的高蛋白牧草，可刈割青饲或晒制干草。

株丛

花序

果荚

花特写

叶片

托叶

小托叶

华扁豆属
Sinodolichos Verdc.

华扁豆 | *Sinodolichos lagopus* (Dunn) Verdc.

形态特征　缠绕草本，密被黄色短毛。羽状三出复叶；托叶基着，三角形；小托叶线形；小叶纸质，卵形，长4～10 cm，两面被柔毛；叶柄长可达10 cm；叶轴长约1 cm；小叶柄长约2 mm。总状花序腋生；花萼长约1 cm，被黄色柔毛；花冠紫色，旗瓣近圆形，翼瓣及龙骨瓣倒卵状长圆形，约与旗瓣近等长；雄蕊管长约1 cm；花柱线形，柱头顶生。荚果线形，长约5 cm，被黄色绒毛。种子黑色，长4 mm，宽3 mm。花果期9～12月。

生境与分布　喜湿热气候。生于低海拔的山坡疏林下或灌丛中。海南、广西及云南有分布。

饲用价值　植株低矮，枝叶呈披散状平卧于地面，少见攀爬缠绕，适应作绿肥或覆盖作物。饲用方面，其叶片柔软，但密被绒毛，适口性一般，属中等饲用植物。其化学成分如下表。

华扁豆的化学成分（%）

样品情况	占干物质					钙	磷
	粗蛋白	粗脂肪	粗纤维	无氮浸出物	粗灰分		
开花期　绝干	14.62	1.85	31.05	41.67	10.81	0.75	0.14

数据来源：中国热带农业科学院热带作物品种资源研究所

株丛

茎叶局部
叶片
成熟果荚
花
花序

大豆属
Glycine Willd.

大 豆 | *Glycine max* (L.) Merr.

形态特征 一年生草本。茎密被褐色长硬毛。羽状三出复叶；托叶宽卵形；小叶纸质，宽卵形，顶生小叶较大，长5～10 cm，宽3～6 m，两面散生糙毛。总状花序；苞片披针形，长约2 mm，被糙伏毛；小苞片披针形，长约2 mm；花萼密被长硬毛；花紫色或白色，长约6 mm，旗瓣倒卵状，翼瓣基部狭，龙骨瓣倒卵形；雄蕊二体。荚果长圆形，下垂，黄绿色，长约4 cm，宽约9 mm，密被褐黄色长毛。种子2～5，种皮光滑，椭圆形。花果期5～12月。

生境与分布 适应性较强。世界广泛栽培。全国均有栽培。

饲用价值 秸秆和豆壳是牛、马、羊、兔的精饲料，也可粉碎后喂猪。种子加工后的副产品，如豆饼、豆渣等仍含有较高的蛋白质，是优良的精饲料来源。其化学成分如下表。

大豆的化学成分（%）

样品情况	干物质	占干物质					钙	磷
		粗蛋白	粗脂肪	粗纤维	无氮浸出物	粗灰分		
秸秆　干样	76.80	11.50	2.70	16.40	46.40	23.00	0.85	1.00
种子　干样	90.05	34.30	17.40	0.68	29.37	18.25	0.45	0.55

数据来源：贵州省草业研究所

花序

植株
果荚
幼荚
种子
嫩茎叶绒毛
花序（白花）
花序（紫花）

野大豆 *Glycine soja* Sieb. et Zucc.

形态特征 一年生草本，全体疏被长硬毛。羽状三出复叶；托叶卵状披针形，被黄色柔毛。顶生小叶卵状披针形，长约5 cm，宽约2.5 cm，两面均被糙伏毛，侧生小叶较小，斜卵状披针形。总状花序短；花长约5 mm；花梗密生长硬毛；花萼钟状，密生长毛；花冠淡红紫色，旗瓣近圆形，先端微凹，基部具短瓣柄，翼瓣斜倒卵形，龙骨瓣比旗瓣及翼瓣短小，密被长毛。荚果长圆形，稍弯，两侧稍扁，长约2.2 cm，宽约5 mm，密被长硬毛，种子间稍缢缩。种子2～3，椭圆形，稍扁，褐色至黑色。花期7～9月；果期8～11月。

生境与分布 喜亚热带气候。生于低海拔的湿润山谷、河岸或路边草地。西南、华中及华东较常见，华南偶见。

饲用价值 茎叶柔嫩，适口性良好，为各种家畜喜爱，属优等饲用植物。其化学成分如下表。

野大豆的化学成分（%）

样品情况	占干物质					钙	磷
	粗蛋白	粗脂肪	粗纤维	无氮浸出物	粗灰分		
开花期 绝干	18.71	2.39	29.89	40.74	8.27	1.19	0.47

数据来源：湖北省农业科学院畜牧兽医研究所

株丛及生境

花序
示果荚着生情况
幼荚
叶片形态
果荚特写
种子

短绒野大豆 *Glycine tomentella* Hayata

形态特征　多年生缠绕草本。全株被绒毛。三出复叶；托叶卵状披针形，长约2 mm；小叶纸质，椭圆形，长约2.5 cm，宽约1.5 cm，腹面密被绒毛，背面较稀疏。总状花序顶生，长约5 cm；花2～5簇生于顶端；花萼膜质，裂片5；花冠紫色，旗瓣具脉纹，翼瓣与龙骨瓣较小，具瓣柄；雄蕊二体；子房具短柄。荚果扁平，长约3 cm，宽约5 mm，密被黄褐色短柔毛。种子1～4，扁圆状方形，褐黑色，种皮具蜂窝状小孔和小瘤凸。花果期7～10月。

生境与分布　喜干热气候。生于沿海沙质草地及岛屿荒坡草地上。福建和广东有分布。

饲用价值　叶片幼嫩，茎细弱，适口性好，牛、羊喜食，属良等饲用植物。

种子

果序

花序

生境

烟 豆 *Glycine tabacina* Benth.

形态特征 多年生匍匐草本。茎纤细，幼时被短柔毛。三出复叶；托叶小，披针形，长约2 mm；小叶倒卵形至长圆形，两面密被短柔毛；小托叶细小，线形，长约1 mm。总状花序；花疏离；苞片线形，被柔毛；小苞片细小；花梗长约2 mm；花萼膜质，钟状，裂片5；花冠紫色至淡紫色，旗瓣圆形，翼瓣与龙骨瓣较小，有耳，具瓣柄；雄蕊二体；子房具短柄，胚珠多数。荚果长约3 cm，宽约4 mm，密被柔毛。种子2～5，圆柱形，长约2.5 mm，宽约2 mm，褐黑色，种皮具蜂窝状小孔和小瘤凸。花果期3～10月。

生境与分布 喜干热气候。生于沿海沙质草地或岛屿荒坡草地上。福建有分布。

饲用价值 叶片幼嫩，茎细弱，适口性好，牛、羊喜食，属良等饲用植物。

幼荚 花序 种子 生境

软荚豆属
Teramnus P. Browne

软荚豆 *Teramnus labialis* (L. f.) Spreng.

形态特征　一年生缠绕草本。茎纤细，密被绒毛。三出复叶；叶柄长1.5～4 cm；小叶膜质，顶生小叶长椭圆形，长约4 cm，宽约2 cm，腹面被稀疏柔毛，背面被毛较密。总状花序腋生，长约5 cm，被柔毛；花小，中部以上有6～10花；小苞片着生于花萼的基部，与苞片相似；花萼膜质，长约3 mm，裂片5，卵状披针形，短于萼管；旗瓣长约4 mm，翼瓣长圆形，基部截平，龙骨瓣菱形；子房被毛。荚果线形，扁平，长约4 cm，宽约3 mm，被短柔毛，先端呈钩状。种子5～9，长圆状椭圆形，褐黑色。花果期6～10月。

生境与分布　喜热带气候。生于低海拔的稀树灌丛和荒坡草地。海南有分布。

饲用价值　叶片幼嫩，茎细弱，适口性好，牛、羊喜食，属良等饲用植物。其化学成分如下表。

软荚豆的化学成分（%）

样品情况	占干物质					钙	磷
	粗蛋白	粗脂肪	粗纤维	无氮浸出物	粗灰分		
成熟期　绝干	17.52	2.62	30.25	39.40	10.21	1.40	0.31

数据来源：中国热带农业科学院热带作物品种资源研究所

株丛

茎叶局部 叶片腹面 叶片背面 果序 喙部钩状特写 种子 开裂后卷曲果荚

宿苞豆属
Shuteria Wight et Arn.

宿苞豆 | *Shuteria involucrata* (Wall.) Wight et Arn.

形态特征　草质缠绕藤本。羽状三出复叶；托叶卵状披针形；小叶近圆形，长2.5～3.5 cm，宽约2.5 cm；小托叶针形。总状花序腋生，花序轴长约10 cm；花小，长约10 mm；苞片和小苞片披针形；花萼管状，裂齿4，披针形，比萼管短；花冠淡紫色，旗瓣大，椭圆状倒卵形，翼瓣长圆形，与龙骨瓣近相等。荚果线形，压扁，成熟时长约4 cm，宽约5 mm，先端具喙；果瓣开裂，具5～6种子。种子褐色，光亮。花期11月至翌年3月；果期12月至翌年3月。
生境与分布　喜湿热气候。生于低海拔的向阳荒地、山坡和灌木丛中。云南多地有分布。
饲用价值　牛和羊喜食，属良等饲用植物。其化学成分如下表。

宿苞豆的化学成分（%）

样品情况	干物质	占干物质					钙	磷
		粗蛋白	粗脂肪	粗纤维	无氮浸出物	粗灰分		
开花期　干样	91.01	17.39	8.37	23.91	37.38	12.95	2.39	1.02

数据来源：西南民族大学

叶片腹面
叶片背面

托叶

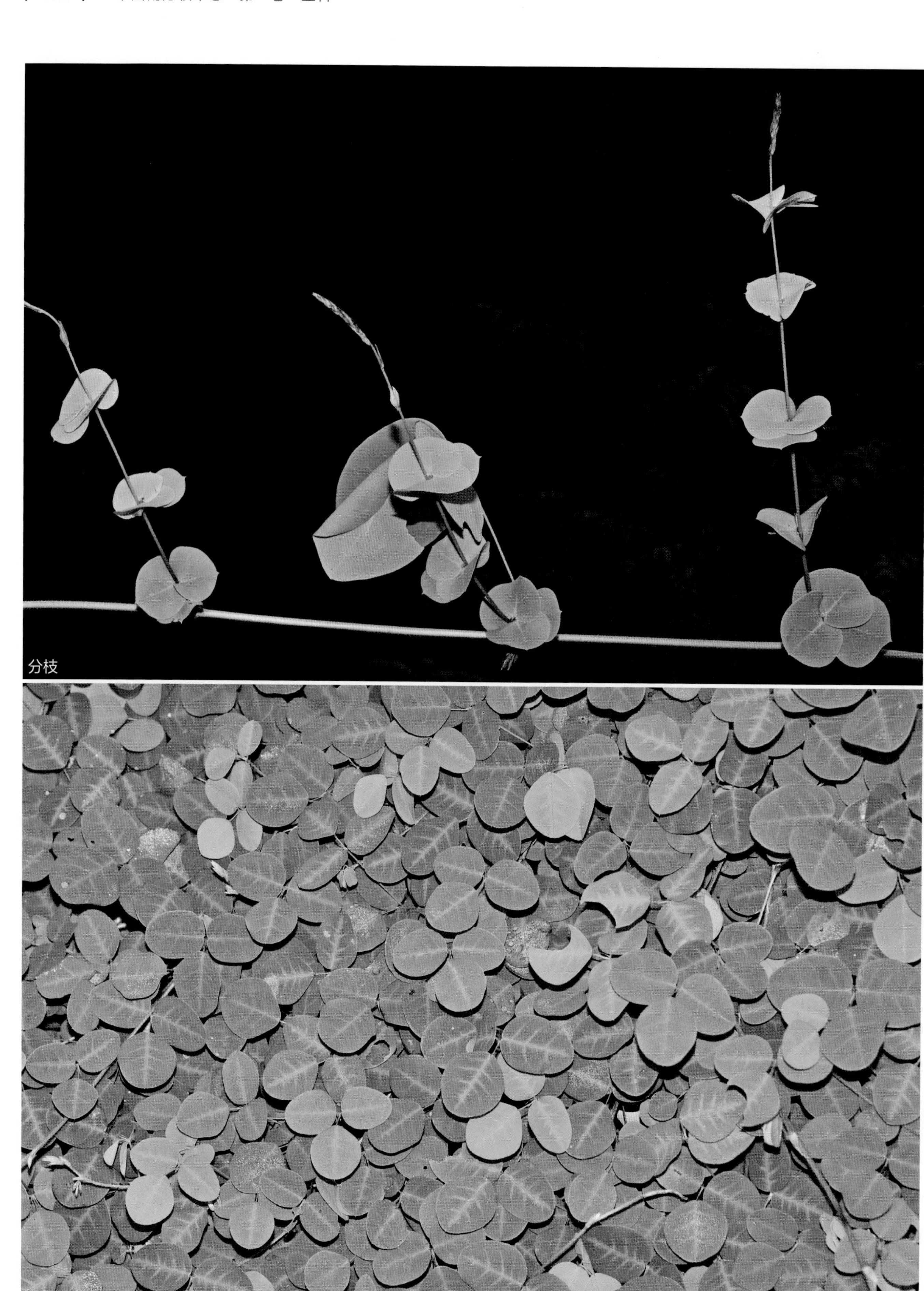
分枝
平卧株丛

西南宿苞豆 *Shuteria involucrata* (Wall.) Wight et Arn. var. *glabrata* (Wight et Arn.) Ohashi

形态特征 草质缠绕藤本。羽状三出复叶；托叶披针形；顶生小叶椭圆形，长约3.5 cm，侧生小叶椭圆形而稍偏斜，长约2.5 cm，宽约2 cm，两面被柔毛；叶柄长2～4 cm；小托叶小，线形。总状花序腋生，从基部密生多花；苞片披针形；花梗长2 mm；小苞片披针形；花萼裂齿比萼管短；花冠紫色至淡紫红色，旗瓣倒卵状椭圆形，翼瓣和龙骨瓣长椭圆形，均具耳和瓣柄；雄蕊二体；子房被毛。荚果线形，长约3 cm，宽约4 mm，压扁，稍弯，具5～8种子。花期11月至翌年1月；果期1～3月。

生境与分布 喜湿热气候。生于低海拔的山坡疏林中、草地或路旁。云南和广西均分布。

饲用价值 草质柔嫩，各种牲畜喜食，属优等饲用植物。其化学成分如下表。

西南宿苞豆的化学成分（%）

样品情况	占干物质					钙	磷
	粗蛋白	粗脂肪	粗纤维	无氮浸出物	粗灰分		
盛花期 绝干	11.04	1.64	20.62	59.86	6.84	1.43	0.29

数据来源：西南民族大学

硬毛宿苞豆属
Harashuteria K. Ohashi et H. Ohashi

硬毛宿苞豆 | *Harashuteria hirsuta* (Baker) K. Ohashi et H. Ohashi.

形态特征 草质缠绕藤本。茎纤细，多分枝，被倒生绒毛。羽状复叶具3小叶；托叶披针形，宿存；叶柄长约 cm；小叶卵形或卵状披针形，长约5 cm，宽约3 cm，腹面绿色，背面淡绿色，两面被紧贴柔毛；小托叶小；小叶柄被毛。总状花序腋生，密被毛；苞片披针形，具硬毛，宿存；花梗长2 mm；小苞片线形，被毛，宿存；花萼管状，长约4 mm，被绒毛，裂片5，上部2裂片近合生，三角形，下部裂片披针形，均比萼管短；花冠长约8 mm，淡紫色至紫色，旗瓣倒卵形，基部具耳，翼瓣长圆形，龙骨瓣比翼瓣稍短，有耳；子房被毛。荚果长圆形，长约5 cm，宽约3 mm，密被毛，先端喙状，横膈节明显，具9～12种子。花期10～12月；果期翌年1～3月。

生境与分布 喜亚热带气候。多生于湿润背阴的山坡草地或路旁灌丛间。云南多地有分布。

饲用价值 茎叶柔软，适口性好，营养丰富，是家畜的优质青饲料。其化学成分如下表。

修订说明 硬毛宿苞豆于2017年独立为硬毛宿苞豆属（Ohashi *et al.*，2017），之前该种一直被误置于宿苞豆属（即*Shuteria hirsuta*）或两型豆属（即*Amphicarpaea linearis*）。该种局部形态上与宿苞豆属相似，但旗瓣基部具耳，雄蕊单体，荚果线形，种子间具横膈膜等特征与宿苞豆属不同；而旗瓣具耳，翼瓣与龙骨瓣长度相近、形状相似等特征又与两型豆属相似，但雄蕊单体，荚果具种子多数且种子间具横膈膜，无地下荚等特征又与之不同。应用上将其置于宿苞豆属或两型豆属均存在一定的迷惑性，本书采用Ohashi的修订，按硬毛宿苞豆属（*Harashuteria*）处理。

硬毛宿苞豆的化学成分（%）

样品情况	占干物质					钙	磷
	粗蛋白	粗脂肪	粗纤维	无氮浸出物	粗灰分		
盛花期 绝干	15.61	2.21	27.84	47.15	7.19	0.93	0.24

数据来源：中国热带农业科学院热带作物品种资源研究所

幼荚

花序

幼苗及生境
植株局部
叶片及茎部特征
成熟果荚（具明显横隔节）

山黑豆属
Dumasia DC.

云南山黑豆 *Dumasia yunnanensis* Y. T. Wei

形态特征 多年生缠绕草本。羽状三出复叶；托叶小，卵形至卵状披针形；小叶薄纸质，椭圆状卵形，长约2.5 cm，宽约1.8 cm，先端钝或近圆形，微凹，有小凸尖，腹面近无毛，背面被短伏毛；小托叶小，刚毛状；小叶柄极短。总状花序腋生，被短粗毛，有3～10花，稀更多；总花梗短；苞片和小苞片极小，刚毛状；花梗长约2 mm；花萼圆筒状，长5～8 mm；花冠黄色，各瓣近等长，旗瓣长圆形，基部渐狭成瓣柄，翼瓣和龙骨瓣椭圆状，具长瓣柄。荚果狭镰形，压扁，先端具喙，有3～4种子。花果期8～10月。

生境与分布 喜亚热带温暖气候。多生于海拔2000 m左右的山地草地或林缘。云南有分布。

饲用价值 牛、羊喜食其嫩枝叶，属良等饲用植物。

茎叶局部

花序　叶片　果荚特写　示种子着生

株丛及生境

柔毛山黑豆 *Dumasia villosa* DC.

形态特征 缠绕状草质藤本，被黄色柔毛。叶具羽状3小叶；托叶小，线状披针形；小叶纸质，顶生小叶卵形至宽卵形，长约4 cm，宽约3 cm，两面密被伏柔毛，侧生小叶常略小和偏斜；总状花序腋生，长约10 cm，有总花梗；花长约1.5 cm；苞片和小苞片小，刚毛状；花梗短，长约2 mm，被黄色短柔毛；花萼筒长约1 cm；花冠黄色，各瓣近等长，明显具瓣柄，旗瓣倒卵形，基部具2耳，翼瓣与龙骨瓣长圆状椭圆形；雄蕊二体；子房线形，被毛，花柱长，具毛，近顶部扁平，扁平部分急向上弯，柱头头状。荚果长椭圆形，长约3 cm，宽约5 mm，密被黄色柔毛，在种子间缢缩；种子通常3～4。花期9～10月；果期11～12月。

生境与分布 喜亚热带温暖气候。多生于海拔2500 m以下的山谷溪边灌丛中。云南、贵州、四川，以及西藏墨脱和察隅有分布。

利用价值 种子可榨油，供工业用。牛、羊喜食其嫩枝叶，属良等饲用植物。

两型豆属
Amphicarpaea Elliott ex Nutt.

两型豆 | *Amphicarpaea edgeworthii* Benth.

形态特征　一年生缠绕草本。羽状三出复叶；托叶小，披针形，长约3 mm；小叶薄纸质，顶生小叶菱状卵形，长2～5 cm，两面常被贴伏的柔毛，侧生小叶稍小，常偏斜。地上花排成腋生总状花序，各部被淡褐色长柔毛；苞片近膜质，卵形至椭圆形；花萼管状，5裂，裂片不等；花冠淡紫色，长约1.2 cm，各瓣近等长，旗瓣倒卵形，翼瓣长圆形，龙骨瓣与翼瓣近似；雄蕊二体；子房被毛。地下花为闭锁花，柱头弯至与花药接触，子房伸入地下结实。生于茎上的荚果长圆形，长约2.5 cm，宽约5 mm，扁平，被淡褐色柔毛，种子2～3，黑褐色。地下结的荚果呈椭圆形，内含1种子。花果期8～12月。

生境与分布　适应性较广泛，多生于较湿润的山坡、路旁及旷野草地上。长江以南均有分布。

饲用价值　茎叶柔软，适口性好，营养丰富，是家畜的优质青饲料，也可晒制成干草供淡季饲用。其化学成分如下表。

两型豆的化学成分（%）

样品情况	占干物质					钙	磷
	粗蛋白	粗脂肪	粗纤维	无氮浸出物	粗灰分		
开花期　绝干[1]	19.31	1.87	21.61	49.94	7.27	1.36	—
分枝期　绝干[2]	20.18	2.48	32.30	37.60	7.44	0.65	0.43

数据来源：1. 重庆市畜牧科学院；2. 贵州省草业研究所

地上荚及种子

地下荚及种子

叶片形态

株丛及生境

植株局部

根系及地下荚形态

花序

地上荚形态及着生

锈毛两型豆 *Amphicarpaea ferruginea* Benth.

形态特征 多年生草质藤本。羽状三出复叶；托叶长圆形，长约6 mm，宽约3 mm；小叶纸质，顶生小叶卵状椭圆形，长3～6 cm，宽2～4 cm，两面密被黄褐色伏毛，侧生小叶斜卵形。总状花序长3～5 cm；花较密；花萼筒状，长约6 mm，5裂；花冠紫蓝色，各瓣近等长，旗瓣倒卵状椭圆形，长约1.2 cm，基部具短柄，翼瓣椭圆形，先端钝，基部具长瓣柄，一侧具尖耳，龙骨瓣与翼瓣相仿；雄蕊二体。荚果椭圆形，长约3 cm，略膨胀，被黄褐色柔毛，先端具喙。种子2～3，肾形。花期8～9月；果期10～11月。

生境与分布 多生于海拔2300～3000 m的山坡林下。云南和四川有分布。

饲用价值 茎叶柔嫩，叶量丰富，山羊、绵羊、黄牛、水牛与猪等均喜食，可青饲或刈割调制干草。其化学成分如下表。

锈毛两型豆的化学成分（%）

样品情况	占干物质					钙	磷
	粗蛋白	粗脂肪	粗纤维	无氮浸出物	粗灰分		
结荚期　绝干	14.58	1.76	28.54	45.87	9.25	0.70	0.24

数据来源：中国热带农业科学院热带作物品种资源研究所

果荚　示种子着生

花序

株丛

叶片腹面

叶片背面

拟大豆属
Ophrestia H. M. L. Forbes

羽叶拟大豆 | *Ophrestia pinnata* (Merr.) H. M. L. Forbes

形态特征　缠绕藤本。羽状复叶，具小叶5～7；小叶纸质，长椭圆形，长约5 cm，宽约3 cm，腹面被稀疏伏毛，背面密被糙伏毛；小托叶针状，长约1 mm，脱落。总状花序腋生，长约8 cm；单花或成对着生于花序轴上；花萼膜质，具纵脉纹，裂片5；花冠紫红色，旗瓣长约6 mm，翼瓣狭长椭圆形，具耳，有瓣柄，龙骨瓣长椭圆形，与翼瓣等长，有耳和瓣柄；雄蕊二体。荚果长圆形，长约4 cm，宽约6 mm，先端具短喙，密被黄褐色长硬毛。种子2～5，近圆形，扁平，直径约4.5 mm，褐色；种阜隆起。花果期7～10月。
生境与分布　喜湿热气候。生于沿海稀树灌丛。海南三亚和东方有分布。
饲用价值　叶片纸质，适口性一般，羊有采食，属中等饲用植物。

植株

叶片腹面
叶片背面
果序
果荚
示种子着生
种子

距瓣豆属
Centrosema Benth.

距瓣豆 | *Centrosema pubescens* Benth.

形态特征　多年生草质藤本。叶具羽状3小叶；托叶卵形，长约3 mm；叶柄长约5 cm；小叶薄纸质，顶生小叶椭圆形，长3～6 cm，宽1.5～4 cm，两面疏被毛；侧生小叶略小，稍偏斜；小托叶刚毛状。总状花序腋生；苞片与托叶相仿；小苞片宽卵形至宽椭圆形，与萼贴生，比苞片大；花2～4，常密集于花序顶部；花萼5齿裂，上部2裂片多少合生；花冠淡紫红色，长约2.5 cm，旗瓣宽圆形，背面密被柔毛，翼瓣镰状倒卵形，龙骨瓣宽而内弯，近半圆形；雄蕊二体。荚果线形，长可达10 cm，宽约5 mm，扁平，先端渐尖，具直而细长的喙，果瓣近背腹两缝线均凸起呈脊状。种子长椭圆形，无种阜，种脐小。花果期近全年。

生境与分布　喜热带气候。原产热带美洲。华南引种栽培，已逸为野生。

饲用价值　叶量丰富，茎叶柔软少毛，家畜均喜食，可青饲、晒制干草或加工为草粉利用，属优等牧草。也可同珊状臂形草、坚尼草等禾本科牧草建植混播放牧草地。其化学成分如下表。

距瓣豆的化学成分（%）

样品情况	干物质	占干物质					钙	磷
		粗蛋白	粗脂肪	粗纤维	无氮浸出物	粗灰分		
营养期　鲜样	24.30	22.22	2.47	30.86	37.03	7.42	1.57	0.48

数据来源：中国热带农业科学院热带作物品种资源研究所

叶片腹面

叶片背面

花序
花特写
示种子着生
果荚
株丛

蝶豆属
Clitoria L.

蝶 豆 | *Clitoria ternatea* L.

形态特征 草质藤本。羽状复叶，长约5 cm，通常为5小叶；小叶薄纸质，宽椭圆形，两面疏被贴伏毛；小托叶刚毛状；小叶柄长约2 mm。花腋生，长约5 cm；苞片2，披针形；小苞片大，膜质，近圆形；花萼膜质，长约2 cm，5裂，裂片披针形；花冠蓝色，长3.5～5 cm，旗瓣宽倒卵形，翼瓣与龙骨瓣远较旗瓣为小，均具柄，翼瓣倒卵状长圆形，龙骨瓣椭圆形；雄蕊二体；子房被短柔毛。荚果长5～10 cm，宽约1 cm，扁平，具长喙，有5～12种子。种子长圆形，黑色，具明显种阜。花果期4～12月。

生境与分布 喜热带气候。原产印度。华南有引种栽培，少有逸为野生。

饲用价值 开花期嫩茎叶粗蛋白含量高，粗纤维含量低，是一种营养价值较高的豆科牧草。适口性好，可刈割利用。其化学成分如下表。

蝶豆的化学成分（%）

样品情况	干物质	占干物质					钙	磷
		粗蛋白	粗脂肪	粗纤维	无氮浸出物	粗灰分		
开花期茎叶 鲜样	14.30	30.57	3.07	21.29	39.87	5.20	0.54	0.58

数据来源：中国热带农业科学院热带作物品种资源研究所

花序

植株
幼荚
成熟果荚
示种子着生
示旗瓣背面特征
小苞片
花特写
叶片

三叶蝶豆 | *Clitoria mariana* L.

形态特征 亚灌木状草本。羽状三出复叶；托叶卵状披针形；小叶薄纸质，卵状长椭圆形，长4～10 cm，宽约3.5 cm，被疏毛；小托叶线状披针形，长约5 mm。通常单花腋生；苞片卵形至卵状披针形，长约3 mm；小苞片着生于花萼的基部；花萼筒状，膜质，裂片5；花冠浅蓝色，长可达5 cm，旗瓣宽椭圆状，基部渐狭成柄，翼瓣与龙骨瓣近等长，具细长的瓣柄；雄蕊二体；子房及花柱被毛。荚果长圆形，长约4 cm，宽约8 mm，先端具喙，幼时有疏柔毛。种子2～4，近圆柱形，黑褐色。花果期6～12月。

生境与分布 喜亚热带湿润气候。生于山坡灌丛或疏林中。云南及广西有分布。

饲用价值 叶片柔嫩，适口性佳，家畜喜食，为良等饲用植物。其化学成分如下表。

三叶蝶豆的化学成分（%）

样品情况	干物质	占干物质					钙	磷
		粗蛋白	粗脂肪	粗纤维	无氮浸出物	粗灰分		
开花期茎叶 干样	91.60	18.47	6.44	43.28	27.18	4.63	3.75	1.94

数据来源：西南民族大学

叶片及花序　花　株丛

巴西木蝴豆 *Clitoria fairchildiana* R. A. Howard

形态特征 直立乔木，高5～10 m，树皮呈灰白色，树冠浓密，分枝稍下垂。叶柄长3～7 cm；羽状三出复叶，互生；顶生小叶较大，椭圆状披针形或长圆状椭圆形，全缘，顶端急尖，基部圆形，长8～20 cm，宽3～7 cm，革质，腹面绿色具光泽，背面淡绿色被短柔毛；侧生小叶稍小，与顶生叶同形。总状花序腋生或顶生，下垂，长8～40 cm，花密集；花大，长约5.5 cm，宽约3 cm，具芳香，淡紫色或紫色。荚实扁平，木质，长12～30 cm，宽2～3 cm，成熟后开裂；种子5～10。

生境与分布 喜热带气候，较耐干旱。原产热带美洲。华南有栽培。

利用价值 花序大型，花色艳丽，国内作观赏种植。叶片作青饲适口性一般，干叶适口性有改善，牛、羊采食，在巴西、哥伦比亚等热带美洲国家是旱季重要的补饲来源。

植株局部

果荚
花
花萼及苞片
小托叶
叶片
花序

镰瓣豆 *Dysolobium grande* (Benth.) Prain

形态特征 大型缠绕藤本。羽状三出复叶，两面疏生微小柔毛；顶生小叶近圆形至菱状卵形，长约15 cm，宽约10 cm；侧生小叶偏斜。总状花序腋生，长可达40 cm，有短柔毛，花2～3簇生；花萼钟状，外面密被短柔毛，裂片5，上方2裂片合生，下方中央裂片较长；花冠紫蓝色；旗瓣广卵圆形，长约3 cm，有短瓣柄，基部两侧有小耳；翼瓣倒卵形，长约2 cm；龙骨瓣镰形，瓣片近卵形，下部较宽，上部渐狭，先端上弯成反弓形的狭管。荚果肥厚，长约15 cm，宽约2 cm，密被褐色短绒毛，先端有短喙；腹、背缝线边各具约2 mm宽纵肋，沿腹背缝线开裂。种子2～10，长圆形，褐黑色。花期7～10月；果期8～11月。

生境与分布 喜亚热带湿润气候。生于低海拔的山坡、山谷林中或林缘。云南及贵州有分布。

饲用价值 叶片幼嫩，适口性好，营养价值高，家畜喜采食，是具有开发潜力的豆科牧草。

花特写（龙骨瓣扭曲）

株丛及生境
花序
叶片形态
腹缝线特征
果荚

四棱豆属
Psophocarpus Neck. ex DC.

四棱豆 | *Psophocarpus tetragonolobus* (L.) DC.

形态特征 多年生攀援草本。羽状三出复叶；小叶卵状三角形，长5～15 cm，宽3～10 cm，全缘；托叶卵形至披针形。总状花序腋生，有2～10花；花萼钟状，长约1.5 cm；旗瓣圆形，直径约3.5 cm，翼瓣倒卵形，长约3 cm，浅蓝色，龙骨瓣稍内弯；子房具短柄，无毛，胚珠多粒，花柱长，柱头周围及下面被毛。荚果四棱状，长10～25 cm，宽约2.5 cm，绿色，翅宽5 mm，边缘具锯齿。种子8～17，近球形，直径7 mm，光亮，边缘具假种皮。花果期全年。

生境与分布 喜热带湿热气候。华南及云南有栽培。

饲用价值 茎叶鲜嫩多汁，质地柔软，适口性好，牛、羊、猪、鸡、鸭、鹅都喜食。干藤蔓及荚壳蛋白质含量较高，可直接投喂或制成草粉。其化学成分如下表。

四棱豆的化学成分（%）

样品情况	占干物质					钙	磷
	粗蛋白	粗脂肪	粗纤维	无氮浸出物	粗灰分		
茎叶 绝干	25.62	1.06	5.62	58.43	9.27	—	—

数据来源：中国热带农业科学院热带作物品种资源研究所

株丛

花
叶片腹面
果荚
小托叶
示种子着生
叶片背面
成熟果荚
种子

扁豆属
Lablab Adans.

扁 豆 | *Lablab purpureus* (L.) Sweet

形态特征 多年生缠绕藤本。羽状三出复叶；托叶基着，披针形；小托叶线形，长约3.5 mm；小叶三角状卵形，长5～12 cm，侧生小叶偏斜。总状花序直立，长达25 cm，花序轴粗壮；每节簇生2至数花；花萼钟状，长约6 mm；花冠白色、紫色或粉色，旗瓣圆形，基部两侧具2长而直立的小附属体，翼瓣宽倒卵形，具截平的耳，龙骨瓣弯曲，基部渐狭成瓣柄；子房线形，无毛。荚果长圆状镰形，长3～7 cm，宽约2 cm，扁平。种子3～5，扁平，长椭圆形；种脐线形，长约占种子周围的2/5。花果期4～12月。

生境与分布 适应性较广，全国广泛栽培。

饲用价值 扁豆在许多国家是重要的干草和青贮饲料来源。可单种，也可同玉米、高粱混种，在收获豆荚后，扁豆田可放牧家畜。豆荚和豆粒可作为精饲料饲喂家畜。其化学成分如下表。

扁豆的化学成分（%）

样品情况	干物质	占干物质					钙	磷
		粗蛋白	粗脂肪	粗纤维	无氮浸出物	粗灰分		
叶片 鲜样[1]	10.90	22.02	3.67	17.43	48.62	8.26	1.10	0.52
地上部 鲜样[2]	18.40	13.60	4.90	31.50	37.50	12.5	1.61	0.31

数据来源：1. 中国热带农业科学院热带作物品种资源研究所；2. 四川农业大学

株丛

种子
示种子着生
侧生小叶
顶生小叶
豆荚
果序
托叶
花序

润高扁豆　*Lablab purpureus* (L.) Sweet ‘Rongai’

品种来源　四川农业大学和百绿国际草业(北京)有限公司申报，2010年通过全国草品种审定委员会审定；登记为引进品种；品种登记号434；申报者为陈谷、刘伟、张新全、何胜江、李传富。

形态特征　一年生草质藤本。茎蔓生，长3～6 m。羽状三出复叶；小叶卵菱形，长7.5～15 cm，叶片先端渐尖，腹面光滑，背面被短毛；叶柄细长。总状花序腋生，长15～25 cm，花序轴粗壮，总花梗长8～14 cm；每节簇生数花；花萼钟状，上方2齿几合生，下方3齿近相等；花冠白色，旗瓣展开，龙骨瓣呈直角内曲。荚果弯刀形，长4～5 cm，表面光滑，先端具尖喙，含2～4种子。种子扁卵形，浅棕色，长1 cm，宽约7 mm；具明显的线形白色种脐；千粒重250 g。

生物学特性　喜温暖湿润气候，最适生长温度为18～30℃，适宜在年降水量650～2000 mm、无霜期120天以上、有效积温>2100℃的广大区域种植。适应性广，各种土壤均可栽培，能耐受pH 5～7.5，以排水良好且肥沃的砂壤土为最好。

饲用价值　叶量丰富，茎叶柔嫩，适口性好，猪、牛、羊、兔等畜禽喜食，每年可刈割3～4次，年均鲜草产量高达55 000 kg/hm^2、干草产量10 500 kg/hm^2，属优等饲用牧草，其化学成分如下表。

栽培要点　前茬收割后及时灭茬、翻地、耙地，并施用有机肥作底肥备播。西南地区为3月中下旬至4月中旬播种。穴播，行穴距为50 cm × 50 cm，播种深度3 cm。单播播量为22.5～37.5 kg/hm^2。苗期及时中耕锄草，并灌水、施肥。株高50 cm开始刈割，留茬高度15 cm以上。

润高扁豆的化学成分（%）

样品情况	干物质	占干物质					钙	磷
		粗蛋白	粗脂肪	粗纤维	无氮浸出物	粗灰分		
初花期　干样	94.40	19.75	3.67	26.59	36.31	13.78	—	—

数据来源：四川农业大学

幼苗

种子

润高扁豆与玉米混作

栽培群体

镰扁豆属
Dolichos L.

镰扁豆 *Dolichos trilobus* L.

形态特征 缠绕草质藤本。茎纤细，近无毛。羽状三出复叶；叶柄长约3 cm；托叶卵形，基着，长约3 mm；小叶菱形或卵状菱形，长2～5 cm，宽2～3.5 cm，两面均无毛；小叶柄长约3 mm，被毛。总状花序腋生，纤细，有1～4花；总花梗和叶柄等长：苞片与小苞片脉纹显露；花萼阔钟状，长约3 mm，无毛，裂齿三角形；花冠白色，长约12 mm，旗瓣圆形，基部有2三角形的附属体，无耳，翼瓣倒卵形，比旗瓣略长，龙骨瓣基部截形，具瓣柄；雄蕊2体；子房无柄。荚果线状长椭圆形，稍弯，长约6 cm，宽约8 mm，扁平，无毛；种子6～7。花期10月至翌年3月。

生境与分布 喜热带气候。生于临海灌木丛中。台湾和海南有分布。

饲用价值 茎叶柔弱，适口性佳，营养价值高，各类家畜喜食，可供放牧利用，属良等牧草。

幼荚

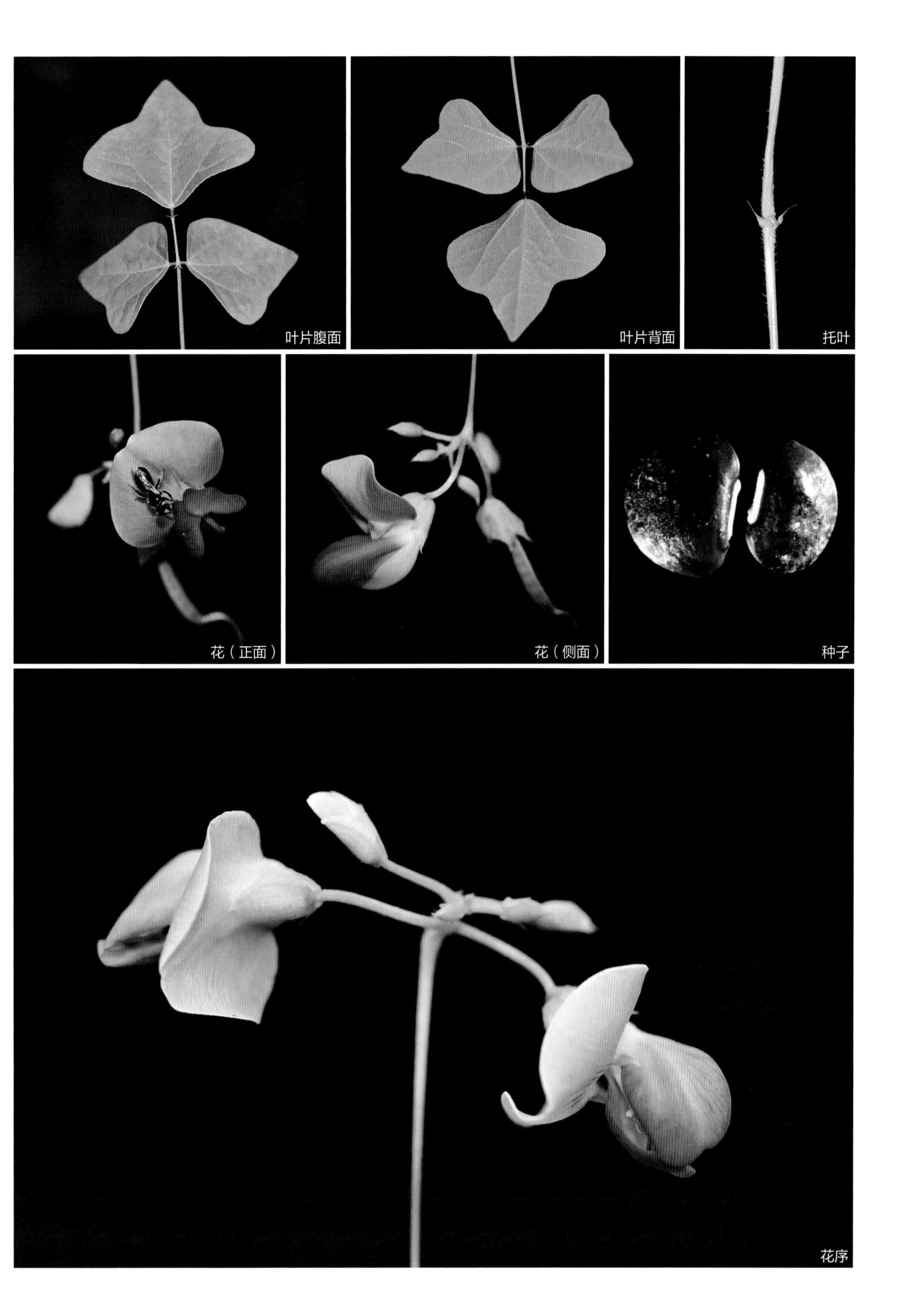
叶片腹面
叶片背面
托叶
花（正面）
花（侧面）
种子
花序

硬皮豆属
Macrotyloma (Wight et Arn.) Verdc.

硬皮豆 | *Macrotyloma uniflorum* (Lam.) Verdc.

形态特征 一年生草本。羽状三出复叶；叶质薄，卵状菱形或椭圆形，一侧偏斜，长约5 cm，宽约3 cm，两面被绒毛；托叶卵圆状披针形，长约6 mm。花2～3成簇腋生；苞片线形，长约2 mm；花萼管长约2 mm，裂片三角状披针形；旗瓣淡黄绿色，中央有1紫色小斑，倒卵状长圆形，长约1 cm，宽约5 mm；翼瓣及龙骨瓣淡黄绿色。荚果线状长圆形，长约4 cm，宽约6 mm，被短柔毛。种子浅或深红棕色，长圆形或肾形，长约3.5 mm，宽约3 mm。

生境与分布 喜湿热气候。多生于灌丛中或路旁草地。华南有引种栽培，海南已逸为野生。

饲利用价值 茎叶柔嫩，适口性好，营养丰富，是家畜的优良青饲料，也可晒制成干草供冬季利用。种子粗蛋白含量比大豆低，但比绿豆、豇豆及木豆等高，可供食用，也可作为家畜的精饲料。其化学成分如下表。

硬皮豆的化学成分（%）

样品情况	干物质	占干物质					钙	磷
		粗蛋白	粗脂肪	粗纤维	无氮浸出物	粗灰分		
嫩茎叶 鲜样	22.90	15.10	2.21	11.80	66.40	4.44	0.47	0.22

数据来源：中国热带农业科学院热带作物品种资源研究所

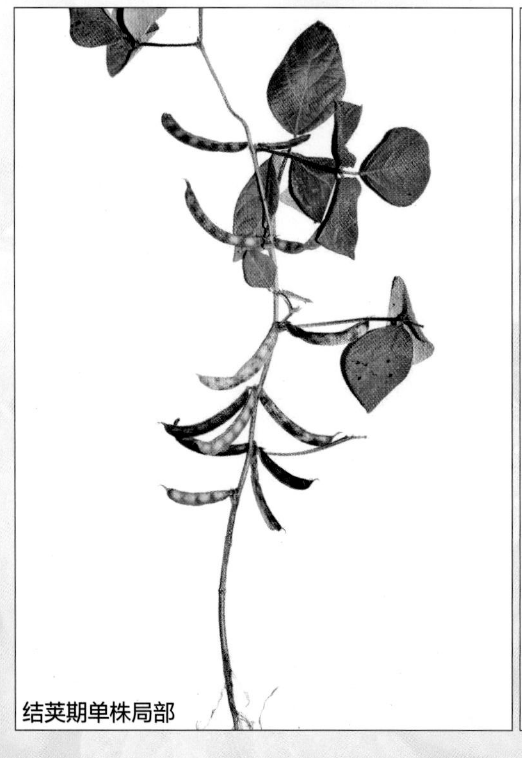

结荚期单株局部

果荚特写

植株
叶片及小托叶
嫩荚
托叶
花

豇豆属
Vigna Savi

豇 豆 *Vigna unguiculata* (L.) Walp.

形态特征 草质藤本。羽状三出复叶具3小叶；托叶披针形；小叶卵状菱形，长5～10 cm，宽约5 cm，先端急尖。总状花序腋生；花聚生于花序的顶端，花梗节间常有突出的蜜腺；花萼钟状，裂齿披针形；花冠黄白色或紫色，长约2 cm，各瓣均具瓣柄，旗瓣扁圆形，顶端微凹，基部稍有耳，翼瓣略呈三角形，龙骨瓣稍弯；子房线形，被毛。荚果下垂，线形，长10～45 cm，宽约6 mm，有种子多粒。种子稍肾形，长约8 mm，颜色不一。花果期全年。

生境与分布 适应性较广，全国广泛栽培。

利用价值 嫩荚是重要的蔬菜；饲用方面，其茎叶适口性好，是家畜的优质饲料，可青饲，也可晒制干草或青贮，秸秆粉碎之后也可喂猪，籽粒也可作为精饲料使用。其化学成分如下表。

豇豆的化学成分（%）

样品情况	干物质	占干物质					钙	磷
		粗蛋白	粗脂肪	粗纤维	无氮浸出物	粗灰分		
带荚茎叶 绝干[1]	100.00	18.40	6.10	22.80	42.80	9.90	—	—
无荚茎叶 绝干[1]	100.00	10.40	2.50	34.50	45.70	6.90	—	0.30
茎 绝干[1]	100.00	6.90	1.20	43.10	42.40	6.40	—	0.20
叶 绝干[1]	100.00	18.40	7.90	16.00	46.10	11.60	—	1.20
育蕾期 干样[2]	92.89	18.05	5.29	36.46	28.77	11.42	1.62	0.26

数据来源：1. 中国热带农业科学院热带作物品种资源研究所；2. 湖北省农业科学院畜牧兽医研究所

叶片腹面

叶片背面

栽培群体
果荚1
植株
果荚2
花序
示小托叶
种子

滨豇豆 *Vigna marina* (Burm.) Merr.

形态特征 多年生匍匐草本。羽状三出复叶；托叶基着，卵形；小叶近革质，卵圆形，长约6 cm，宽约3.5 cm，先端浑圆，基部近圆形，两面近无毛。总状花序长2～4 cm，被短柔毛；总花梗长3～8 cm，增粗；花梗长约6 mm；小苞片披针形，早落；花萼管长约3 mm，无毛，裂片三角形；花冠黄色，旗瓣倒卵形，翼瓣及龙骨瓣长约1 cm。荚果线状长圆形，微弯，肿胀，长约5 cm，无毛，种子间稍收缩。种子2～6，黄褐色或红褐色，长圆形，长约6 mm，宽约4 mm；种脐长圆形，种脐周围的种皮稍隆起。

生境与分布 生于海边沙地。海南有分布。

饲用价值 茎叶的饲用营养价值高，适口性佳，各类家畜喜食，可供放牧利用，也可刈害青饲。该种耐盐性强，生长旺盛，适宜用于海滨沙滩草地的改良，建植刈割型人工草地。其化学成分如下表。

滨豇豆的化学成分（%）

样品情况	干物质	占干物质					钙	磷
		粗蛋白	粗脂肪	粗纤维	无氮浸出物	粗灰分		
嫩叶 鲜样	16.22	31.52	4.07	11.49	51.47	1.45	0.88	0.33

数据来源：中国热带农业科学院热带作物品种资源研究所

花序

生境

果荚

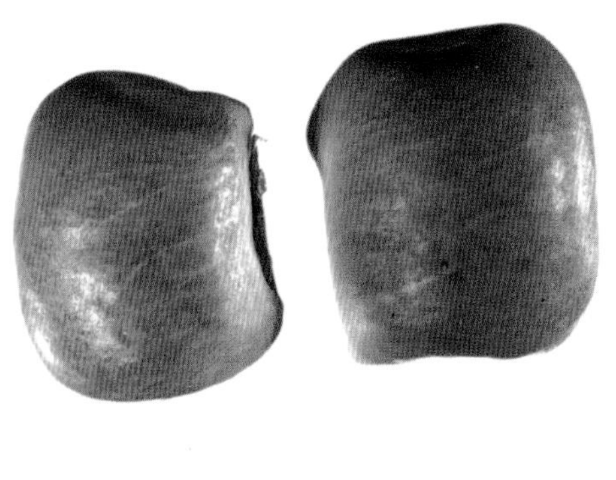
种子

野豇豆 *Vigna vexillata* (L.) Rich.

形态特征 多年生蔓生草本。羽状三出复叶；托叶卵形至卵状披针形，基着；小叶膜质，卵形至披针形，长约6 cm，宽约2.5 cm，全缘，两面被柔毛。花序腋生，花2～4生于花序轴顶部；总花梗长约5 cm；花萼被棕色刚毛，萼管长5～7 mm，裂片线状披针形；旗瓣黄色或紫色，长约2.5 cm，宽约1.5 cm，顶端凹缺，翼瓣紫色，基部稍淡，龙骨瓣淡紫，镰状，喙部弯曲。荚果直立，线状圆柱形，长3～10 cm，被刚毛。种子通常10以上，黑色，长圆形。花果期5～12月。

生境与分布 喜热带、亚热带气候。生于旷野、灌丛或疏林中。长江以南均有分布。

饲用价值 茎叶适口性好，牛、羊喜食，属良等饲用植物。其化学成分如下表。

野豇豆的化学成分（%）

样品情况	干物质	占干物质					钙	磷
		粗蛋白	粗脂肪	粗纤维	无氮浸出物	粗灰分		
嫩叶 鲜样	16.78	21.92	3.41	20.91	45.92	7.84	—	—

数据来源：重庆市畜牧科学院

花 示种子着生 成熟果荚及叶片形态 果荚

株丛
叶片腹面
花序
幼荚
叶片背面
幼荚被毛
纺锤形根
种子

贼小豆 *Vigna minima* (Roxb.) Ohwi et Ohashi

形态特征 一年生缠绕草本。羽状三出复叶；托叶披针形，盾状着生；小叶卵形或卵状披针形，长2.5～7 cm，宽约2.5 cm，两面被极稀疏的糙伏毛。总状花序腋生，有3～4花；小苞片线形；花萼钟状，长约3 mm，具不等大的5齿；花冠黄色。荚果圆柱形，长约5 cm，宽约4 mm，无毛，开裂后旋卷。种子4～8，长圆形，长约4 mm，宽约2 mm，深灰色；种脐线形，凸起，长3 mm。花果期8～10月。

生境与分布 喜亚热带湿润气候。生于向阳山坡草丛或缠绕攀爬于灌丛中。长江以南均有分布。

饲用价值 茎叶适口性好，牛、羊喜食，属良等饲用植物。其化学成分如下表。

贼小豆的化学成分（%）

样品情况	占干物质					钙	磷
	粗蛋白	粗脂肪	粗纤维	无氮浸出物	粗灰分		
营养期 绝干	16.48	2.60	23.05	45.91	11.95	1.81	0.34

数据来源：中国热带农业科学院热带作物品种资源研究所

株丛

果荚

花
叶片腹面局部
示种子着生
花序

乌头叶豇豆 *Vigna aconitifolia* (Jacq.) Verdc.

形态特征 一年生草本。羽状三出复叶；托叶盾状着生，披针形；小托叶钻状；小叶长5～8 cm，3～5深裂呈羽扇状；叶柄长3～7 cm。总状花序腋生；总花梗长5～10 cm，稍被毛；花2～5腋生，黄色，具短花梗；苞片披针形，具缘毛；花萼长约3 mm，裂齿5，近相等；花冠长约6 mm，旗瓣心形，翼瓣倒卵形，具耳，龙骨瓣顶端旋卷。荚果平展，圆柱形，长约4 cm，褐色，被短硬毛，具短钝喙。种子4～9，椭圆形，长4～5 mm，棕色具黑斑；种脐白色，线形。

生境与分布 喜干热气候。生于向阳干燥的山坡草地。乌头叶豇豆是狭域种，国内只分布于云南、四川干热河谷区，是特殊地理、气候条件下的豇豆属重要资源，极具保护价值。

饲用价值 茎叶细嫩，适口性好，放养家畜均喜采食，属良等饲用植物。其化学成分如下表。

乌头叶豇豆的化学成分（%）

样品情况	干物质	占干物质					钙	磷
		粗蛋白	粗脂肪	粗纤维	无氮浸出物	粗灰分		
成熟期 干样	91.17	23.45	6.32	22.58	43.63	4.02	2.11	1.06

数据来源：西南民族大学

叶片 果荚 种子

株丛及生境
生境
花
叶片腹面
叶片背面
植株
托叶

三裂叶豇豆 | *Vigna trilobata* (L.) Verdc.

形态特征 一年生蔓生草本。羽状三出复叶；托叶卵形，长约1 cm，盾状着生；小叶菱形或卵形，长2～5 cm，偶见浅裂，顶端钝，无毛或被不明显的短毛。花黄色，排成头状的总状花序；总花梗较叶长；小花梗极短；花萼钟状，裂齿三角形，长约2 mm；花冠长约6 mm。荚果圆柱形，长约4 cm，宽约3 mm，老时无毛，内有种子6～12。种子极小，圆柱形，两头截平，深棕色。

生境与分布 喜热带气候。生于低海拔的山坡、山谷林中或林缘。原产我国台湾，云南元谋及四川攀枝花发现新分布。

饲用价值 叶片幼嫩，适口性好，营养价值高，家畜喜采食，属良等牧草。

植株

叶片
小托叶
根系
嫩荚
托叶
花序
花

长叶豇豆 *Vigna luteola* (Jacq.) Benth.

形态特征　多年生攀援植物。羽状三出复叶；托叶卵状披针形，长约3 mm，宽2 mm，着生点下方具2浅裂；小叶卵状披针形，长约6 cm，宽约2 cm，两面疏生短柔毛。花序腋生，总状；总花梗长约10 cm；苞片早落，卵状披针形；花萼被短柔毛，萼管长约3 mm，裂片三角形；旗瓣黄色，背面有时染红，扁圆形，长约2 cm，宽约1.5 cm，顶端微凹，无毛，龙骨瓣具短喙，顶端钝。荚果线形，长约5 cm，成熟后仍被短柔毛。种子6～12，暗红棕色，长圆形，长约5 mm，宽约3 mm；种脐圆形。

生境与分布　喜热带气候。生于滨海湿地。原产我国台湾，海南发现新分布。

饲用价值　叶片幼嫩，适口性好，营养价值高，家畜喜采食，属良等牧草。

叶片腹面　叶片背面

花序

成熟果荚
托叶
嫩荚
花
花序轴

绿 豆 *Vigna radiata* (L.) Wilczek

形态特征 一年生直立草本。羽状三出复叶；托叶盾状着生，卵形；小托叶显著，披针形；小叶卵形，长5～10 cm，宽3～7 cm，侧生小叶较小，偏斜，全缘，两面多少被疏毛。总状花序腋生，花稀疏；小苞片线状披针形，长约5 mm；萼管无毛，长约4 mm，裂片狭三角形；旗瓣近方形，顶端微凹，内弯，无毛；翼瓣卵形，黄色；龙骨瓣镰刀状，绿色或粉红。荚果线状圆柱形，平展，长4～10 cm，宽5～6 mm，被散生的长硬毛，种子间多少收缩。种子8～14，淡绿色或黄褐色，短圆柱形，长约4 mm，宽约2.5 mm；种脐白色而不凹陷。花期初夏；果期6～8月。

生境与分布 适应性广，全国广泛栽培。

饲用价值 饲用利用时可刈割青饲、调制青贮料或晒制干草，其中青贮料及干草是理想的冬春贮备饲料；也可粉碎或打浆喂猪、禽及鱼；其种子是畜禽的优质精饲料，特别适于喂鸽子。其化学成分如下表。

绿豆的化学成分（%）

样品情况	干物质	占干物质					钙	磷
		粗蛋白	粗脂肪	粗纤维	无氮浸出物	粗灰分		
结荚期茎叶 鲜样	20.00	20.00	4.00	19.50	47.50	9.00	0.28	0.04
籽粒 干样	85.60	27.00	1.29	5.84	62.27	3.62	—	—
粉渣 鲜样	14.00	15.00	0.71	20.00	62.14	2.14	—	—
豆秸粉 干样	86.50	6.82	1.27	45.20	40.00	6.71	—	—

数据来源：中国热带农业科学院热带作物品种资源研究所

花

株丛
叶片
托叶
果荚
根系

赤小豆 *Vigna umbellata* (Thunb.) Ohwi et Ohashi

形态特征 一年生草本。羽状三出复叶；托叶盾状着生，披针形；小托叶钻形，小叶纸质，卵形或披针形，长8～13 cm，宽3～6 cm，先端急尖，基部宽楔形，全缘，沿两面脉上薄被疏毛。总状花序腋生，有2～3花；苞片披针形；花梗短，着生处有腺体；花黄色，长约1.8 cm，宽约1.2 cm。荚果线状圆柱形，下垂，长5～10 cm，宽约5 mm，无毛。种子6～10，长椭圆形，通常暗红色，有时为褐色或黄色，直径3～3.5 mm；种脐凹陷。花期5～8月。

生境与分布 适应性较广，长江以南广泛栽培，亦有逸为野生者。

饲用价值 全株可作青饲料，籽粒是各类畜禽的优质精饲料，属优等饲用植物。其化学成分如下表。

赤小豆的化学成分（%）

样品情况	干物质	占干物质					钙	磷
		粗蛋白	粗脂肪	粗纤维	无氮浸出物	粗灰分		
营养期茎叶 鲜样[1]	16.00	18.00	1.10	31.50	39.90	9.50	1.40	0.35
开花期茎叶 鲜样[1]	24.00	14.50	1.00	32.10	41.60	10.80	1.20	0.20
营养期茎叶 干样[2]	93.73	17.46	3.50	27.67	39.40	11.98	1.97	0.29

数据来源：1. 中国热带农业科学院热带作物品种资源研究所；2. 湖北省农业科学院畜牧兽医研究所

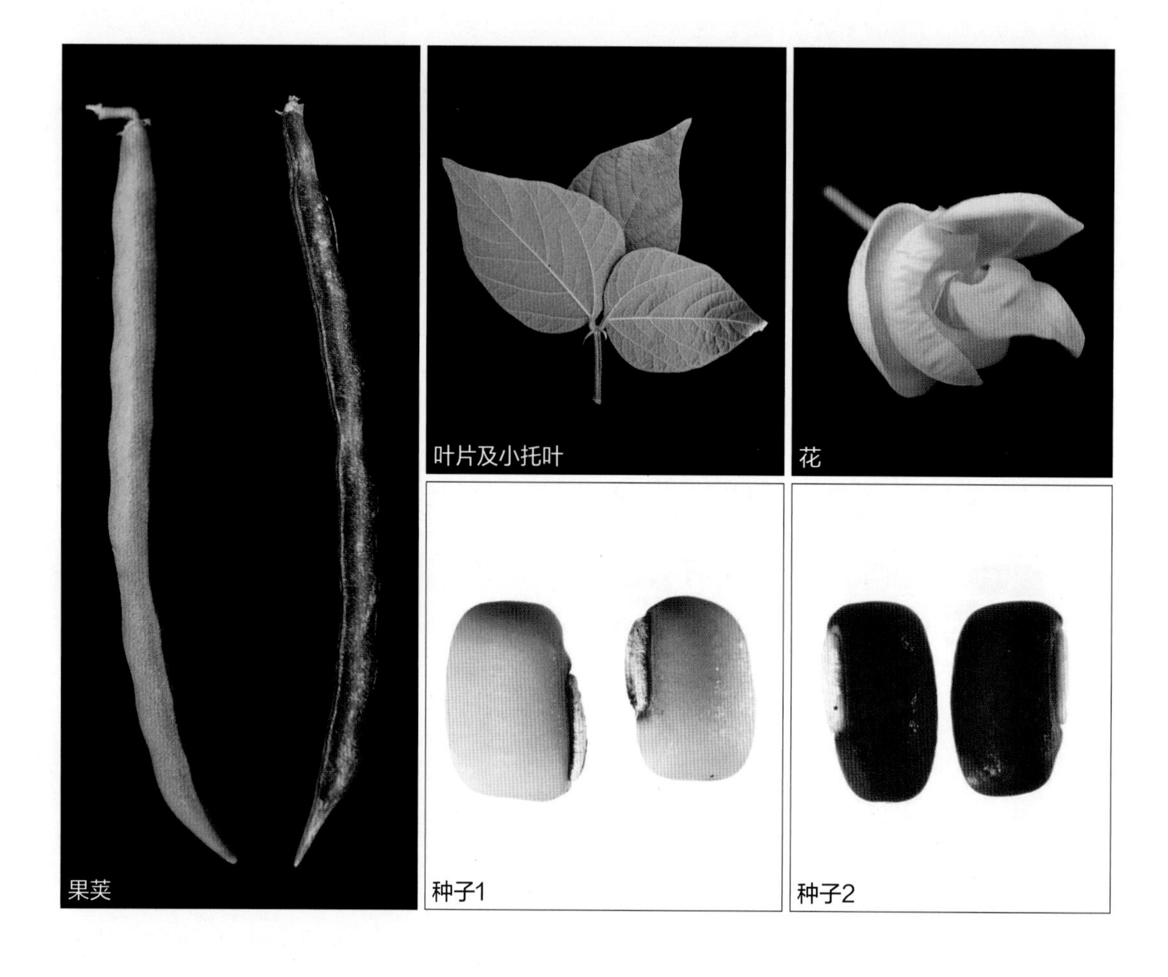
果荚　叶片及小托叶　花　种子1　种子2

花序

株丛

大翼豆属
Macroptilium (Benth.) Urban

大翼豆 | *Macroptilium lathyroides* (L.) Urban

形态特征 直立草本，茎密被短柔毛。羽状三出复叶；托叶披针形，长达1 cm；小叶狭椭圆形，长约6 cm，宽约3 cm，腹面无毛，背面被短柔毛。花序长达10 cm；花成对稀疏生于花序轴的上部；花萼管状钟形；萼齿短三角形；花冠紫红色，旗瓣近圆形，长约1.5 cm，翼瓣长约2 cm，具白色瓣柄，龙骨瓣先端旋卷。荚果线形，长4～12 cm，宽约3 mm，被短柔毛，内含种子18～30。种子斜长圆形，棕色，长约3 mm，具凹痕。花果期5～11月。

生境与分布 喜湿热气候。原产热带美洲，现广泛栽培于世界热带地区。华南有栽培，已逸为野生。

饲用价值 适口性好，为青饲及刈制干草的优良豆科牧草。其化学成分如下表。

大翼豆的化学成分（%）

样品情况	干物质	占干物质					钙	磷
		粗蛋白	粗脂肪	粗纤维	无氮浸出物	粗灰分		
茎叶 绝干[1]	100.00	22.18	2.42	25.38	36.75	13.27	—	—
现蕾期 干样[2]	88.00	17.70	4.92	37.28	32.30	7.80	1.22	0.24

数据来源：1. 广西壮族自治区畜牧研究所；2. 贵州省草业研究所

植株

叶片腹面
叶片背面
果荚
花序
株丛

紫花大翼豆 *Macroptilium atropurpureum* (DC.) Urban

形态特征 多年生蔓生草本。茎被短柔毛或绒毛。羽状三出复叶；托叶卵形，长约5 mm，被长柔毛；小叶卵形，长约5 cm，宽约3 cm，具裂片，侧生小叶偏斜，外侧具裂片，腹面被短柔毛，背面被银色绒毛。花萼钟状，长约5 mm，被白色长柔毛，具5齿；花冠深紫色，旗瓣长1.5～2 cm，具长瓣柄。荚果线形，长5～10 cm，宽约3 mm，顶端具喙尖，具12～15种子。种子长圆状椭圆形，长4 mm，具棕色及黑色花纹，具凹痕。

生境与分布 喜湿热气候。原产热带美洲，现广泛栽培于世界热带地区。华南有栽培，已逸为野生。

饲用价值 适口性好，为青饲或刈制干草的优良豆科牧草。在冬季无重霜的地区，可以在夏秋轻牧，恢复生长后刈割青贮作冬季牧草。其化学成分如下表。

紫花大翼豆的化学成分（%）

样品情况	占干物质					钙	磷
	粗蛋白	粗脂肪	粗纤维	无氮浸出物	粗灰分		
营养期茎叶 绝干	17.15	2.84	28.14	42.80	9.07	1.27	0.26

数据来源：中国热带农业科学院热带作物品种资源研究所

株丛

茎叶局部
叶片
种子
果序
花

色拉特罗大翼豆 *Macroptilium atropurpureum* (DC.) Urb 'Siratro'

品种来源 中国热带农业科学院热带作物品种资源研究所热带牧草研究中心和东方市畜牧兽医局联合申报，2002年通过全国草品种审定委员会审定，登记为引进品种；品种登记号248；申报者为易克贤、何华玄、刘国道、白昌军、符南平。

形态特征 多年生，缠绕性草质藤本。茎匍匐，被柔毛，分枝向四周伸展，长达4 m以上。羽状三出复叶，小叶卵圆形、菱形或披针形，长3～8 cm，宽1～3.5 cm，先端急尖，基部楔形，腹面无毛，背面密被短柔毛，无裂片或微具裂片。总状花序，总花梗长10～20 cm；深紫色，翼瓣特大。荚果直，扁圆形，长5～9 cm，直径4～6 mm，含种子7～13，成熟时容易自裂。种子扁卵圆形，浅褐色或黑色。

生物学特性 喜潮湿温暖的热带和亚热带气候，最适生长温度25～30℃，当气温13～21℃时生长缓慢，受霜后地上部枯黄。在土壤pH 4.5～8、年降雨量650～1800 mm的地区均可种植。

饲用价值 适口性佳，牛、羊、鹿等家畜喜食，年均干物质产量为8250～9000 kg/hm^2，属优等饲用植物。其化学成分如下表。

栽培要点 宜选择肥力中等，排水良好的壤土种植。播种前应除杂并翻耕整地。最适播种期为4～5月，从播种到建植覆盖一般需45～55天，在山地果园套种可早播，以利于雨季来临前形成覆盖。撒播、条播和穴播均可。撒播播种量为7.5～15 kg/hm^2、条播为3.75～7.5 kg/hm^2，播后覆土1～3 cm，播后60～70天即可刈割，刈割间隔时间不宜少于4周，留茬高度在5～10 cm。

色拉特罗大翼豆的化学成分（%）

样品情况	占干物质					钙	磷
	粗蛋白	粗脂肪	粗纤维	无氮浸出物	粗灰分		
现蕾期 绝干	17.70	4.92	37.28	32.30	7.80	1.22	0.24

数据来源：中国热带农业科学院热带作物品种资源研究所

叶片形态（左为腹面，右为背面）

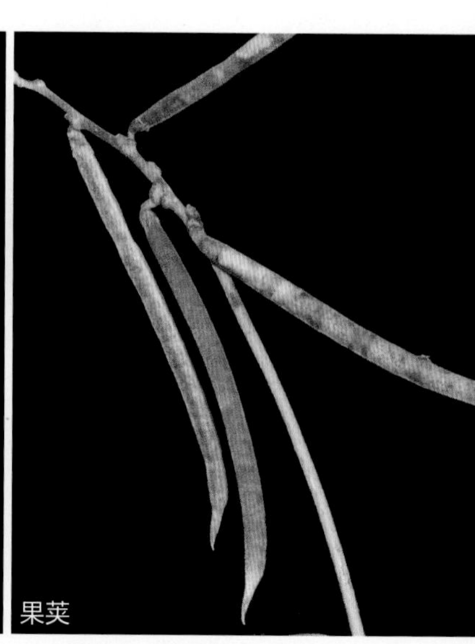
果荚

株丛

花序

茎叶局部特写

菜豆属
Phaseolus L.

菜 豆 | *Phaseolus vulgaris* L.

形态特征 一年生缠绕草本。羽状三出复叶；托叶披针形，长约4 mm；小叶宽卵形，长5～10 cm，宽3～7 cm，全缘，被短柔毛。总状花序，数花生于花序顶部；小苞片卵形；花萼杯状，长约4 mm；花冠白色或粉色；旗瓣近方形，翼瓣倒卵形，龙骨瓣先端旋卷，子房被短柔毛。荚果带形，长约10 cm，宽约2 cm，略肿胀，通常无毛，顶有喙。种子4～8，长椭圆形或肾形，长约1 cm，宽约0.5 cm；种脐白色。花期春夏。

生境与分布 适应性较广，全国广泛栽培。

饲用价值 藤蔓是重要的饲料来源，经干燥粉碎后，是优质的饲料，可饲喂猪或家禽。籽粒主要供人类食用，也可以作为畜禽的精饲料。其化学成分如下表。

菜豆的化学成分（%）

样品情况	干物质	占干物质					钙	磷
		粗蛋白	粗脂肪	粗纤维	无氮浸出物	粗灰分		
籽粒 干样	88.30	22.87	2.21	4.13	66.48	4.13	0.21	0.43

数据来源：中国热带农业科学院热带作物品种资源研究所

叶片及果荚

种子

花序

栽培群体

示豆荚着生

棉豆 *Phaseolus lunatus* L.

形态特征 多年生缠绕草本。羽状三出复叶；托叶三角形，长约3 mm；小叶卵形，长3～8 cm，宽3～5 cm，侧生小叶偏斜，稍小。总状花序腋生；小苞片较花萼短，椭圆形；花萼钟状，长约2 mm，外被短柔毛；花冠白色或淡红色，旗瓣圆形，翼瓣倒卵形，龙骨瓣先端旋卷；子房被短柔毛，柱头偏斜。荚果镰状长圆形，长达10 cm，宽约2 cm，顶端有喙，内有种子2～5。种子肾形，长约1 cm，宽约8 mm，淡红色；种脐白色，凸起。花果期4～12月。

生境与分布 喜热带、亚热带气候。华南、西南及华中常见栽培，华东偶见栽培。

饲用价值 全株可作粗饲料，可晒制干草或调制青贮。荚果可喂羊，籽粒可作畜禽精饲料，也可供食用。其化学成分如下表。

棉豆的化学成分（%）

样品情况	干物质	占干物质					钙	磷
		粗蛋白	粗脂肪	粗纤维	无氮浸出物	粗灰分		
荚果　干样[1]	95.40	18.80	0.60	17.50	59.10	4.00	—	—
籽粒　干样[1]	95.60	27.20	0.90	5.20	61.20	5.50	—	—
开花期茎叶　干样[2]	88.46	20.70	5.67	23.28	46.55	3.80	3.11	1.48

数据来源：1. 中国热带农业科学院热带作物品种资源研究所；2. 西南民族大学

花

种子
果荚
花序
叶片局部
株丛局部

荷包豆 *Phaseolus coccineus* L.

形态特征 多年生缠绕草本。羽状三出复叶；小叶卵形，长5～10 cm，宽3～5 cm，两面均被柔毛。总状花序；苞片长圆状披针形，通常和花梗等长，小苞片长圆状披针形，与花萼等长；花萼阔钟形，疏被长柔毛，萼齿远较萼管为短；花冠通常鲜红色，长约2 cm。荚果镰状长圆形，长约10 cm，宽约1.5 cm。种子阔长圆形，长约2 cm，宽约1.2 cm，深紫色、黑色或红色。

生境与分布 适应性较广，西南、华中及华东有栽培。

利用价值 嫩荚、种子或块根供食用。花色艳丽，也有作为观赏栽培。藤蔓可作为粗饲料利用。其化学成分如下表。

荷包豆的化学成分（%）

样品情况	干物质	占干物质					钙	磷
		粗蛋白	粗脂肪	粗纤维	无氮浸出物	粗灰分		
盛花期 干样	90.41	19.41	2.78	37.30	34.24	6.27	1.96	0.26

数据来源：西南民族大学

花

植株
花序
叶片腹面
株丛局部
叶片背面
幼荚
成熟果荚
示种子着生

木豆属
Cajanus DC.

木 豆 | *Cajanus cajan* (L.) Millsp.

形态特征 直立灌木。小枝有明显纵棱，被灰色短柔毛。羽状三出复叶；小叶纸质，椭圆形，长3～12 cm，宽约3 cm，腹面被短灰毛，背面较密。花序总状；数花生于花序顶部；苞片卵状椭圆形；花萼钟状，裂片三角形，被灰黄色短柔毛；花冠黄色，旗瓣近圆形，翼瓣微倒卵形，龙骨瓣先端钝；雄蕊二体；子房被毛，有胚珠多数。荚果线状长圆形，长3～5 cm，宽约7 mm，被灰褐色短柔毛，先端渐尖。种子3～6，近圆形，稍扁，种皮暗红色，有时有褐色斑点。花果期2～11月。

生境与分布 喜热带、亚热带气候。华南及西南多见栽培，华中及华东偶见栽培。

饲用价值 木豆的种子、豆荚、鲜枝叶等均含有较丰富的营养，属优等饲用植物。其化学成分如下表。

木豆的化学成分（%）

样品情况	干物质	占干物质					钙	磷
		粗蛋白	粗脂肪	粗纤维	无氮浸出物	粗灰分		
盛花期 鲜样	92.34	18.33	9.48	27.34	37.48	7.37	0.61	0.16

数据来源：西南民族大学

花序　成熟果序　种子

株丛

植株枝叶

花

果荚特写

白虫豆 *Cajanus niveus* (Benth.) van der Maesen

形态特征 直立小灌木。全株密被灰白色短绒毛。羽状三出复叶；叶柄长约3 cm；托叶小，早落；小叶革质，腹面疏被短绒毛，背面密被灰白色短绒毛；小叶柄长2～5 mm，密被灰白色短绒毛；侧生小叶稍小，斜椭圆形，两端斜圆形，干后腹面带黑色，背面灰白色。总状花序腋生，少花。荚果倒卵状椭圆形，扁平，长约3 cm，先端具弯喙，果瓣于种子间具明显横缢线，密被灰白色贴伏短绒毛。种子4～8，椭圆形，有淡褐色斑点，先端圆形，基部有肥厚的种阜。花期8～9月；果期10月。

生境与分布 喜湿热气候。生于海拔450～1200 m石山阳坡上。特产于云南元江河谷。

饲用价值 本种是我国木豆属中除木豆之外的唯一直立灌木，是木豆的重要野生近缘种，在育种上具有重要的价值。种子、豆荚、鲜枝叶的营养丰富，牛、羊喜采食，属良等饲用植物。其化学成分如下表。

白虫豆的化学成分（%）

样品情况	占干物质					钙	磷
	粗蛋白	粗脂肪	粗纤维	无氮浸出物	粗灰分		
结荚期 绝干	20.21	2.51	32.08	34.92	10.28	0.80	0.23

数据来源：中国热带农业科学院热带作物品种资源研究所

植株
植株局部
植株枝叶

果荚
旗瓣局部
叶片腹面
叶片背面
茎部特征
花
花序

蔓草虫豆 *Cajanus scarabaeoides* (L.) Thouars

形态特征 蔓生草质藤本。羽状三出复叶；托叶小，被毛；小叶纸质，背面有斑点，顶生小叶椭圆形，长1.5～3 cm，宽1～2 cm，两面薄被褐色短柔毛，背面较密。总状花序腋生，有1～5花；花萼钟状；花冠黄色，长约1 cm，旗瓣倒卵形，有暗紫色条纹，翼瓣狭椭圆状，龙骨瓣上部弯，具瓣柄；雄蕊二体；子房密被丝质长柔毛。荚果长圆形，长约2.5 cm，宽约6 mm，密被红褐色或灰黄色长毛。种子3～7，椭圆状，长约4 mm，种皮黑褐色，有凸起的种阜。花果期4～12月。

生境与分布 喜干热气候。生于低海拔干热丘陵草地或海滨干热沙质草地。华南及西南干热区域常见。

饲用价值 叶量丰富，藤蔓细软，适口性好，牛、羊极喜食。春季恢复生长快，夏季为生长旺盛期，可适时放牧利用、刈割青饲或晒制干草。秋末种子成熟后，叶片枯黄，此时采收牛亦喜采食，属优等牧草。其化学成分如下表。

蔓草虫豆的化学成分（%）

样品情况	占干物质					钙	磷
	粗蛋白	粗脂肪	粗纤维	无氮浸出物	粗灰分		
营养期茎叶 绝干	19.16	2.41	30.05	40.51	7.87	0.85	0.12

数据来源：西南民族大学

花序

叶片形态

示种子着生

种子

成熟果荚

生境

株丛

大花虫豆 *Cajanus grandiflorus* (Prain ex Baker) van der Maesen

形态特征 缠绕藤本。羽状三出复叶；小叶纸质，背面具腺点，顶生小叶卵状菱形，长5～8 cm，宽约4 cm，两面被灰色短柔毛；小托叶线形。总状花序腋生，长达30 cm；花序轴及花梗被灰褐色短柔毛；苞片大，膜质，卵状椭圆形，长约2.5 cm，宽约1 cm，早落；花冠黄色，长约2.5 cm；花萼裂齿披针形；旗瓣倒卵形，翼瓣长椭圆形，比旗瓣短，龙骨瓣内弯；子房线形，密被黄褐色长毛。荚果长圆形，密被黄褐色长柔毛，长约4 cm，宽约1 cm。种子3～7，近圆形，黑色至黑褐色；种阜肉质而肥厚。花果期7～12月。

生境与分布 喜热带、亚热带干燥气候。多生于低海拔的山坡草地或攀于低矮灌丛上。海南、云南等有分布。

饲用价值 植株叶量丰富，适口性较好，粗纤维含量较低，粗蛋白含量较高，黄牛、山羊喜采集，可放牧利用，也可刈割利用。该种生物量大，生长恢复快，又耐干旱，是具有开发前景的豆科牧草。其化学成分如下表。

大花虫豆的化学成分（%）

样品情况	干物质	占干物质					钙	磷
		粗蛋白	粗脂肪	粗纤维	无氮浸出物	粗灰分		
盛花期 干样	93.28	18.14	10.11	29.15	31.31	11.29	1.05	0.17

数据来源：西南民族大学

株丛

花序
苞片
叶片
花
幼荚
成熟果序
示种子着生
种子

野扁豆属
Dunbaria Wight et Arn.

鸽仔豆 *Dunbaria truncata* (Miq.) Maesen

形态特征 一年生草质藤本。羽状三出复叶；托叶小，长约3 mm；小叶薄纸质，顶生小叶宽三角形，两面略被短柔毛并有红色腺点；小叶柄长约1 mm，被短柔毛。总状花序腋生，略被短柔毛；花2至数朵；花梗被短柔毛；苞片小，线状披针形；花萼密被短柔毛及红色腺点；花冠黄色，旗瓣近圆形，基部具2耳，翼瓣倒卵形，龙骨瓣稍内弯，半圆形，中部以上贴生。荚果线状长圆形，扁平，长3～6 cm，宽约7 mm，略被短柔毛；果颈长约0.8 cm。种子5～8，近圆形，赤褐色。花果期5～12月。

生境与分布 喜干热气候。多生于低海拔的向阳干燥灌丛草地或滨海干热沙质草地。海南、广东、广西有分布。

饲用价值 藤蔓细软，适口性好，牛、羊极喜食，可放牧利用、刈割青饲或晒制干草。通常秋末种子成熟后，叶片枯黄，此时采收牛亦喜采食，属优等牧草。其化学成分如下表。

鸽仔豆的化学成分（%）

样品情况	干物质	占干物质					钙	磷
		粗蛋白	粗脂肪	粗纤维	无氮浸出物	粗灰分		
结荚期 干样	91.01	19.32	2.41	28.75	40.11	9.41	0.75	0.17

数据来源：中国热带农业科学院热带作物品种资源研究所

株丛及生境

花序

叶片腹面

叶片背面

果荚

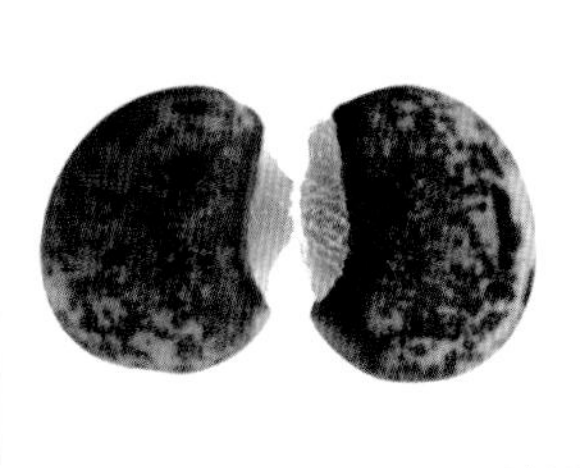
种子

长柄野扁豆 *Dunbaria podocarpa* Kurz

形态特征 多年生草质藤本。羽状三出复叶；叶柄长2～4 cm，密被短柔毛；顶生小叶菱形，长和宽近等，两面均密被灰色短柔毛，背面有红色腺点。短总状花序腋生；有1～2花；总花梗长约1 cm；花萼钟状，萼齿卵状披针形，被短柔毛；花冠黄色，旗瓣横椭圆形，翼瓣窄椭圆形，龙骨瓣极弯曲，具长喙；雄蕊二体；子房密被丝质柔毛，具柄。荚果线状长圆形，长约5 cm，宽约1 cm，被灰色短柔毛，先端具长喙；果颈长1.5～2 cm。种子7～11，近圆形，扁平，黑色，长宽约4 mm。花果期5～12月。

生境与分布 喜热带、亚热带湿润气候。多生于低海拔山坡草地、灌丛或林缘。江西及华南有分布。

饲用价值 植株生物量较大，叶量较丰富，叶片柔软，适口性好，家畜喜食，属良等饲用植物。

果荚

密被短柔毛及红色腺点的果颈

果柄

小叶背面（密被红色腺点）

小叶腹面（密被红色腺点）

种子

植株局部

白背野扁豆 *Dunbaria incana* (Zoll. et Moritzi) Maesen

形态特征 一年生草质藤本，全株密被灰白色绒毛。羽状三出复叶；顶生小叶菱形，长3～7 cm，宽约4.5 cm，侧生小叶稍小，斜卵形，腹面被微毛，背面密被灰白色绒毛。总状花序粗壮，长10～20 cm，密被灰白色绒毛；花梗长2～5 mm；花萼钟状，齿裂，裂片三角形；花冠紫红色，旗瓣扁圆形，基部具2耳，翼瓣倒卵状长圆形，基部具钝耳，龙骨瓣弯曲；子房密被丝质绒毛。荚果线状长圆形，长约5 cm，宽约1 cm，密被灰色至灰黑色绒毛。种子6～8，近圆形，直径约5 mm。花果期4～8月。

生境与分布 喜湿热气候，耐阴、不耐旱。多生于低海拔的灌丛间或疏林下。海南有分布。

饲用价值 植株生物量较大，叶量较丰富，叶片柔软，适口性好，家畜喜食，属良等饲用植物。其化学成分如下表。

白背野扁豆的化学成分（%）

样品情况	干物质	占干物质					钙	磷
		粗蛋白	粗脂肪	粗纤维	无氮浸出物	粗灰分		
营养期 干样	93.4	21.74	2.05	30.21	34.60	11.40	1.07	0.13

数据来源：中国热带农业科学院热带作物品种资源研究所

植株局部　果序　花序

旗瓣
龙骨瓣
嫩荚
成熟果荚
示种子着生
叶片形态
顶生小叶
小叶背面局部

卷圈野扁豆 *Dunbaria circinalis* (Benth.) Baker

形态特征 多年生木质藤本。茎初时被灰色短柔毛。羽状三出复叶；叶柄长约3 cm，被短柔毛；小叶薄纸质，顶生小叶较大，长5～6 cm，宽约4 cm，腹面近无毛，背面薄被灰色短柔毛和黄褐色小腺点；中间小叶较长，侧生小叶明显较小，宽斜卵形。总状花序腋生，比叶短，具数花，各部密被灰色短柔毛；花萼长约8 mm，5齿裂；花冠黄色，旗瓣横椭圆形，基部具短瓣柄和2耳，翼瓣倒卵状椭圆形，基部具长瓣柄，一侧具细尖耳，龙骨瓣近半圆形，具长瓣柄。荚果线状长圆形，长约5 cm，先端具短喙，初时被短柔毛，后变无毛；果颈长约2 cm。种子近圆形，黑褐色；具明显种阜。

生境与分布 多生于草坡上。云南有分布。

饲用价值 牛和羊采食嫩茎叶，属良等饲用植物。

圆叶野扁豆 *Dunbaria rotundifolia* (Lour.) Merr.

形态特征　多年生缠绕藤本。茎被短柔毛。羽状三出复叶；小叶纸质，顶生小叶圆菱形，长约3 cm，宽稍大于长，先端钝或圆形，基部圆形，两面微被极短柔毛，被黑褐色小腺点。花腋生；花萼钟状，齿裂；花冠黄色，长约1.5 cm，旗瓣倒卵状圆形，先端微凹，基部具2齿状的耳，翼瓣倒卵形，龙骨瓣镰状；雄蕊二体；子房无柄。荚果线状长椭圆形，扁平，略弯，长3～5 cm，宽约8 mm，被极短柔毛或近无毛，先端具针状喙，无果颈。种子6～8，近圆形，直径约3 mm，黑褐色。果期9～10月。

生境与分布　喜热带、亚热带气候。生于低海拔的山坡灌丛或路旁草地上。华南及西南常见。

饲用价值　叶片柔软，适口性好，家畜喜食，属良等饲用植物。

叶片背面　果荚　植株局部　花

千斤拔属
Flemingia Roxb. ex W. T. Aiton

千斤拔 *Flemingia prostrata* C. Y. Wu

形态特征 直立或披散亚灌木。羽状三出复叶；托叶线状披针形，长约1 cm；小叶厚纸质，长椭圆形，长4～8 cm，宽约3 cm，腹面被疏短柔毛，背面密被灰褐色柔毛；小叶柄极短，密被短柔毛。总状花序腋生，各部密被灰褐色至灰白色柔毛；苞片狭卵状披针形；花密生，具短梗；萼裂片披针形，被灰白色长伏毛；花冠紫红色，与萼近等长，旗瓣长圆形，基部具极短瓣柄，翼瓣镰状，龙骨瓣椭圆状，一侧具1尖耳；雄蕊二体；子房被毛。荚果椭圆状，长约7 mm，宽约5 mm，被短柔毛。种子2，近圆球形，黑色。花果期4～9月。
生境与分布 喜热带、亚热带气候。生于低海拔的向阳灌丛草地或山坡路旁草地。华南及西南常见，华中偶见。
饲用价值 牛、羊采食其嫩茎叶，山羊和兔极喜食，属良等饲用植物。其化学成分如下表。

千斤拔的化学成分（%）

样品情况	干物质	占干物质					钙	磷
		粗蛋白	粗脂肪	粗纤维	无氮浸出物	粗灰分		
营养期 干样	27.30	11.89	1.65	28.30	54.07	4.00	0.68	0.08

数据来源：中国热带农业科学院热带作物品种资源研究所

植株及生境

单株
幼苗
幼荚特写
叶片腹面
叶片背面
果序
种子
托叶1
托叶2

大叶千斤拔 *Flemingia macrophylla* (Willd.) Prain

形态特征 直立灌木。羽状三出复叶；小叶薄革质，顶生小叶宽披针形至椭圆形，长5～15 cm，宽4～7 cm，侧生小叶稍小，偏斜。总状花序常数个聚生于叶腋；花多而密集；花梗极短；花萼钟状，被丝质短柔毛；花冠紫红色，稍长于萼，旗瓣长椭圆形，具短瓣柄及2耳，翼瓣狭椭圆形，一侧略具耳，瓣柄纤细，龙骨瓣长椭圆形，先端微弯，基部具长瓣柄和一侧具耳；雄蕊二体；子房椭圆形，被丝质毛，花柱纤细。荚果椭圆形，长约1.5 cm，宽约8 mm，褐色，略被短柔毛，先端具小尖喙。种子1～2，球形光亮黑色。花果期6～12月。

生境与分布 喜热带、亚热带气候。生于低海拔的旷野草地上、灌丛中或山谷空旷处。华南及西南常见。

饲用价值 叶大而多，开花前及开花后均有大量的叶片可供采食。叶片质稍硬，适口性一般，但营养丰富，将其与其他优质牧草混播建植人工草地，对于弥补人工草地冬春干旱季节产量及品质下降有重要的缓冲作用。其化学成分如下表。

大叶千斤拔的化学成分（%）

样品情况	干物质	占干物质					钙	磷
		粗蛋白	粗脂肪	粗纤维	无氮浸出物	粗灰分		
营养期茎叶 鲜样[1]	26.40	17.67	3.03	28.53	39.18	11.59	1.64	0.18
开花期茎叶 鲜样[1]	29.60	14.09	5.70	28.87	47.54	3.80	0.69	0.14
开花期茎叶 干样[2]	91.04	13.35	1.91	46.87	27.32	10.55	2.78	0.18

数据来源：1. 中国热带农业科学院热带作物品种资源研究所；2. 贵州省草业研究所

托叶 幼茎特征 荚果 种子

植株
茎叶局部
株丛
叶片腹面
叶片背面
花序
幼枝

球穗千斤拔 *Flemingia strobilifera* (L.) Ait.

形态特征 直立灌状草本。单叶互生，叶卵形或长圆形，长5～15 cm，宽3～7 cm；托叶线状披针形，长约1 cm。小聚伞花序复总状排列，包藏于贝状苞片内，花序轴密被灰褐色柔毛；贝状苞片纸质，长约3 cm，宽约2 cm，先端圆形；花小；花梗长约2 mm；花萼微被短柔毛，萼齿卵形，略长于萼管；花冠伸出萼外。荚果椭圆形，膨胀，长约8 mm，宽约4 mm，略被短柔毛。种子2，近球形，常黑褐色。花期春夏；果期秋冬。

生境与分布 喜热带、亚热带气候。生于低海拔的旷野草地上、灌丛中或山谷空旷处。云南、贵州、广西、广东、海南、福建均有分布。

饲用价值 牛羊采食嫩茎叶，属中等饲用植物。其化学成分如下表。

球穗千斤拔的化学成分（%）

样品情况	干物质	占干物质					钙	磷
		粗蛋白	粗脂肪	粗纤维	无氮浸出物	粗灰分		
茎叶 干样	72.70	11.89	1.65	28.30	54.16	4.00	0.68	0.08

数据来源：贵州省草业研究所

叶片 贝状苞片 花 种子

植株及生境

细叶千斤拔 *Flemingia lineata* (L.) Boxb. ex Ait.

形态特征 直立小灌木。羽状三出复叶；托叶披针形，长约8 mm；顶生小叶倒卵形，长约5 cm，宽约1.5 cm；侧生小叶较小，斜椭圆形，无柄或近无柄。圆锥花序腋生或顶生，花序轴纤细，长2.5～6.5 cm，被绒毛和腺毛；苞片极小，线形，宿存；花小，长5～7 mm；花萼被短柔毛，裂片披针形，较萼管长；花冠稍伸出萼外，旗瓣近圆形，基部具瓣柄及2细耳，翼瓣长圆形，具瓣柄，龙骨瓣近半圆形，具瓣柄。荚果椭圆形，长约9 mm，宽约6 mm，被短柔毛。种子2，近圆形，直径约2 mm，黑色。花果期夏季。

生境与分布 喜干热气候。生于低海拔向阳的灌丛中。云南有分布。

饲用价值 牛羊采食嫩茎叶，属中等饲用植物。

植株分枝 果荚 幼株 花及幼荚

株丛

绒毛千斤拔 *Flemingia grahamiana* Wight et Arn.

形态特征 直立灌木，常多分枝，密被棕褐色绒毛。羽状三出复叶；托叶披针形，脱落；小叶纸质，顶生小叶椭圆形或椭圆状披针形，长2～6 cm，宽约2.5 cm，先端渐尖，具细尖头，两面密被毛，侧生小叶稍小。花序腋生或顶生，花序轴密被灰色绒毛；花长约1 cm，密集；旗瓣长椭圆形，基部具瓣柄和耳，翼瓣狭长而弯，稍短于旗瓣，基部具细瓣柄和耳，龙骨瓣镰状，先端钝，亦具瓣柄；雄蕊二体；子房椭圆形，近无柄，胚珠2，花柱长，线形，弯曲，柱头小。荚果椭圆状，先端偏斜，具小尖喙，微被短柔毛及密被黑色腺点，常具宿存花冠。种子2，近圆形，直径约2 mm，黑色。花期3～4月；果期5月。

生境与分布 喜干热气候。多生于海拔1100 m左右的干热河谷地区的山坡疏林中。云南有分布。

饲用价值 牛和羊采食嫩茎叶，属良等饲用植物。其化学成分如下表。

绒毛千斤拔的化学成分（%）

样品情况	占干物质					钙	磷
	粗蛋白	粗脂肪	粗纤维	无氮浸出物	粗灰分		
营养期茎叶 绝干	14.25	1.06	31.24	44.58	8.87	0.54	0.13

数据来源：中国热带农业科学院热带作物品种资源研究所

植株

花序
叶片背面
茎部皮孔
叶片腹面

云南千斤拔 *Flemingia wallichii* Wight et Arn.

形态特征 直立灌木，小枝密被灰色绒毛。羽状三出复叶；托叶早落；小叶近革质，顶生小叶倒卵形，长7～14 cm，宽3～4 cm，腹面初时密被短柔毛，背面密被绒毛，侧生小叶与顶生小叶近等大，斜椭圆形至斜披针形。总状花序单一，花序轴密被绒毛；苞片椭圆形，长约5 mm，宽约2 mm，宿存或早落；花长约7 mm，密集；花梗长约2 mm；花萼长5～6 mm；花冠黄白色，稍伸出萼外，旗瓣近圆形，长约6 mm，基部具极短瓣柄和细耳，翼瓣长圆形，长约4 mm，一侧具短尖耳，龙骨瓣较翼瓣宽。荚果斜椭圆形，密被绒毛及黑褐色腺点，先端具小喙。花果期2～4月。

生境与分布 喜干热气候。生于山坡路旁或林下。云南有分布。

饲用价值 山羊喜采食，属良等饲用植物。

植株　分枝局部　叶片形态　花序

锥序千斤拔 *Flemingia paniculata* Wall. ex Benth.

形态特征 直立小灌木。单叶互生，纸质，卵状心形，长5～12 cm，宽约6 cm，腹面无毛，背面脉上被毛；叶柄长约2 cm，略被长柔毛；托叶早落。复总状花序腋生或顶生，各部被灰色短柔毛；总花梗短；苞片卵形；花长6～10 mm，排列稍稀疏；花萼长约5 mm，被灰色短柔毛；花冠紫红色，伸出萼外，旗瓣圆形，翼瓣长圆形，基部具瓣柄和一侧具齿状耳，龙骨瓣镰状，基部具瓣柄。荚果椭圆状，长约1 cm，宽约0.6 cm，被短柔毛和淡黄色腺点，种子2。花果期夏季。

生境与分布 喜热带湿热气候，稍耐阴、不耐旱。生于低海拔的山谷平地或灌丛间。云南南部有分布。

饲用价值 叶量丰富，茎细软，适口性优于同属其他种，牛羊喜采集，属优等饲用植物。其化学成分如下表。

锥序千斤拔的化学成分（%）

样品情况	占干物质					钙	磷
	粗蛋白	粗脂肪	粗纤维	无氮浸出物	粗灰分		
营养期叶片　绝干	18.54	1.23	26.51	47.63	6.09	0.31	0.08

数据来源：中国热带农业科学院热带作物品种资源研究所

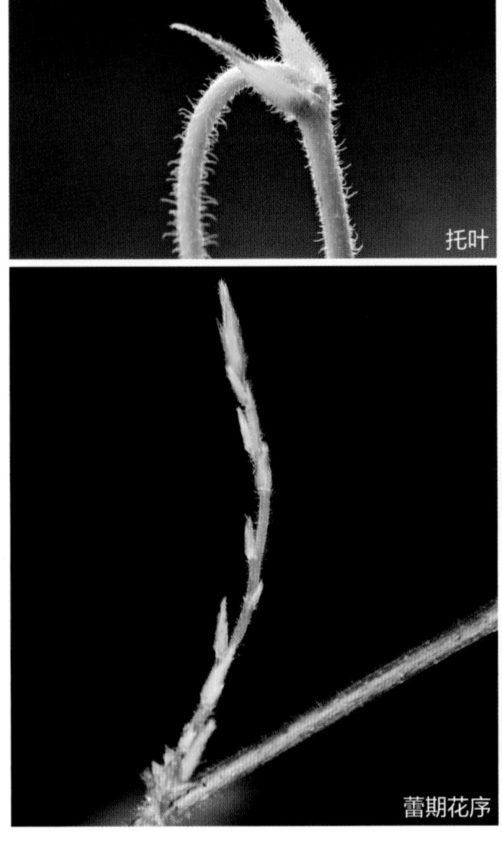

托叶

蕾期花序

幼枝

幼枝
叶片腹面
叶片背面
皮孔
株丛

旱生千斤拔 *Flemingia lacei* Craib

形态特征 多年生草本。根系末端具3～5个块根。茎纤细，红色，稍直立或披散，密被白色柔毛。羽状三出复叶，腹面绿色，稀疏被毛，背面灰绿色，具腺点及稀疏绒毛；托叶卵状披针形，宿存或脱落，长约8 mm，宽约4 mm，被毛；顶生小叶，卵圆形或长圆形，长约3.5 cm，宽约2.5 cm；侧生小叶稍小，偏斜。花序顶生或腋生，长约5 cm，花3～8聚生于顶部呈头状，花序轴密被白色柔毛；花梗短，长约5 mm，被毛；花大，长约2 cm；花萼裂片5，披针形，密被绒毛及橙色腺点；花冠红色，伸出萼外，长约1.5 cm；旗瓣近圆形，背面密被短伏毛，基部具瓣柄和两小耳，翼瓣长椭圆形，基部具细瓣柄和一侧具耳，龙骨瓣近半圆形，先端尖，具细瓣柄。花期8～9月；果期9～11月。

生境与分布 喜干热气候。生于干热河谷区荒坡草地或矮灌丛中。原产缅甸，南方草地牧草资源调查团队在我国云南金沙江流域干热河谷区发现多个居群，该种为中国分布新记录。

饲用价值 叶片幼嫩，适口性好，营养价值高，家畜喜采食，属良等牧草。其化学成分如下表。

旱生千斤拔的化学成分（%）

样品情况	占干物质					钙	磷
	粗蛋白	粗脂肪	粗纤维	无氮浸出物	粗灰分		
叶片 绝干	19.07	1.06	24.38	48.28	7.21	0.48	0.16

数据来源：中国热带农业科学院热带作物品种资源研究所

植株

生境
托叶
花
花序
块根
叶片腹面
叶片背面

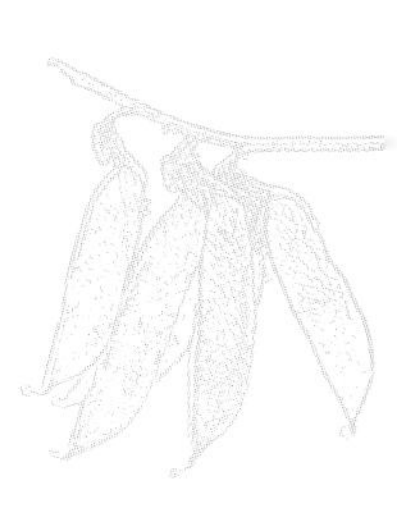

鹿藿属
Rhynchosia Lour.

鹿 藿 | *Rhynchosia volubilis* Lour.

形态特征　多年生草质藤本。羽状三出复叶；小叶纸质，顶生小叶菱形，长3～6 cm，宽约3.5 cm，先端钝，两面均被灰色柔毛，背面尤密，并被黄褐色腺点；小叶柄长约3 mm；侧生小叶较小，常偏斜。总状花序长约3 cm，腋生；花长约1 cm，稍密集；花梗长约2 mm；花萼钟状，长约5 mm，裂片披针形；花冠黄色，旗瓣近圆形，翼瓣倒卵状长圆形，龙骨瓣具喙；雄蕊二体；子房被毛及密集的小腺点。荚果长圆形，红紫色，长约2 cm，扁平，种子间略收缩，先端有短喙。通常2种子，黑色，光亮。花期5～8月；果期9～12月。

生境与分布　喜热带、亚热带干燥生境。生于低海拔的山坡、路旁草丛中。华南、华中及华东均有分布。

饲用价值　叶量丰富，羊喜食嫩茎叶。其化学成分如下表。

鹿藿的化学成分（%）

样品情况	干物质	占干物质					钙	磷
		粗蛋白	粗脂肪	粗纤维	无氮浸出物	粗灰分		
营养期　干样[1]	90.10	10.29	1.55	44.00	38.12	6.04	1.40	0.12
开花期　绝干[2]	100.00	14.22	3.01	29.66	46.78	6.31	0.90	0.03

数据来源：1. 中国热带农业科学院热带作物品种资源研究所；2. 湖北省农业科学院畜牧兽医研究所

叶片形态

成熟果荚
开裂成熟果荚
种子
植株局部
幼荚
生境
花序

淡红鹿藿 *Rhynchosia rufescens* (Willd.) DC.

形态特征 直立亚灌木。全株被淡黄色短柔毛。羽状三出复叶；顶生小叶卵形至卵状椭圆形，长1～3.5 cm，宽约1.5 cm，两面被短柔毛，基出脉3；侧生小叶稍小，斜卵形；小叶柄短，长约1～2 mm。总状花序腋生，纤细，长约3 cm，密被短柔毛；苞片小，脱落；花稍大，长约1 cm；花梗通常长2～5 mm，被毛；花萼大，长约1 cm，绿色，密被灰色短柔毛，萼深裂至近基部，裂片长椭圆形，微具纵脉，先端圆，宿存；花冠黄色，不伸出萼外。荚果斜圆形，与花萼近等长，先端略弯，急尖，被短柔毛，熟时暗褐色。种子1，横椭圆形，长约3.5 mm，宽约3 mm，黑色，有肉质的种阜。花期10月；果期翌年2月。

生境与分布 喜干热气候。云南、四川等地干热河谷区有分布。

饲用价值 适口性好，牛、马、羊喜食，放牧或刈割利用。其化学成分如下表。

淡红鹿藿的化学成分（%）

样品情况	干物质	占干物质					钙	磷
		粗蛋白	粗脂肪	粗纤维	无氮浸出物	粗灰分		
开花期 干样	95.31	12.19	2.55	31.87	43.83	9.55	1.24	0.52

数据来源：中国热带农业科学院热带作物品种资源研究所

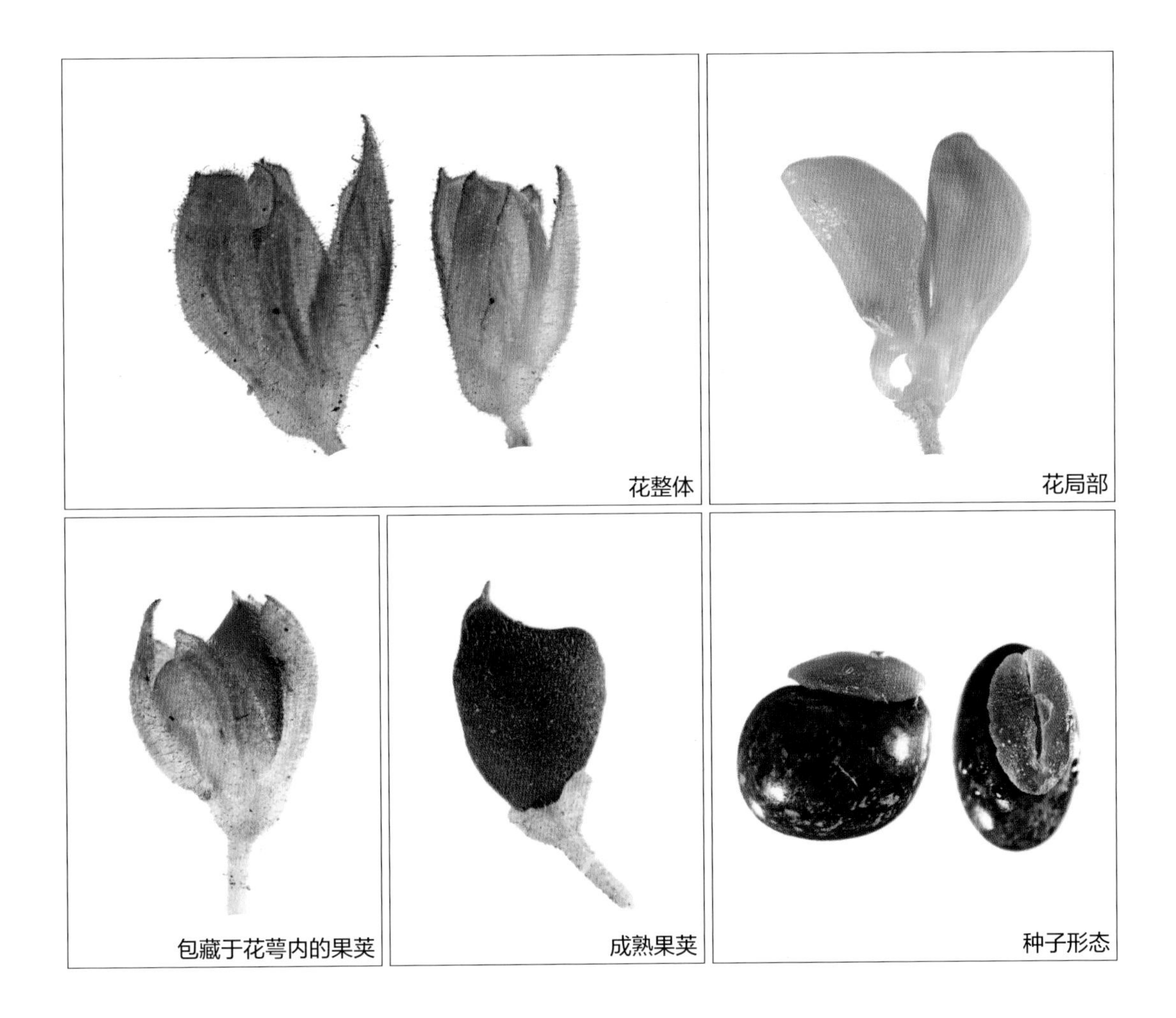

花整体　花局部　包藏于花萼内的果荚　成熟果荚　种子形态

株丛
植株分枝
茎叶局部特征

小鹿藿 | *Rhynchosia minima* (L.) DC.

形态特征　一年生缠绕状草本。羽状三出复叶；小叶膜质，顶生小叶菱状圆形，有时宽稍大于长，两面被极细的微柔毛，背面密被小腺点；侧生小叶与顶生小叶近相等。总状花序腋生，花序轴纤细，微被短柔毛；花长约8 mm，排列稀疏；花梗极短；花萼长约5 mm，微被短柔毛，裂片披针形，略长于萼管；花冠橙黄色，伸出萼外，各瓣近等长，旗瓣倒卵状圆形，基部具瓣柄和2尖耳，翼瓣倒卵状椭圆形，具瓣柄和耳，龙骨瓣稍弯，先端钝，具瓣柄。荚果倒披针形至椭圆形，长约1.5 cm，宽约5 mm，被短柔毛，种子1～2。花果期5～11月。
生境与分布　喜湿热气候。生于低海拔的河谷、江边灌丛和山坡。华南及西南均有分布。
饲用价值　适口性好，牛、马、羊喜食，适于放牧利用，属良等饲用植物。其化学成分见下表。

小鹿藿的化学成分（%）

样品情况	占干物质					钙	磷
	粗蛋白	粗脂肪	粗纤维	无氮浸出物	粗灰分		
营养期茎叶　绝干	15.52	1.87	33.25	40.49	8.87	0.81	0.33

数据来源：中国热带农业科学院热带作物品种资源研究所

植株局部　叶片腹面　叶片背面

株丛及生境
花序
幼荚
花
成熟果荚

云南鹿藿 *Rhynchosia yunnanensis* Franch.

形态特征 草质藤本，全株密被灰色绒毛。羽状三出复叶；顶生小叶肾形或扁圆形，长约2.5 cm，宽2.5～3.5 cm，两面密被灰色柔毛，侧生小叶与顶生小叶相仿，但稍小，略偏斜。总状花序腋生，长可达5 cm，各部密被毛；苞片披针形，宿存；花黄色，长约2 cm；花萼5裂，裂片披针形；旗瓣近圆形，长约1.5 cm，翼瓣椭圆形至倒卵状椭圆形，具瓣柄和一侧具耳，龙骨瓣较阔，具瓣柄，无耳；雄蕊二体；子房密被丝质毛，具1～2胚珠。荚果倒卵状椭圆形至椭圆形，长约2 cm，带红褐色，微被短柔毛，先端具喙。种子肾形或近圆形，黑褐色。

生境与分布 喜向阳干燥环境。生于海拔2000 m左右的河谷草坡砂石上。云南大理、丽江等常见。

饲用价值 适口性好，牛、马、羊喜食，适于放牧利用，属良等饲用植物。其化学成分如下表。

云南鹿藿的化学成分（%）

样品情况	干物质	占干物质					钙	磷
		粗蛋白	粗脂肪	粗纤维	无氮浸出物	粗灰分		
盛花期 干样	90.98	23.54	7.93	25.48	36.21	6.84	1.78	0.36

数据来源：中国热带农业科学院热带作物品种资源研究所

生境及株丛

叶片腹面
叶片背面
托叶
果荚
叶片形态
花
茎叶局部
花序

紫脉花鹿藿 | *Rhynchosia himalensis* var. *craibiana* (Rehd.) Peter-Stibal

形态特征　攀援草本。羽状三出复叶；托叶狭卵形，长约5 mm；小叶卵圆形，长宽近相等，为2.5～4 cm，全缘，两面密被短柔毛。总状花序腋生，长不超10 cm；苞片椭圆形；花黄色，长约1.2 cm；花萼5裂，外面密被毛和腺点，最下面1裂片较花冠短；旗瓣宽倒卵形，外面具明显的紫色脉纹，内面基部具胼胝体，翼瓣无毛，先端凹，基部明显具耳，龙骨瓣新月形，内弯，明显比翼瓣长；子房长约5 mm，密被微柔毛。荚果长约2.5 cm，密被微柔毛。
生境与分布　喜亚热带温暖气候。生于海拔2000 m左右的山坡灌丛中、林下或山沟草地。四川、云南有分布。
饲用价值　适口性好，牛、马、羊喜食，适于放牧利用，属良等饲用植物。

叶片形态

植株及生境
茎部特征及托叶
果荚
花序

喜马拉雅鹿藿 *Rhynchosia himalensis* Benth. ex Baker

形态特征　多年生攀援状草本。羽状三出复叶；顶生小叶宽卵形，先端渐尖，基部圆楔形，两面密被短柔毛并混生腺毛；侧生小叶基部偏斜。总状花序腋生，长达20 cm，疏花；花黄色，长约1.5 cm；花萼5裂，外面密被毛和腺点；旗瓣宽倒卵形，外面具明显的紫色脉纹，内面基部具胼胝体，翼瓣无毛，龙骨瓣新月形，内弯，明显比翼瓣长；子房长约5 mm，密被微柔毛。荚果长约2.5 cm，密被微柔毛和软白色毛并混生褐色腺毛。

生境与分布　喜温暖气候。生于海拔2200 m以上的山坡草地。云南及四川有分布。

饲用价值　植株幼嫩，叶量大，饲用价值较高，适于放牧利用，属良等饲用植物。其化学成分如下表。

喜马拉雅鹿藿的化学成分（%）

样品情况	占干物质					钙	磷
	粗蛋白	粗脂肪	粗纤维	无氮浸出物	粗灰分		
营养期茎叶　绝干	17.15	2.05	30.52	41.14	9.14	0.74	0.12

数据来源：中国热带农业科学院热带作物品种资源研究所

花序　花　果荚

花期株丛
叶片腹面
叶片背面
种子
苞片
托叶

粘鹿藿 | *Rhynchosia viscosa* (Roth) DC.

形态特征 多年生缠绕藤本。茎微具细纵棱，密被灰黄色绒毛和黏质腺毛。羽状三出复叶；托叶小，披针形，被短柔毛，近宿存；叶柄长约5 cm，微具纵纹，密被短柔毛并混生黏质腺毛；小叶纸质，顶生小叶宽椭圆形，长4～8 cm，先端常急尾状渐尖，基部圆形，两面被柔毛，背面被黄褐色腺点；侧生小叶斜卵形至斜椭圆形。总状花序1至数个同生于叶腋，长达20 cm，密被绒毛和腺毛。荚果长圆形，长约2 cm，被短柔毛，先端具小喙。种子肾形，长约5 mm，宽约4 mm，黑色。

生境与分布 喜湿热气候。多生于低海拔的山坡草地或砂石上。云南西南部有分布。

饲用价值 植株幼嫩，叶量大，但青草带黏质感，稍影响家畜采食，宜作干草利用，属良等饲用植物。其化学成分如下表。

粘鹿藿的化学成分（%）

样品情况	占干物质					钙	磷
	粗蛋白	粗脂肪	粗纤维	无氮浸出物	粗灰分		
结荚期茎叶　绝干	14.09	1.54	36.18	38.44	9.75	0.93	0.17

数据来源：中国热带农业科学院热带作物品种资源研究所

植株及生境

株丛
叶片腹面
叶片背面
花
托叶
花序

鸡头薯属
Eriosema (DC.) G. Don

鸡头薯 | *Eriosema chinense* Vog.

形态特征 多年生直立草本，具纺锤形肉质块根。茎高约30 cm，密被柔毛。单叶，披针形，长约5 cm，宽约1 cm，腹面被长柔毛，背面被灰白色短绒毛。总状花序腋生，极短，有1～2花；苞片线形；花萼钟状，5裂，被棕色柔毛；花冠黄色，长约为花萼的3倍，旗瓣倒卵形，基部具2长圆形的耳，翼瓣倒卵状长圆形，一侧具短耳，龙骨瓣比翼瓣短；雄蕊二体。荚果菱状椭圆形，长约8 mm，宽约5 mm，成熟时黑色，被褐色长硬毛。种子2，肾形，黑色。花果期5～10月。

生境与分布 喜湿热气候。生于沿海沙质草地或低海拔土壤贫瘠的草坡上。广东、海南、广西、湖南、江西、贵州及云南均有分布。

利用价值 块根可食用，亦可入药，具有滋阴、祛痰、消肿的功效。植株细弱，适口性好，食草家畜喜食，适于放牧利用。

植株

补骨脂属
Cullen Medik.

补骨脂 | *Cullen corylifolium* (L.) Medikus

形态特征 多年生直立草本，高达1.5 m。单叶；叶宽卵形，长约7 cm，宽约3.5 cm，边缘有粗而不规则的锯齿，两面有明显黑色腺点。花序腋生，呈密集的总状；苞片膜质，披针形，长3 mm，被绒毛和腺点；花梗长约1 mm；花萼长4～6 mm，被白色腺点，萼齿披针形;花冠蓝色，花瓣明显具瓣柄，旗瓣倒卵形，长5.5 mm；雄蕊10。荚果卵形，长5 mm，具小尖头，黑色，表面具不规则网纹，不开裂，果皮与种子不易分离。种子扁。花果期7～10月。
生境与分布 喜干热气候。生于低海拔的向阳山坡草地或路旁。云南、四川等地干热河谷区常见，居群较多，华南、华中及华东偶见。
饲用价值 叶量丰富，适口性较好，牛羊采食，适应放牧或刈割利用。

植株局部

植株
幼荚
成熟果荚
叶片形态
花序
托叶
叶片腹面
叶片背面

合萌属
Aeschynomene L.

合 萌 *Aeschynomene indica* L.

形态特征 一年生直立草本。羽状复叶互生或对生，具20～30对小叶；小叶无柄，薄纸质，长约1 cm，宽约4 mm，腹面密布腺点，背面稍带白粉，具细刺尖头；小托叶极小。总状花序腋生，长约2 cm；小苞片卵状披针形，宿存；花萼膜质，长约4 mm；花冠淡黄色，具紫黑色斑纹，旗瓣大，基部具极短的瓣柄，翼瓣篦状，龙骨瓣比旗瓣稍短；雄蕊二体；子房扁平，线形。荚果线状长圆形，长约3 cm，腹缝直，背缝多少呈波状；荚节平滑或中央有小疣凸，不开裂，成熟时逐节脱落。种子黑棕色，肾形，长约3 mm。花期7～8月；果期8～10月。

生境与分布 喜热带、亚热带湿热气候。多生于向阳、湿润的沟边或平缓草坡。长江以南均有分布。

饲用价值 优良的绿肥植物，也可作饲草，但种子有毒，作饲草利用宜在开花前刈割。其化学成分见下表。

合萌的化学成分（%）

样品情况	干物质	占干物质					钙	磷
		粗蛋白	粗脂肪	粗纤维	无氮浸出物	粗灰分		
拔节期 鲜样[1]	14.31	18.74	3.74	19.73	39.05	18.74	0.76	0.62
营养期 干样[2]	94.66	22.70	4.79	24.54	38.99	8.99	1.33	0.25
初花期 干样[2]	93.58	15.08	2.93	32.06	39.81	10.11	1.55	0.29

数据来源：1. 重庆市畜牧科学院；2. 湖北省农业科学院畜牧兽医研究所

茎叶局部

植株
叶片腹面
叶片背面
花
幼荚
果荚局部
种子形态
成熟果荚

美洲合萌 *Aeschynomene americana* L.

品种来源 广西壮族自治区畜牧研究所申报，1994年通过国家草品种审定委员会审定，登记为引进品种；品种登记号163；申报者为赖志强、宋光谟、唐积超、苏平、罗双喜。

形态特征 短期多年生灌木状草本，株高可达2 m。茎粗3～9 mm，茎枝被绒毛，分枝能力强，分枝数30～50。偶数羽状复叶，互生，长约10 cm，宽5～25 mm；小叶2排，每排10～33对。花序腋生，总花梗有疏刺毛，具2～4花；花萼2唇形；花浅黄色，长约8 mm；子房具柄，有2至多数胚珠。荚果扁平，长2～4 cm，宽约3 mm，有4～10荚节，成熟后容易脱落，内含5～8种子。种子深褐色或黑色，肾形，长2 mm，宽1 mm。

生物学特性 喜温暖湿润气候，能耐高湿，适宜在潮湿的土壤中生长，适于年平均气温18℃以上，降雨量1000 mm以上的热带、亚热带地区种植。7～8月生长最旺盛，9月下旬至10月上旬开花，11月上旬结实，12月中旬种子成熟，植株开始枯黄，生育期170～190天。

饲用价值 叶量丰富，草质柔软，适口性好，牛、羊、猪、鸡、鸭、兔、鱼等动物喜食，尤其喂兔增重明显。其化学成分如下表。

栽培要点 春播，可撒播或条播。播种前接种虹豆族根瘤菌，去壳种子播种量7.5 kg/hm^2，带壳种子15 kg/hm^2。第一次刈割宜在高度80 cm时，留茬20 cm。刈割和放牧利用的草地都应在9月中旬至10月下旬停止利用，以便开花结籽，有足够的种子落地供更新利用。

美洲合萌的化学成分（%）

样品情况	占干物质					钙	磷
	粗蛋白	粗脂肪	粗纤维	无氮浸出物	粗灰分		
开花期　绝干	22.59	3.56	32.38	34.99	6.48	1.53	0.83
成熟期　绝干	17.17	3.04	34.63	36.49	8.67	0.65	0.75

数据来源：广西壮族自治区畜牧研究所

株丛

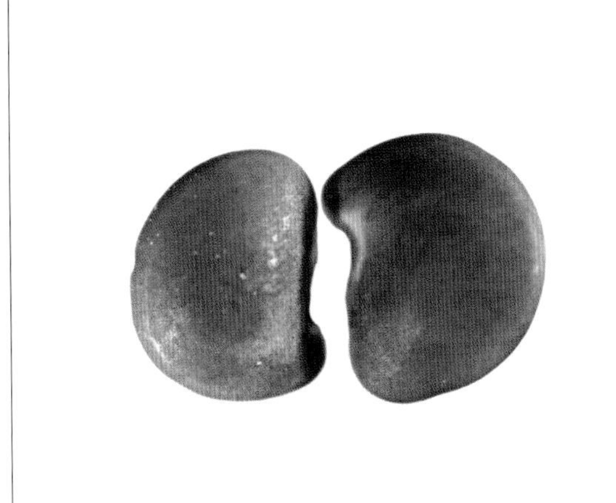
种子形态

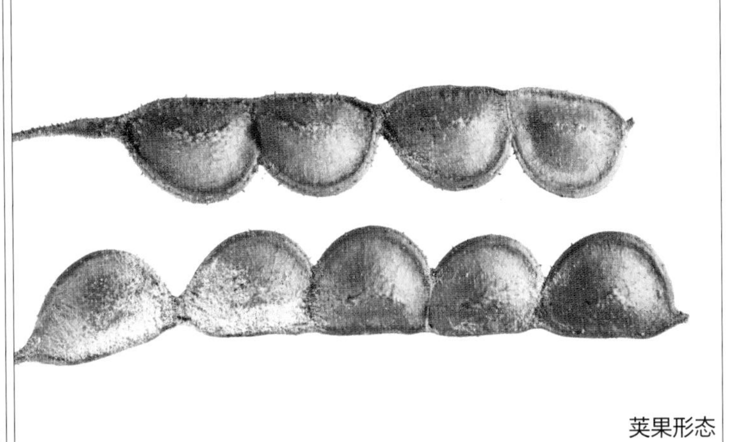
荚果形态

植株花序特征

叶片形态

果枝

丁癸草属
Zornia J. F. Gmel.

丁癸草 | *Zornia gibbosa* Spanog.

形态特征 多年生披散草本。托叶披针形，基部具长耳；小叶2，卵状长圆形至披针形，长约1.2 cm，先端急尖而具短尖头，基部偏斜，两面无毛。总状花序腋生，花疏生于花序轴上；苞片卵形，长约6 mm，盾状着生；花萼长3 mm；花冠黄色，旗瓣有纵脉，翼瓣和龙骨瓣较小，具瓣柄。荚果通常长于苞片，有2～6荚节，荚节近圆形，表面具明显网脉及针刺。花期4～7月；果期7～9月。

生境与分布 喜热带气候。生于低海拔向阳草地或滨海干燥沙质草地。华南低海拔区域常见。

饲用价值 牛、羊采食，属中等饲用植物。其化学成分如下表。

丁葵草的化学成分（%）

样品情况	干物质	占干物质					钙	磷
		粗蛋白	粗脂肪	粗纤维	无氮浸出物	粗灰分		
结荚期　鲜样	24.20	17.15	3.25	29.85	42.95	6.80	1.21	0.24

数据来源：中国热带农业科学院热带作物品种资源研究所

生境

株丛
叶片及托叶
果荚
种子及荚节

柱花草属
Stylosanthes Sw.

圭亚那柱花草 *Stylosanthes guianensis* (Aubl.) Sw.

形态特征　多年生直立亚灌木。株高达1 m。托叶鞘状，长约2 cm；三出复叶互生；小叶卵状披针形，长约3 cm，宽约9 mm，先端常钝急尖，基部楔形，无小托叶，小叶柄长1 mm。花序长约2 cm，具密集的花；初生苞片长约2 cm，密被伸展长刚毛，次生苞片长2.5～5.5 mm，小苞片长2～4.5 mm；花托长4～8 mm；花萼管长圆形，长3～5 mm，宽1～1.5 mm；旗瓣橙黄色，具红色细脉纹，长4～8 mm，宽3～5 mm。荚果具1荚节，卵形，长约3 mm，宽1.8 mm，喙长约0.5 mm，内弯。种子黄色、灰褐色或黑色，扁椭圆形，近种脐具喙或尖头，长约2.2 mm，宽约1.5 mm。

生境与分布　喜高温，不耐寒冷。原产热带美洲。华南有引种栽培，海南多地有逸为野生的居群。

饲用价值　生长旺盛期叶量丰富，营养价值高，适口性好，各类家畜喜食，可刈割青饲，也可调制过冬干草，属热带优等牧草。其化学成分如下表。

圭亚那柱花草的化学成分（%）

样品情况	占干物质					钙	磷
	粗蛋白	粗脂肪	粗纤维	无氮浸出物	粗灰分		
开花期　绝干	8.06	2.24	34.38	50.87	4.45	—	—
分枝期　绝干	14.72	2.81	30.19	43.15	8.77	1.46	0.25

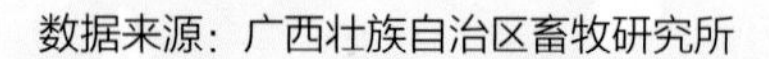

数据来源：广西壮族自治区畜牧研究所

株丛局部

果荚及种子
穗状花序局部
花序
托叶整体
叶片腹面
叶片背面
茎叶局部

格拉姆柱花草 *Stylosanthes guianensis* (Aublet) Swartz ‘Graham’

品种来源 广西壮族自治区畜牧研究所申报，1988年通过全国草品种审定委员会审定，登记为引进品种，品种登记号026；申报者为宋光谟、李兰兴、梁兆彦、刘红地。

形态特征 多年生草本。株高60～120 cm，茎粗3～8 mm；侧枝斜生，长80～170 cm。三出复叶；小叶披针形，长3～3.8 cm，宽约7 mm；托叶带紫红色，上部2裂，叶柄和托叶上有短绒毛。花序为几个少数的穗状花序密集形成顶生的头状圆锥花序；每个枝穗状花序有1～5小花，蝶形。荚果小，具小喙，内含1种子。种子椭圆形，长2.5～2.7 mm，宽约2 mm。

生物学特性 喜高温，最适生长温度25～30℃。受轻霜时，茎叶仍保持青绿，但受到重霜或–2℃低温时茎叶枯萎。耐酸性贫瘠土壤，pH 5～6的红壤黏土和沙质土生长良好，耐干旱，不耐渍水。

饲用价值 叶量丰富，适口性好，在生长的各个时期其青草和干草都为牛、羊、兔等家畜喜食。栽培草地，年均鲜草产量45 000～75 000 kg/hm^2，属热带优等牧草。其化学成分如下表。

栽培要点 春播，选择排水良好、土层深厚、土质较好的砂壤土或壤土种植，播种前翻耕松土。种子硬实率高，播前用80℃热水浸种2～3 min，再拌根瘤菌剂后即可播种。播种量3～6 kg/hm^2。条播按行距50 cm～60 cm，穴播株行距50 cm × 50 cm或40 cm × 50 cm。

格拉姆柱花草的化学成分（%）

样品情况	占干物质					钙	磷
	粗蛋白	粗脂肪	粗纤维	无氮浸出物	粗灰分		
开花期 绝干	12.33	1.72	39.96	39.89	6.07	1.17	0.22

数据来源：广西壮族自治区畜牧研究所

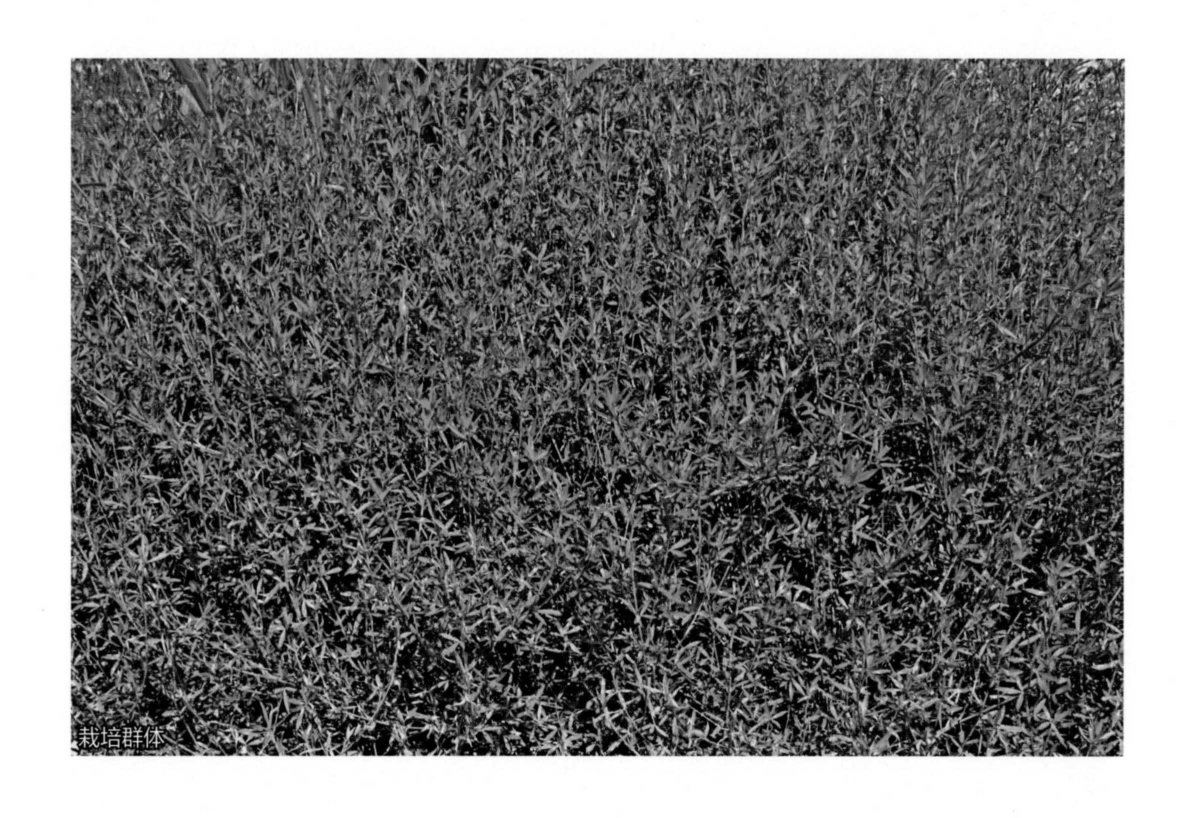
栽培群体

果荚及种子

穗状花序局部

根系

果枝及小花

叶片及分枝

植株

热研 2 号圭亚那柱花草 *Stylosanthes guianensis* (Aublet) Swartz 'Reyan No. 2'

品种来源 中国热带农业科学院热带作物品种资源研究所热带牧草研究中心、广东省畜牧局联合申报，1991年通过全国草品种审定委员会审定，登记为引进品种；品种登记号099；申报者为蒋侯明、何朝族、刘国道、李居正、林坚毅。

形态特征 多年生半直立草本，株高0.8～1.5 m，茎粗2～3 mm。三出复叶；小叶长披针形，青绿色，中间小叶较大，长3～3.8 cm，宽5～7 mm；两侧小叶较小，长2.5～3 cm，宽5～7 mm。花序顶生或腋生，1～4个穗状花序着生成一簇，每个支花序有10～16小花。荚果黄棕色，肾形至椭圆形，长2.1～3 mm，每荚含1种子。种子肾形，黄色或黑色，长2～2.4 mm，宽1.1～1.5 mm；千粒重约为2.7 g。

生物学特性 对土壤的适应性强，能在沙土到重黏质土壤上生长；耐酸瘦土壤，可在pH 4～4.5的酸性土壤上良好生长。

饲料价值 营养丰富，富含维生素和多种氨基酸，适口性好，各家畜喜食，可放牧利用，也可刈割青饲、调制青贮饲料或生产干草粉。也常作为优质绿肥在橡胶、椰子等各类经济作物园中间作。其化学成分如下表。

栽培要点 采用种子繁殖，播种前用80℃热水浸种2～3 min，再用多菌灵溶液浸种10～15 min，可杀死由种子携带的炭疽病菌，提高种子发芽率；播种常采用撒播法，也可实行条播，播种量为12～22.5 kg/hm^2。种子生产一般采用育苗移栽法进行，株行距为100 cm × 100 cm，在海南5～7月播种为宜。

热研2号圭亚那柱花草的化学成分（%）

样品情况	占干物质					钙	磷
	粗蛋白	粗脂肪	粗纤维	无氮浸出物	粗灰分		
开花期 绝干	15.30	1.40	31.90	43.00	8.40	—	—

数据来源：中国热带农业科学院热带作物品种资源研究所

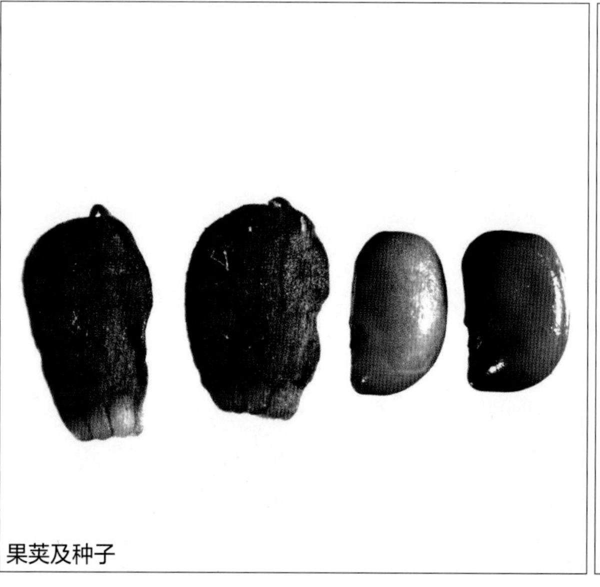
果荚及种子

穗状花序局部

株丛
花
分枝
根系
主枝

907 柱花草 *Stylosanthes guianensis* (Aublet) Swartz '907'

品种来源 广西壮族自治区畜牧研究所申报，1998年通过全国草品种审定委员会审定，登记为育成品种；品种登记号189；申报者为梁英彩、赖志强、张超冲、谢金玉、腾少花。

形态特征 多年生半直立草本，株高100～197 cm，茎粗3～9 mm。三出复叶；小叶披针形，长3.4～3.8 cm，宽6～7 mm；托叶紫红色，上部2裂，叶柄和托叶上有短绒毛。复穗状花序，顶生或腋生；花黄色。荚果小，具有小喙，内含1种子。种子黄棕色，肾形；千粒重约2.28 g。

生物学特性 喜高温潮湿气候，最适生长温度为25～30℃，–2℃低温或重霜时植株冻死。对土壤适应性广泛，耐旱、耐酸性瘦土，但不耐水渍。一般10月下旬至11月上旬开花，12月上旬至中旬种子成熟。

饲用价值 叶量丰富，适口性好，牛、羊、兔等家畜喜食。可刈割青饲、调制青贮饲料，也可加工草粉利用。其化学成分如下表。

栽培要点 广西种植4～7月播种，可直播，也可育苗移栽。种子硬实率高，用80℃热水浸种2～3 min可提高发芽率，刈割草地播种量为15 kg/hm^2。

907柱花草的化学成分（%）

样品情况	占干物质					钙	磷
	粗蛋白	粗脂肪	粗纤维	无氮浸出物	粗灰分		
开花期 绝干	12.75	3.30	33.13	39.00	11.82	1.60	0.60

数据来源：广西壮族自治区畜牧研究所

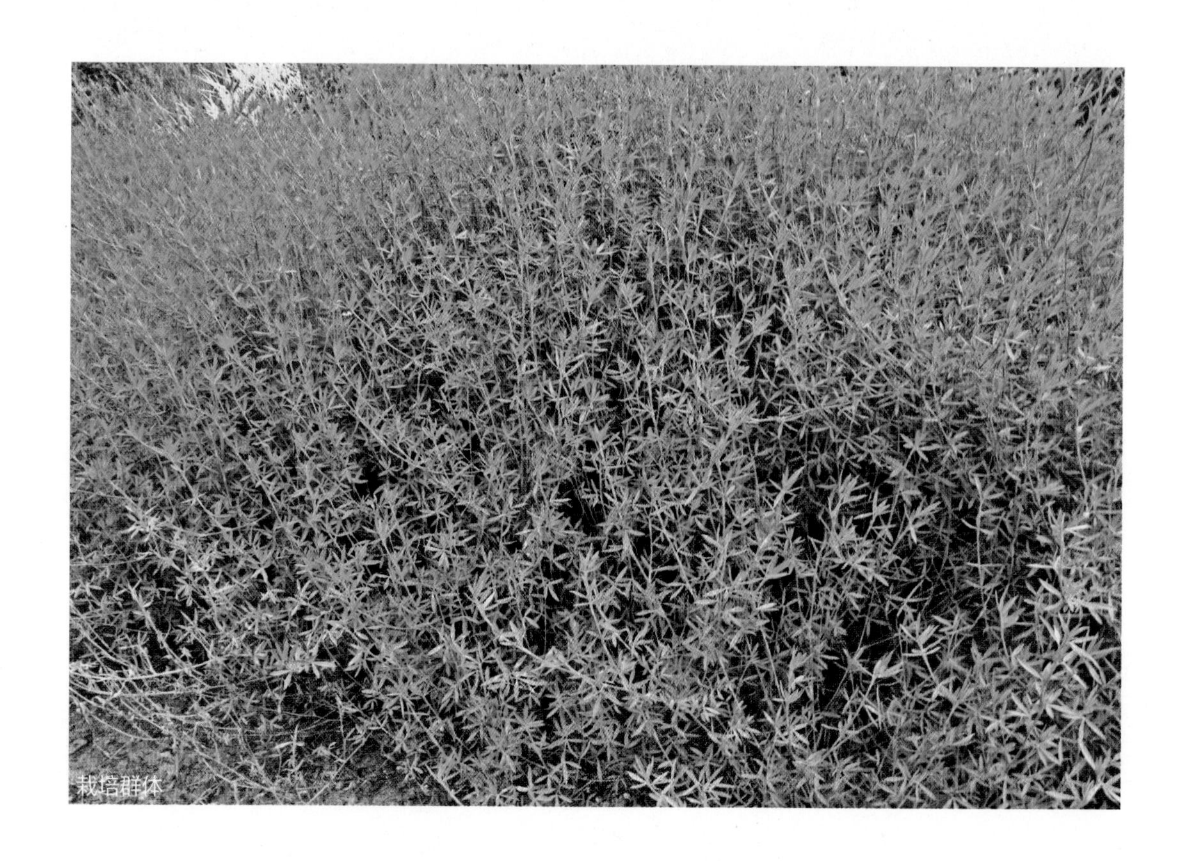
栽培群体

穗状花序局部

果荚及种子

主茎及分枝

叶片、叶鞘及花序

热研 5 号圭亚那柱花草 *Stylosanthes guianensis* (Aublet) Swartz 'Reyan No. 5'

品种来源 中国热带农业科学院热带作物品种资源研究所热带牧草研究中心申报，1999年通过全国草品种审定委员会审定，登记为育成品种；品种登记号206；申报者为刘国道、白昌军、何华玄、王东劲、周家锁。

形态特征 多年生直立草本，高130～180 cm，茎粗3～5 mm。羽状三出复叶；小叶披针形，中间小叶较大，长2.1～2.8 cm，宽4～6 mm；两侧小叶较小，长1.3～2.4 cm，宽3～5 mm。复穗状花序顶生，每花序具4至数小花；花黄色。荚果小，内含1种子。种子肾形，黑色；千粒重2～2.2 g。

生物学特性 耐干旱，在年降雨量700～1000 mm的地区生长良好，适于年平均气温20～30℃以上无霜地区种植；耐酸性瘦土，在pH 4.5左右的酸性土壤能茂盛生长；在海南冬季低温5～10℃潮湿气候条件下能保持青绿；其最大特点是早花，在海南儋州地区9月底始花，10月底盛花，11月底种子成熟，种子产量高。

饲用价值 适口性好，适于放牧利用、刈割青饲或调制干草粉。其化学成分如下表。

栽培要点 播种前用80℃热水浸种后，用冷水反复清洗，同时用1%多菌灵水溶液浸种10～15 min，可杀死携带的炭疽病菌，可明显提高发芽率。撒播或条播均可，播后不用覆土，播种量为5～15 kg/hm^2。种子生产田常采用育苗移栽，育苗时将种子播于整地精细的苗床，经常淋水保湿，40～50天后苗高25 cm～30 cm时移栽，选阴雨天定植，定植株行距100 cm × 100 cm。

热研5号圭亚那柱花草的化学成分（%）

样品情况	占干物质					钙	磷
	粗蛋白	粗脂肪	粗纤维	无氮浸出物	粗灰分		
开花期 绝干	16.71	2.22	28.43	46.66	5.98	—	—

数据来源：中国热带农业科学院热带作物品种资源研究所

花

穗状花序局部
种子及荚果形态
根系
植株
分枝
株丛

热研10号圭亚那柱花草

Stylosanthes guianensis (Aublet) Swartz 'Reyan No. 10'

品种来源 中国热带农业科学院热带作物品种资源研究所热带牧草研究中心申报，2000年通过全国草品种审定委员会审定，登记为引进品种；品种登记号217；申报者为何华玄、白昌军、蒋昌顺、刘国道、易克贤。

形态特征 多年生直立草本，高约1.3 m。羽状三出复叶；中间小叶较大，长3.3～4.5 cm，宽5～7 mm，两侧小叶较小，长2.5～3.5 cm，宽4～6 mm。圆锥花序顶生，支穗状花序具4～6小花；蝶形花冠，黄色。荚果小，深褐色，内含1种子。种子肾形，浅褐色；千粒重2.93～3.21 g。

生物学特性 喜高温潮湿气候，适于年平均气温20～25℃、年降雨量1000 mm以上无霜区种植。抗炭疽病及耐寒能力强。晚熟品种，在海南儋州地区11月底至12月开花，翌年1月下旬种子成熟。耐旱、耐酸，但不耐阴和渍水。

饲用价值 一年可刈割3～4次，年均鲜草产量30 000～33 000 kg/hm^2。适作青饲料，晒制干草，生产干草粉或直接放牧。其化学成分如下表。

栽培要点 播种前用80℃热水浸种，清洗冷却后用1%多菌灵水溶液浸种10～15 min，可杀死携带的炭疽病菌。撒播或条播均可，播后不用覆土，播种量为5～15 kg/hm^2。种子生产常采用育苗移栽，育苗时将种子播于整地精细的苗床，淋水保湿，40～50天后苗高25～30 cm时移栽，选阴雨天定植，定植株行距100 cm × 100 cm。

热研10号圭亚那柱花草的化学成分（%）

样品情况	占干物质					钙	磷
	粗蛋白	粗脂肪	粗纤维	无氮浸出物	粗灰分		
开花期 绝干	17.83	2.70	32.01	40.39	7.07	—	—

数据来源：中国热带农业科学院热带作物品种资源研究所

穗状花序局部

果荚及种子

主茎及分枝
叶片及叶鞘
花
株丛

热研 7 号圭亚那柱花草

Stylosanthes guianensis (Aublet) Swartz 'Reyan No. 7'

品种来源 中国热带农业科学院热带作物品种资源研究所热带牧草研究中心申报，2001年通过全国草品种审定委员会审定，登记为引进品种；品种登记号226；申报者为蒋昌顺、刘国道、何华玄、韦家少、蒋侯明。

形态特征 多年生直立草本，株高1.4～1.8 m，冠幅1～1.5 m，多分枝，茎、枝、叶被绒毛。三出复叶；小叶长椭圆形，中间小叶较大，长2.5～3 cm，宽5～7 mm；两侧小叶较小，长1～1.4 cm，宽4～6 mm。圆锥花序顶生，支穗状花序有4～6小花；花黄色。荚果小，浅褐色，内含1种子。种子肾形，浅黑色；千粒重2～2.3 g。

生物学特性 喜潮湿气候，适于年平均气温20～25℃、年降雨量1000 mm以上无霜地区种植。耐旱、耐酸瘠土，抗病，但不耐阴和渍水。在海南种植，11月下旬进入始花期、12月下旬为盛花期，翌年1月下旬种子成熟；在广东种植，12月至翌年1月为盛花期，2～3月种子成熟。

饲用价值 生长旺盛，产量高，年均鲜草产量为43 000 kg/hm^2，年均种子产量为360～480 kg/hm^2。鲜草适口性好，适于放牧利用，也可刈割青饲或调制青贮饲料。其化学成分如下表。

栽培要点 播种前采用80℃热水浸种，清洗冷却后用1%多菌灵水溶液浸种10～15 min，可杀死携带的炭疽病菌。育苗移栽，种子播于整地精细的苗床，淋水保湿，40～50天后当苗高约30 cm时移栽，种子生产株行距100 cm × 100 cm，刈割草地株行距70 cm × 70 cm。生长初期及时除杂草管理。种植当年可刈割1～2次，翌年可刈割3～4次，留茬30 cm。

热研7号圭亚那柱花草的化学成分（%）

样品情况	占干物质					钙	磷
	粗蛋白	粗脂肪	粗纤维	无氮浸出物	粗灰分		
开花期 绝干	16.86	2.65	32.47	41.72	6.30	—	—

数据来源：中国热带农业科学院热带作物品种资源研究所

花

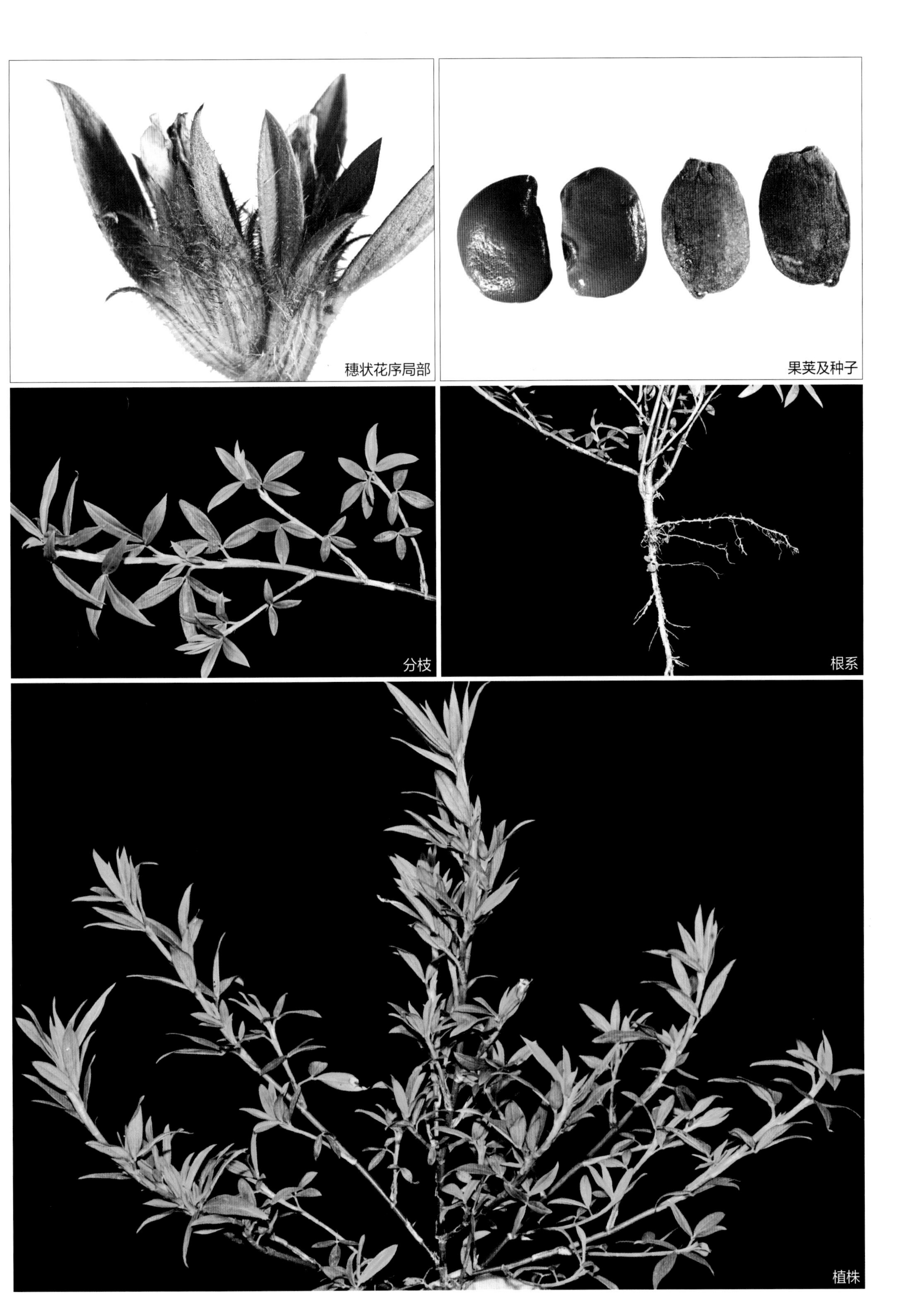

穗状花序局部

果荚及种子

分枝

根系

植株

热研13号圭亚那柱花草

Stylosanthes guianensis (Aublet) Swartz 'Reyan No. 13'

品种来源 中国热带农业科学院热带作物品种资源研究所热带牧草研究中心申报，2003年通过全国草品种审定委员会审定，登记为引进品种；品种登记号257；申报者为何华玄、白昌军、刘国道、王东劲、周汉林。

形态特征 多年生直立草本，株高约1.3 m，冠幅约1.2 m，茎、枝、叶被有绒毛。三出复叶；中间小叶较大，长3.3～4.5 cm，宽5～6 mm；两侧小叶较小，长2.5～3.5 cm，宽4～6 mm。圆锥花序顶生，支穗状花序具4～6小花；花黄色。荚果小，浅褐色，内含1种子。种子肾形，褐色；千粒重2.9～3.2 g。

生物学特性 喜湿润的热带气候，在年降雨量1000 mm左右的地区生长良好。属晚花品种，比热研2号圭亚那柱花草晚花25天左右，在海南儋州种植11月中旬始花，11月底至12月盛花，翌年1月种子成熟。

饲用价值 生长旺盛，产量高。牛、羊、鹿喜食，适于放牧利用，也可刈割青饲、调制干粉。其化学成分如下表。

栽培要点 播种前用80℃热水浸种，清洗冷却后用1%多菌灵水溶液浸种10～15 min，可杀死携带的炭疽病菌。撒播或条播均可，播后不用覆土，播种量为5～15 kg/hm^2。种子生产常采用育苗移栽，育苗时将种子播于整地精细的苗床，淋水保湿，40～50天后苗高25～30 cm时移栽，选阴雨天定植。生长初期及时除杂草管理。种植当年可刈割1～2次，翌年可刈割3～4次，留茬30 cm。

热研13号圭亚那柱花草的化学成分（%）

样品情况	占干物质					钙	磷
	粗蛋白	粗脂肪	粗纤维	无氮浸出物	粗灰分		
开花期 绝干	19.50	2.41	30.05	41.59	6.45	—	—

数据来源：中国热带农业科学院热带作物品种资源研究所

穗状花序局部

种子及荚果

花
叶片
植株分枝
株丛

热引18号圭亚那柱花草

Stylosanthes guianensis (Aublet) Swartz 'Reyin No. 18'

品种来源 中国热带农业科学院热带作物品种资源研究所热带牧草研究中心申报，2007年通过全国草品种审定委员会审定，登记为引进品种；品种登记号350；申报者为白昌军、刘国道、陈志权、李志丹、虞道耿。

形态特征 多年生草本，株高1.1～1.5 m，茎粗5～15 mm，多分枝，茎密被长柔毛。三出复叶；中间小叶长椭圆形，长3.3～3.9 cm，宽6～11 mm；两侧小叶较短，长2.5～3.1 cm，宽5～10 mm。圆锥花序顶生或腋生，长约2 cm。荚果具1荚节，褐色，卵形，长2.6 mm，宽1.7 mm，具短而略弯的喙，含1种子。种子肾形，浅褐色，具光泽，长1.5～2.2 mm，宽约1 mm；千粒重约2.5 g。

生物学特性 喜潮湿的热带气候。抗炭疽病，显著优于热研2号圭亚那柱花草和热研5号圭亚那柱花草；耐旱性强，可耐4～5个月的连续干旱，在年降雨量600 mm以上的热带地区生产表现良好；适应各种土壤类型，尤耐低肥力土壤和低磷土壤。

饲用价值 叶量丰富，适口性好，各家畜喜食。可放牧利用，也可刈割青饲、调制青贮饲料或生产草粉，草粉可用来添加到猪、鸡、鸭、鹅的饲料中。其化学成分如下表。

栽培要点 播种前用80℃热水浸种，清洗冷却后用1%多菌灵水溶液浸种10～15 min，可杀死携带的炭疽病菌。撒播或条播均可，播后不用覆土，播种量为7.5～15 kg/hm^2。种子生产常采用育苗移栽，育苗时将种子播于整地精细的苗床，淋水保湿，40～50天后苗高25～30 cm时移栽。生长初期及时除杂草管理。种植当年可刈割1～2次，翌年可刈割3～4次，留茬30 cm。

热引18号圭亚那柱花草的化学成分（%）

样品情况	占干物质					钙	磷
	粗蛋白	粗脂肪	粗纤维	无氮浸出物	粗灰分		
开花期 绝干	19.18	2.27	31.65	41.06	5.85	—	—

数据来源：中国热带农业科学院热带作物品种资源研究所

穗状花序局部

种子及荚果

花期枝条
花
茎叶局部特写

株丛

热研20号圭亚那柱花草

Stylosanthes guianensis (Aublet) Swartz 'Reyan No. 20'

品种来源 中国热带农业科学院热带作物品种资源研究所热带牧草研究中心申报，2009年通过全国草品种审定委员会审定，登记为育成品种；品种登记号428；申报者为白昌军、刘国道、王东劲、陈志权、严琳玲。

形态特征 多年生半直立草本，高1.1～1.5 m，茎粗5～15 mm，多分枝。三出复叶；中央小叶长椭圆形，长3.3～3.9 cm，宽4.5～7.3 mm，先端急尖，叶背腹面均被疏柔毛；两侧小叶较小，长2～3.2，宽3.5～6 mm。圆锥花序顶生或腋生，长1～1.5 cm；蝶形花冠，旗瓣橙黄色，具棕红色细脉纹。荚果具1荚节，深褐色，卵形，长约2.65 mm，宽约1.75 mm，具短而略弯的喙。种子1，肾形，黄色至浅褐色，具光泽。

生物学特性 喜潮湿的热带气候，适合我国热带、南亚热带地区推广种植。抗炭疽病，耐干旱，适应各种土壤类型，尤耐低肥力土壤、酸性土壤和低磷土壤，耐刈割。在海南，10月中旬始花，12月上旬盛花，12月至翌年1月种子成熟。

饲用价值 叶量丰富，草产量高，适于刈割青饲、调制青贮料。其化学成分如下表。

栽培要点 播前用80℃热水浸种，再用1%多菌灵水溶液浸种10～15 min。种子生产或建立高产刈割草地常采用育苗移栽，播种前认真准备苗床，起垄，垄宽1～1.5 m，播后保持垄上潮湿，3～5天后开始出苗，此后进行正常的施肥、除草管理，待株高25～30 cm，可以移栽，定植株行距80 cm × 80 cm。

热研20号圭亚那柱花草的化学成分（%）

样品情况	占干物质					钙	磷
	粗蛋白	粗脂肪	粗纤维	无氮浸出物	粗灰分		
开花期 绝干	21.01	5.73	35.28	30.87	7.12	—	—

数据来源：中国热带农业科学院热带作物品种资源研究所

穗状花序局部

种子及荚果

果园间作
株丛
花
植株分枝
叶片形态

热研21号圭亚那柱花草

Stylosanthes guianensis (Aublet) Swartz 'Reyan No. 21'

品种来源 中国热带农业科学院热带作物品种资源研究所热带牧草研究中心申报，2011年通过全国草品种审定委员会审定；登记为育成品种；品种登记号440；申报者为刘国道、白昌军、王东劲、陈志权、严琳玲。

形态特征 多年生半直立草本，株高约1.2 m，多分枝。三出复叶，先端急尖，叶背腹均被疏柔毛；中间小叶较大，长2.6～3.5 cm，宽4～7 mm；两侧小叶较小，长1.5～3.2 cm，宽0.5～1 cm。圆锥花序顶生或腋生；旗瓣乳白色，具红紫色细脉纹，长5～7 mm，宽3～5 mm；翼瓣2，比旗瓣短，黄色；雄蕊10，单体雄蕊。荚果卵形，具1荚节，深褐色，具短而略弯的喙。种子1，肾形，黄色至浅褐色，具光泽，长1.5～2.2 mm，宽约1 mm；千粒重2.7 g。

生物学特性 耐旱性强，在年降雨量755 mm以上的热带地区表现良好；适应各种土壤类型，尤耐低磷土壤和酸性瘦土，能在pH 4～5的强酸性土壤和贫瘠的沙质土上良好生长。在海南种植，10月中旬始花，11月下旬至12月上旬盛花，12月底至翌年1月种子成熟。

饲用价值 草产量高，营养丰富，适口性好，各家畜喜食。适于刈割青饲或调制青贮料，也可加工成草粉利用。其化学成分如下表。

栽培要点 播前用80℃热水浸种，再用1%多菌灵水溶液浸种10～15 min。种子生产或建立高产刈割草地常采用育苗移栽，播种前认真准备苗床，起垄，垄宽1～1.5 m，播后保持垄上潮湿，3～5天后开始出苗，此后进行正常的施肥、除草管理，待株高25～30 cm，可以移栽，定植株行距80 cm × 80 cm。

热研21号圭亚那柱花草的化学成分（%）

样品情况	占干物质					钙	磷
	粗蛋白	粗脂肪	粗纤维	无氮浸出物	粗灰分		
开花期 绝干	19.82	5.56	30.97	36.08	7.57	—	—

数据来源：中国热带农业科学院热带作物品种资源研究所

花

花枝

种子及荚果

植株茎叶

株丛

大叶柱花草 *Stylosanthes guianensis* (Aubl.) Sw. var. *gracilis* (Kunth) Vogel

形态特征 多年生直立草本，基部分枝多，全株密被黄色刚毛，刚毛长约3.5 mm。羽状三出复叶；托叶长10～15 mm，密被刚毛，基部联合呈鞘状，上部顶端两侧向外延伸呈齿状；小叶椭圆形，长10～30 mm，宽3～6 mm，顶端渐尖，两面疏被毛或腹面无毛，边缘脉上具绒毛。复穗状花序短缩呈杯状或头状，具2到3分枝，每分枝约有15花；苞片与托叶相似，具刚毛；花冠长约9 mm。荚果长圆形，约4 mm，具1荚节，无毛，顶端具短喙。种子黑色，长约2 mm。

生境与分布 原产中美洲和南美洲，从巴拿马到阿根廷的天然牧场中常见分布。中国热带农业科学院从哥伦比亚国际热带农业研究中心引种栽培。

饲用价值 大叶柱花草较原变种有更强的适应性，相同水肥条件下其生长势要高于原变种，耐旱性也更强，但其草质粗糙，适口性差，只适宜放牧利用，常与禾本科混播改良天然草地，在旱季禾本科牧草枯亡的季节，大叶柱花草能发挥补给作用。

叶片腹面 叶片背面
株丛局部

果荚

种子

花序

花

株丛局部

细茎柱花草 *Stylosanthes gracilis* Kunth

形态特征 多年生草本。株高60～120 cm，疏生分枝，茎直立，节间长3～14 cm，具糙硬毛。羽状三出复叶；小叶线形至倒披针形，长宽比为7∶1～10∶1，两面无毛，背面具明显的脉和刚毛；托叶抱茎，长8～11 mm，具糙硬毛。花序通常顶生，头状；苞片披针形，鞘具绢状短柔毛和黄色具瘤刚毛；花冠长5～7 mm，黄色。荚果具2荚节，通常均可育；上部荚节近圆形，无毛，顶端具锥形短喙，长约2.5 mm；下部荚节稍小，被毛，长约1.5 mm。种子黄色或黑色，长约2 mm。

生境与分布 原产玻利维亚、巴西、哥伦比亚、圭亚那、巴拿马、巴拉圭、苏里南和委内瑞拉。中国热带农业科学院从哥伦比亚国际热带农业研究中心引种栽培。

饲用价值 叶片少，可饲率低，不适宜刈割青饲或加工干草，通常作混播草种改良天然草地。另外，该种的耐旱性极强，可作为生态草种利用。

株丛

基部茎节
种子及荚果
苞片
托叶
叶片腹面
叶片背面
茎叶局部
花序

西卡灌木状柱花草 *Stylosanthes scabra* Vog.

形态特征 多年生灌木状草本，高1～1.5 m，多分枝，被黏质绒毛。三出复叶，叶柄长5.5～8.5 mm；小叶长椭圆形至倒披针形，侧脉羽状，明显，4～7对，顶端钝，具短尖，两面被毛，带黏性；中间小叶较大，长1.5～2.1 cm，宽6～9 mm，小叶柄长1.5～2 mm；两侧小叶较小，长1.3～1.5 cm，宽4～7 mm，近无柄，仅具一极短的关节，花序倒卵形至椭圆形，长1～3 cm；花黄色。荚果具2荚节，上面一节无毛或有时被毛，具短而略弯的喙，下面一节稍被毛。种子小，黄色，肾形，长1.5～2 mm。

生境与分布 喜干热气候。原产热带美洲，广泛分布于巴西、玻利维亚、委内瑞拉、哥伦比亚、厄瓜多尔；现世界热带地区广泛栽培。海南、广东、广西及云南有栽培。

饲用价值 牛、羊、鹿喜食，是热带干旱及半干旱地区最主要的放牧型豆科牧草，可与禾本科牧草混播建植优质人工草地。其化学成分如下表。

西卡灌木柱花草的化学成分（%）

样品情况	干物质	占干物质					钙	磷
		粗蛋白	粗脂肪	粗纤维	无氮浸出物	粗灰分		
营养期 鲜样	24.80	14.70	2.87	39.20	37.37	5.86	1.15	0.8
开花期 鲜样	26.20	10.38	2.42	45.91	35.13	6.13	1.09	0.10

数据来源：中国热带农业科学院热带作物品种资源研究所

花序

果荚及种子

植株基部木质化

枝叶局部（腹面）

枝叶局部（背面）

植株局部

花

栽培群体

灌木状柱花草 | *Stylosanthes fruticosa* (Retz.) Alston

形态特征 多年生灌木状草本，株高达1 m，通常基部木质化。茎基部分枝多，全株密被短柔毛。三出复叶；小叶椭圆形或披针形，两端狭窄，长5～30 mm，宽4～9 mm，密被短柔毛，边缘具刚毛。穗状花序顶生，长1～3 cm，具多数花；花萼裂片长2.5～3 mm；花冠黄色，长约8 mm。荚果长约8 mm，具2节，密被短柔毛，顶部具喙，长1～3 mm。种子棕色，约2 mm。

生境与分布 喜干热气候。原产非洲马达加斯加、安哥拉、博茨瓦纳、布基纳法索、布隆迪等；作为重要的热带牧草，热带美洲及亚洲均有引种栽培。中国热带农业科学院从哥伦比亚国际热带农业研究中心引种栽培。

饲用价值 牛、羊、鹿喜食，是热带干旱及半干旱地区最主要的放牧型豆科牧草，可与禾本科牧草混播建植优质人工草地。

植株分枝

花序
果荚及种子
植株局部
苞片
株丛

头状柱花草　*Stylosanthes capitata* Vogel

形态特征　多年生亚灌木。茎半直立，高70～100 cm。多分枝，茎基部木质化。三出复叶；小叶顶端急尖，椭圆形至宽椭圆形，长15～40 mm，宽5～15 mm，两面被绒毛；叶柄长2～6 mm；托叶椭圆形，长16～20 mm，宽6～8 mm，具脉2～3对。头状花序，顶生或腋生，长达7 cm，宽15～20 mm。花序常聚生成簇，小花多数；苞片叶状，椭圆形，长9～13 mm，具脉3～5对，有时多毛；花小，蝶形，黄色，旗瓣卵形，长4～6 mm。荚果2节，长5～7 mm，宽2～2.5 mm，具网脉；两节均可育，上节无毛，具喙。种子黄色或黑色，有时具斑点。

生境与分布　喜热带气候。原产热带美洲，主要分布于委内瑞拉、巴西的半湿润至半干旱地区。中国热带农业科学院于1991年10月自哥伦比亚国际热带农业研究中心引进，分别在儋州，东方、三亚等地试种。

饲用价值　不适于生产草粉或刈割青饲，但本种是一种优良的放牧型豆科牧草，适于同禾本科牧草混播，建植人工草地。其化学成分如下表。

头状柱花草的化学成分（%）

样品情况	干物质	占干物质					钙	磷
		粗蛋白	粗脂肪	粗纤维	无氮浸出物	粗灰分		
营养期　鲜样	22.70	16.49	2.96	33.15	39.60	7.80	1.22	0.45
开花期　鲜样	25.10	15.31	2.74	39.08	34.86	8.01	1.14	0.33
成熟期　鲜样	29.80	13.99	2.50	42.32	32.84	8.35	1.01	0.40

数据来源：中国热带农业科学院热带作物品种资源研究所

株丛

茎叶局部
托叶
叶片腹面
叶片背面
花序
果荚及种子
苞片腹面
苞片背面

大头柱花草 *Stylosanthes macrocephala* M. B. Ferreira et Sousa Costa

形态特征 多年生亚灌木。匍匐至半直立，高20～80 cm，多分枝；茎和枝被绒毛。三出复叶；叶柄长约2 mm，具长柔毛；小叶披针形，长2～4 cm，宽1.5 cm，短柔毛或无毛。花序为顶生或腋生的头形穗状花序，卵球形到近球形，长约2 cm，具10～30花；苞片覆瓦状排列，椭圆状卵形，长约1.2 cm，被短柔毛，绿色或红色；花小，黄色，倒卵球形，具条纹，长约6 mm。荚果具2荚节，均可育；上部1节无毛，顶部具钩喙；下部1节具长柔毛。种子黄棕色，有时稍有斑点。

生境与分布 喜热带气候。原产巴西；现热带美洲广泛栽培。中国热带农业科学院从哥伦比亚国际热带农业研究中心引进，分别在儋州、东方、三亚等地试种。

饲用价值 不适于生产草粉或刈割青饲，是放牧型豆科牧草，适于同禾本科牧草混播，建植人工草地。

幼荚

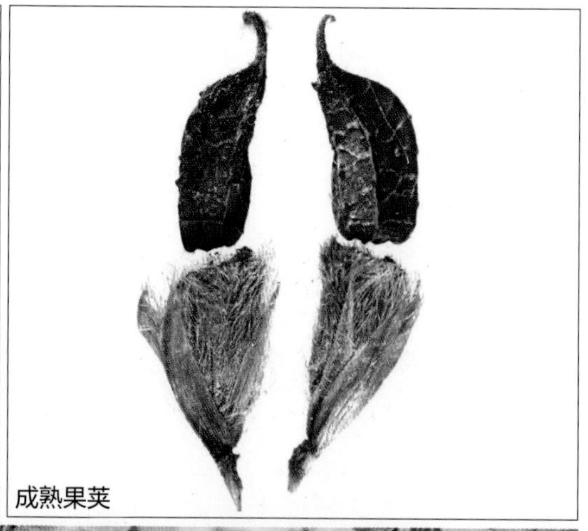
成熟果荚

植株局部

花序
茎叶局部（腹面）
茎叶局部（背面）
苞片腹面
苞片背面
托叶

灰岩柱花草 *Stylosanthes calcicola* Small

形态特征 多年生草本。株高30～100 cm，直立或半直立，茎细弱，分枝平展。三出复叶；叶柄长约1 cm；小叶椭圆形或椭圆状披针形，长1.5～2.5 cm，具3～5对明显的侧脉，两面光滑，叶缘被疏毛；托叶椭圆形，长约18 mm，宽约6 mm，具脉5条，顶端两侧向外延伸成尖齿。穗状花序顶生或腋生，长约1 cm，具少数花；花黄色，旗瓣具条纹，长约1 cm。荚果具2荚节；上部1节无毛，内有1种子，顶部具钩喙；下部1节被柔毛，通常不育。种子浅黄色。

生境与分布 喜热带气候。原产墨西哥、危地马拉及古巴的石灰岩干燥草原。中国热带农业科学院从哥伦比亚国际热带农业研究中心引进种植。

饲用价值 牛、羊、鹿喜食，是热带干旱及半干旱地区重要的放牧型豆科牧草，可与禾本科牧草混播建植优质人工草地。

茎叶局部

苞片

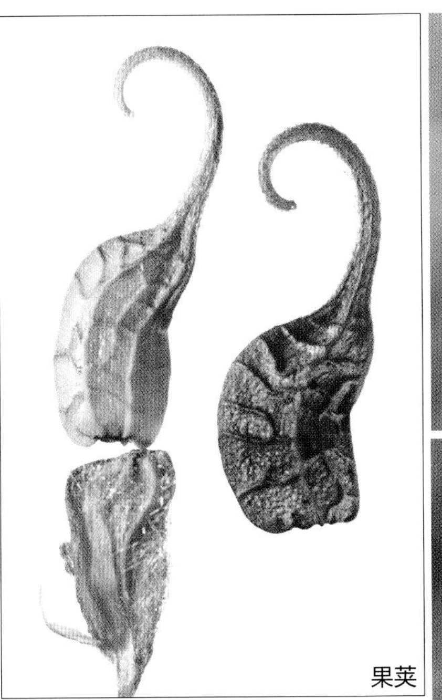
果荚

叶片腹面

叶片背面

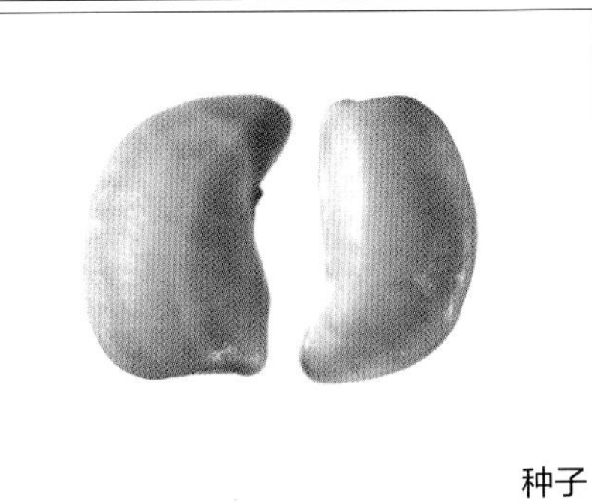
种子

花

株丛

维拉诺有钩柱花草 *Stylosanthes hamata* (L.) Taub ‘Verano’

品种来源 广东省畜牧局、华南农业大学联合申报，1991年通过全国草品种审定委员会审定，登记为引进品种；品种登记号098；申报者为李居正、林坚毅、郭仁东、罗建民、陈德新。

形态特征 一年生草本，高80～100 cm。三出复叶，叶片狭长，长2～3 cm，宽3～4 mm，中间一小叶有叶柄。穗状花序；花小、黄色。荚果小，种荚厚硬，脉明显，顶部具3～5 mm长的喙，每荚内含1种子。种子肾形，褐色、黄色或绿黄色。

生物学特性 耐旱、耐瘠、耐酸、抗病虫害。种子产量高，落粒性强，落地后能在土壤中良好保存，并在来年雨季出苗生长。

饲用价值 品质优，适口性好，可放牧或加工成草粉利用畜禽均喜食，每年可刈割2～3次，年均鲜草产量4000～6000 kg/hm^2。其化学成分如下表。

栽培要点 播种地应选择土质肥沃、排灌方便、阳光充足、易于管理的砂壤土地块。播种前要一犁两耙，施足基肥。种子硬实率高，影响出苗，播前用80℃热水中浸种2～3 min，清洗数遍捞出晾干，再拌上根瘤菌，即可按75～90 kg/hm^{2}的播量播种。

维拉诺有钩柱花草的化学成分（%）

样品情况	占干物质					钙	磷
	粗蛋白	粗脂肪	粗纤维	无氮浸出物	粗灰分		
开花期 绝干	13.40	2.60	36.20	42.20	5.60	—	—

数据来源：华南农业大学

栽培群体

花序
植株基部茎秆
植株枝叶
花
根系
花序局部
种子及荚果

矮柱花草 *Stylosanthes humilis* Kunth

品种来源 一年生草本，平卧或斜升，草层高45～60 cm。羽状三出复叶；小叶披针形，长2～5 cm，宽约6 mm，顶端渐尖，基部楔形；托叶和叶柄被疏毛。总状花序腋生，花小，蝶形，黄色。荚果稍呈镰形，黑色或灰色，上有凸起网纹，顶端具弯喙，内含1种子。种子棕黄色，长约2.5 mm，宽约1.3 mm，先端尖；千粒重3.66 g。

生境与分布 原产巴西、委内瑞拉、巴拿马和加勒比海岸等；现世界热带地区广泛栽培。矮柱花草于1965年引入我国，在广西和广东试种，生长良好，近年逐渐扩大繁殖。

饲用价值 适口性好，鲜草为牛、羊等喜食，开花期至结荚期亦保持良好的适口性和较高的营养价值，年均干草产量7500～15 000 kg/hm^2，属优等牧草。其化学成分如下表。

矮柱花草的化学成分（%）

样品情况	占干物质					钙	磷
	粗蛋白	粗脂肪	粗纤维	无氮浸出物	粗灰分		
开花期　绝干	11.27	2.25	25.49	54.80	6.19	—	—
成熟期　绝干	10.15	3.73	36.28	46.08	3.77		
干草粉　绝干	10.14	3.73	36.28	45.78	4.06		

数据来源：广西壮族自治区畜牧研究所

株丛

果荚
种子
分枝
花序形态
叶片腹面
叶片背面
植株局部

粘毛柱花草 *Stylosanthes viscosa* (L.) Sw.

形态特征 多年生草本。基部平展或匍匐，多分枝，上部直立，直立部高可达1 m，全株密被短腺毛。三出复叶；小叶卵形到披针形，长约2.5 cm，宽约8 mm，顶端锐尖或钝，两面被短绒毛；叶柄和托叶鞘密被黏毛。复穗状花序顶生或腋生，支穗状花序具2～5花；花黄色，长4～7 mm。荚果通常具2荚节，具粗糙网状脉，被毛，顶端具短喙。

生境与分布 原产南美洲、中美洲热带。中国热带农业科学院从哥伦比亚国际热带农业研究中心引进。

利用价值 粘毛柱花草密被腺毛，茎叶呈黏质状，鲜草适口性不佳，家畜不喜采食，但该种被认为抗炭疽病能力强，是重要的育种材料。

株丛

果荚及种子

花

叶片腹面

叶片背面

茎叶局部

光荚柱花草 | *Stylosanthes leiocarpa* Vogel

形态特征 多年生草本。基部分枝外倾，中部以上直立，高20～70 cm，被黄色鬃毛和稀疏白色绒毛。羽状三出复叶；托叶鞘状，长5～10 mm，密被刚毛；叶柄长5～10 mm，密被绒毛；小叶7～10 mm长，椭圆形，两面均被伏毛。穗状花序顶生或腋生，圆柱状，长2～4 cm，具密集的花；花冠长约13 mm，黄色。荚果具2荚节，无毛，顶部具短喙，喙内侧被稀疏毛。种子黑色，具光泽，长约3 mm。

生境与分布 喜热带气候。多生于干燥的沙质草地。原产巴西东北部、巴拉圭东部及阿根廷东北部。中国热带农业科学院从哥伦比亚国际热带农业研究中心引种栽培。

饲用价值 牛、羊、鹿喜食，是热带干旱及半干旱地区重要的放牧型豆科牧草，可与禾本科牧草混播建植优质人工草地。

法尔孔柱花草 | *Stylosanthes falconensis* Calles et Schultze-Kr.

形态特征 多年生亚灌木。株高35～50 cm，近基部木质，多分枝，上部分枝纤细，被白色短绒毛。托叶抱茎，鞘状，长4.5～6.9 mm，被绒毛。羽状三出复叶；小叶狭披针形，长11～24 mm，宽2.3～3.8 mm，两面无毛或背面被疏毛。花序顶生和腋生，长圆形，长8～10 mm，具6～11花；苞鞘密被刚毛和丝状纤毛；花冠黄色，旗瓣6～10 mm长，翼瓣和龙骨长4～4.5 mm。荚果被短柔毛，顶端具长喙。种子黄色，具光泽，长约2.5 mm，宽约1.4 mm。

生境与分布 最高分布海拔1700 m，是柱花草属中分布海拔较高的重要代表。原产委内瑞拉。中国热带农业科学院从哥伦比亚国际热带农业研究中心引种栽培。

利用价值 抗寒性好，是重要的育种材料。

株丛局部

植株基部

落花生属
Arachis L.

落花生　*Arachis hypogaea* L.

形态特征　一年生草本。茎直立或匍匐，高约40 cm。叶通常为小叶2对；托叶长约2.5 cm；叶柄基部抱茎；小叶纸质，卵状长圆，长约3.2 cm，宽约1.5 cm，先端钝圆，基部近圆形，两面被毛；小叶柄长2～5 mm，被黄棕色长毛。花长约8 mm；苞片2，披针形；小苞片披针形，长约5 mm，被柔毛；萼管细，长4～6 cm；花冠黄色，旗瓣直径1.7 cm，先端凹入；翼瓣长圆形；龙骨瓣长卵圆形。荚果长约3 cm，宽约1 cm，膨胀，含1～3种子。花果期4～10月。

生境与分布　喜生于向阳、土壤肥沃的环境。原产南美；现世界广泛栽培。长江以南有种植。

饲用价值　植株蛋白质含量高，是家畜的优质饲料，质量可与苜蓿、三叶草媲美。其化学成分如下表。

落花生的化学成分（%）

样品情况	干物质	占干物质					钙	磷
		粗蛋白	粗脂肪	粗纤维	无氮浸出物	粗灰分		
分枝期　干样	88.05	21.15	2.84	28.77	40.00	7.14	1.23	0.64

数据来源：贵州省草业研究所

株丛

栽培群体

阿玛瑞罗平托落花生 *Arachis pintoi* Krapov. et W. C. Greg. 'Amarillo'

品种来源 福建省农业科学院农业生态研究所申报，2003年通过全国草品种审定委员会审定，登记为引进品种；品种登记号256；申报者为黄毅斌、应朝阳、郑仲登、陈恩、翁伯奇。

形态特征 多年生匍匐草本，草层高10～30 cm，茎贴地生长，分枝多，节处生根。托叶披针形，长约3 cm；叶柄长3～7 cm；小叶2对，上部一对较大，倒卵形。总状花序腋生，萼管长8～13 cm；小花无柄，线状排列；旗瓣黄色，圆形，长1.2～1.7 cm，宽1～1.4 cm，翼瓣钝圆，橙黄色，长约10 mm，龙骨瓣喙状，长约5 mm。每荚1种子，偶有2。

生物学特性 耐酸、耐铝能力强，在强酸性红壤上生长良好，在中等肥沃的土壤上生长旺盛。适于热带、亚热带地区种植。在福建种植生长良好，能安全越冬。

饲用价值 营养丰富，适口性好，饲喂效果佳，消化率高。有较强的耐阴能力，适宜果园套种和草坪绿化。作为饲用利用，其化学成分如下表。

栽培要点 一般采用无性繁殖。每年的3～9月选阴雨天剪取健壮的匍匐茎进行移栽，每3～4节剪一苗，剪成的苗于生根粉溶液中浸泡30 min，按株行距20 cm × 30 cm定植。苗期需适当肥水管理与除杂。移栽后2个月即可完全覆盖地面，刈割周期40～60天，年刈割4～6次，留茬高度5～10 cm。

阿玛瑞罗平托落花生的化学成分（%）

样品情况	占干物质					钙	磷
	粗蛋白	粗脂肪	粗纤维	无氮浸出物	粗灰分		
盛花期 绝干	15.27	1.99	25.54	47.01	10.19	2.75	0.26

数据来源：福建省农业科学院农业生态研究所

绿化草坪

分枝
叶片形态
花
示花着生位置
种子及荚果形态

热研 12 号平托落花生

Arachis pintoi Krapov. et W. C. Greg. 'Reyan No. 12'

品种来源 中国热带农业科学院热带作物品种资源研究所热带牧草研究中心申报，2004年通过全国草品种审定委员会审定，登记为引进品种；品种登记号277；申报者为白昌军、刘国道、何华玄、王东劲、王文强。

形态特征 多年生匍匐草本，高20～30 cm，全株疏被绒毛。托叶披针形，长约3 cm；叶柄长5～7 cm，被柔毛；小叶2对，上部一对较大，倒卵形，长2～3.7 cm，宽1～2.8 cm。总状花序腋生；萼管长8～13 cm；小花无柄，线状排列；旗瓣浅黄色，有橙色条纹，圆形，长1.5～1.7 cm，宽1.2～1.4 cm，翼瓣钝圆，橙黄色，长约10 mm，龙骨瓣喙状，长约5 mm。荚果长圆形或圆形，每荚1种子，偶有2。

生物学特性 喜热带潮湿气候，适应性强，从重黏土到沙土均能良好生长；耐阴性强，可耐受70%～80%的遮阴；耐旱，在年降水量650 mm以上的地区均能良好生长，在低温干旱季节仍有少量开花。花期长，海南种植全年约10个月不间断开花。

饲用价值 草质柔嫩、营养丰富，适于放牧利用。花期长，草层均匀，常用于园林绿化或果园间作。作为饲用利用，其化学成分如下表。

栽培要点 种子繁殖或扦插繁殖，由于种子产量低、收种困难，因此生产上一般采用扦插繁殖。选择土层深厚、结构疏松、肥沃、灌排水良好的壤土或砂壤土地块种植，种植前1个月进行备耕，深翻15～20 cm，清除杂草、平整地面。移栽选用匍匐茎段，定植时2节插入土中，地上留1节，按株行距20 cm × 20 cm定植。移栽后2个月即可完全覆盖地面。刈割周期60天，年刈割6次，留茬高度5～10 cm。

热研12号平托落花生的化学成分（%）

样品情况	占干物质					钙	磷
	粗蛋白	粗脂肪	粗纤维	无氮浸出物	粗灰分		
盛花期茎叶 绝干	18.60	6.90	25.40	39.80	9.30	1.70	0.18

数据来源：中国热带农业科学院热带作物品种资源研究所

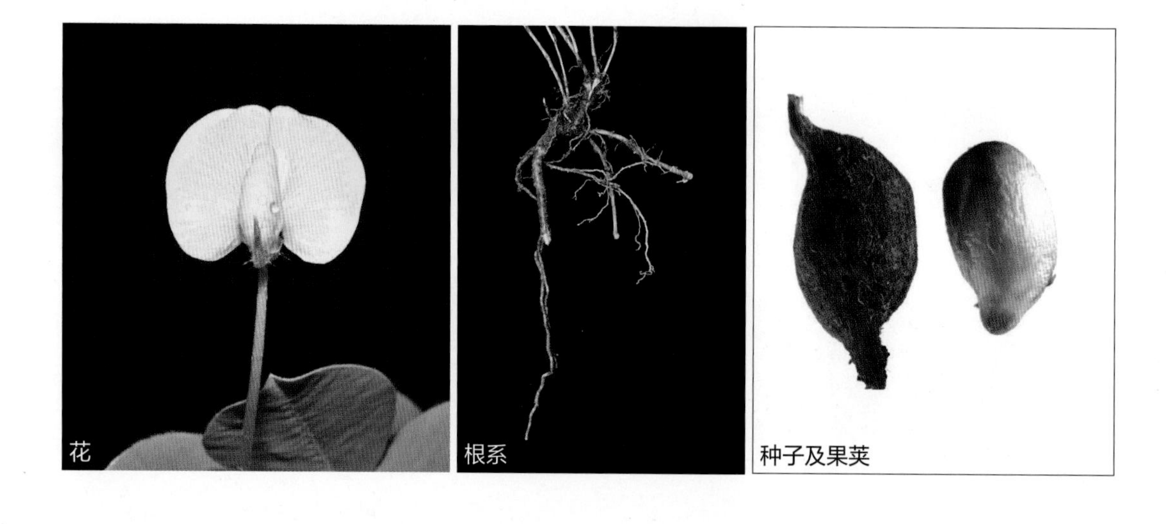

花　根系　种子及果荚

株丛

匍匐茎形态特征

叶片

示花序着生

光叶花生 *Arachis glabrata* Benth.

形态特征 多年生草本，根状茎粗壮呈木质。羽状复叶，具4小叶；托叶线状披针形，镰状，长约3 cm，基部具鞘；小叶倒卵形或长圆形，长2～4 cm，宽1～2.5 cm，腹面通常无毛，幼叶偶被疏毛，背面被短毛。穗状花序腋生，多花；萼管长约10 cm，具柔毛，基部有子房；花萼被长柔毛；花冠呈圆形，宽约2.5 cm，橙色至亮橙色。荚果，长约1 cm，含1种子。

生境与分布 喜湿热气候。原产巴西、阿根廷及巴拉圭。我国于20世纪90年代从哥伦比亚国际热带农业研究中心引进，现海南、广西、广东及福建等有栽培。

饲用价值 可用于园林绿化或果园间作。饲用方面，其草质柔嫩、营养丰富，适于放牧利用，化学成分如下表。

光叶花生的化学成分（%）

样品情况	占干物质					钙	磷
	粗蛋白	粗脂肪	粗纤维	无氮浸出物	粗灰分		
开花期 绝干	18.80	8.10	32.70	30.21	10.19	2.00	0.19

数据来源：中国热带农业科学院热带作物品种资源研究所

植株局部

叶片腹面

叶片背面

株丛
花
托叶

锦鸡儿属
Caragana Fabr.

锦鸡儿 *Caragana sinica* (Buc'hoz) Rehd.

形态特征 灌木，小枝有棱。托叶三角形，硬化成针刺，长5～7 mm；小叶2对，羽状，上部1对较大，长1～3.5 cm，宽5～15 mm，腹面深绿色，背面淡绿色。花单生，花梗长约1 cm，中部有关节；花萼钟状，长约14 mm，宽约8 mm；花冠黄色，长2.5～3 cm，旗瓣狭倒卵形，具短瓣柄，翼瓣稍长于旗瓣，瓣柄与瓣片近等长，龙骨瓣宽钝；子房无毛。荚果圆筒状，长3～3.5 cm，宽约5 mm。花果期4～8月。

生境与分布 喜温暖湿润气候。江苏、江西、浙江、福建、湖北、湖南、四川、贵州和云南均有分布。

饲用价值 羊喜食花和嫩茎叶，良等饲用植物。

枝叶局部

花序

花

花期植株局部

生境

鬼箭锦鸡儿 *Caragana jubata* (Pall.) Poir.

形态特征 灌木，高可达2 m。羽状复叶，具小叶4～6对；托叶先端刚毛状；小叶长圆形，长10～15 mm，宽约5 mm，先端具尖刺，基部圆形，被长柔毛。花萼钟状管形，长约15 mm，被长柔毛，萼齿披针形；花冠长25～30 mm，旗瓣宽卵形，基部渐狭成长瓣柄，翼瓣近长圆形，瓣柄长为瓣片的2/3～3/4，耳狭线形，长为瓣柄的3/4，龙骨瓣先端斜截平，瓣柄与瓣片近等长；子房被长柔毛。荚果长约3 cm，宽约6 mm，密被丝状长柔毛。花果期6～10月。

生境与分布 适生于高寒、湿润环境，是亚高山灌丛群落中较重要的建群草种。生于海拔2200～3500 m的山坡草地，常与蒿草、禾草、高山柳及薹草等构成各种不同类型的群落。四川、云南有分布。

饲用价值 绵羊、山羊，牛喜食其嫩枝叶及花，属中等饲用植物。其化学成分如下表。

鬼箭锦鸡儿的化学成分（%）

样品情况	干物质	占干物质					钙	磷
		粗蛋白	粗脂肪	粗纤维	无氮浸出物	粗灰分		
开花期 干样	95.30	12.85	3.16	27.53	51.05	5.41	1.30	0.17

数据来源：《中国饲用植物》

株丛

茎叶局部

花序

托叶先端呈刚毛状

果荚

变色锦鸡儿 *Caragana versicolor* Benth.

形态特征 矮灌木。叶假掌状或4小叶簇生；托叶披针状三角形，先端具刺尖；小叶狭披针形，长5～7 mm，宽约1.5 mm。花梗长约5 mm，关节在基部；花萼长管状，长约5 mm，宽约4 mm，萼齿三角形；花冠黄色，长11～12 mm，旗瓣近圆形，翼瓣先端圆钝，瓣柄短于瓣片，龙骨瓣的瓣柄与瓣片近等长。荚果长约2.2 cm，宽约3 mm，先端尖。花果期5～9月。

生境与分布 适生于高寒、湿润环境。川西北高原有分布。

饲用价值 在西北高寒地区，供家畜采食的牧草种类少，虽然变色锦鸡儿为有刺灌木，但牲畜甚喜采食。春夏季，绵羊、山羊和马喜食其花和嫩枝叶，冬季枝条为雪后家畜采食的饲料。

叶片

花

枝叶局部

二色锦鸡儿 | *Caragana bicolor* Kom.

形态特征 灌木。小枝褐色，被短柔毛。羽状复叶，小叶4～8对；托叶三角形；长枝上叶轴硬化成粗针刺；小叶倒卵状长圆形，幼时被伏贴白柔毛。花萼钟状，长约1 cm，萼齿披针形，长2～4 mm，先端渐尖，密被丝质柔毛；花冠黄色；旗瓣倒卵形，先端微凹；翼瓣的瓣柄比瓣片短；龙骨瓣较旗瓣稍短，瓣柄与瓣片近等长；子房密被柔毛。荚果圆筒状，先端渐尖，外面疏被白色柔毛，里面密被褐色柔毛。花果期6～10月。

生境与分布 喜冷凉气候。生于海拔3000 m左右的山坡灌丛、杂木林内。四川西部及云南丽江和德钦等有分布。

饲用价值 牛和羊采食其嫩茎叶，属中等饲用植物。

花

叶片形态

粗刺

株丛及生境

川西锦鸡儿 *Caragana erinacea* Kom.

形态特征 灌木。枝黄褐色或褐红色。羽状复叶，小叶2～4对；托叶褐红色，被短柔毛，刺针很短；长枝上叶轴长1.5～2 cm，宿存，短枝上叶轴密集，稍硬化；小叶短枝者常2对，倒披针形或倒卵状长圆形，腹面无毛，背面疏被短柔毛。花梗极短，簇生于叶腋；花萼管状，长8～10 mm，宽3～4 mm；花冠黄色，旗瓣宽卵形至长圆状倒卵形，翼瓣长圆形或线状长圆形，瓣柄稍长于瓣片，龙骨瓣瓣柄长于瓣片，耳不明显；子房被密柔毛。荚果圆筒形，长约2 cm。花期5～6月；果期8～9月。

生境与分布 生于海拔3000 m左右的山坡草地、林缘、灌丛或沙丘。四川西部及云南有分布。

饲用价值 羊采食其嫩茎叶，属中等饲用植物。

叶轴粗刺 叶片形态 花 株丛

云南锦鸡儿 | *Caragana franchetiana* Kom.

形态特征 灌木。老枝灰褐色；小枝褐色，枝条伸长。羽状复叶，有小叶5～9对；托叶膜质，卵状披针形；长枝叶轴硬化成粗针刺，宿存，灰褐色；小叶倒卵状长圆形，嫩时有短柔毛，背面淡绿色。花梗长5～20 mm，被柔毛，中下部具关节；苞片披针形，小苞片2；花萼管状，初时被疏柔毛，萼齿三角形披针状，长2～5 mm；花冠黄色，有时旗瓣带紫色，旗瓣近圆形，具长瓣柄，翼瓣的瓣柄稍短于瓣片，具2耳，龙骨瓣先端钝，瓣柄与瓣片近相等；子房被密柔毛。荚果圆筒状，长2～4.5 cm，被密贴伏柔毛。花期5～6月；果期7月。

生境与分布 生于海拔4000 m左右的山坡灌丛、林下或林缘。四川西部、云南东部和西部、西藏东部有分布。

饲用价值 山羊喜食，属中等饲用植物。

雀儿豆属
Chesneya Lindl. ex Endl.

云雾雀儿豆 | *Chesneya nubigena* (D. Don) Ali

形态特征 垫状草本。羽状复叶长3～6 cm，有5～21小叶；托叶线形，被长柔毛；小叶长圆形，长5～10 mm，宽2～4 mm，先端锐尖，基部圆，两面密被开展的长柔毛。花单生；花梗长1～4 cm，密被白色长柔毛；苞片线形，长约1 cm；小苞片较苞片短；花萼管状，长约1.5 cm，疏被长柔毛；花冠黄色，旗瓣长2～3 cm，瓣片宽卵形，背面密被白色短柔毛，翼瓣长约20 mm，龙骨瓣与翼瓣近等长；子房密被白色长柔毛。荚果长2～3 cm，宽约7 mm，疏被长柔毛。花果期6～8月。

生境与分布 生于海拔3600～5300 m的山坡和碎石山坡。云南西北部和西藏南部有分布。

饲用价值 可供放牧利用，属中等饲用植物，其化学成分如下表。

云雾雀儿豆的化学成分（%）

样品情况	干物质	占干物质					钙	磷
		粗蛋白	粗脂肪	粗纤维	无氮浸出物	粗灰分		
盛花期 干样	87.12	23.68	4.24	29.42	36.32	6.34	1.67	0.53

数据来源：西南民族大学

叶片

叶片腹面

果荚特写

种子形态

叶片背面

生境
花
植株
株丛
果荚

黄芪属
Astragalus L.

地八角 *Astragalus bhotanensis* Baker

形态特征 多年生草本，茎匍匐或斜生，幼时被短柔毛。羽状复叶，具小叶11～2对；小叶倒卵形，长6～20 mm，宽5～10 mm，腹面无毛，背面有白色贴伏短柔毛。总状花序，总花梗长5～12 cm，具短柔毛；萼管状，长约5 mm，萼齿披针形，疏生白色长柔毛；花冠紫红色，长1.5 cm。荚果圆柱形，背腹稍扁，长1.5～2.5 cm，宽约7 mm，先端有喙，成熟时黑色。花果期3～5月。

生境与分布 生于海拔2500 m左右的山坡、路旁或草丛。云南、贵州、四川有分布。

饲用价值 草质柔嫩，牲畜喜食，是优良牧草。其化学成分如下表。

地八角的化学成分（%）

样品情况	干物质	占干物质					钙	磷
		粗蛋白	粗脂肪	粗纤维	无氮浸出物	粗灰分		
盛花期 干样	87.97	25.32	5.45	22.20	38.12	8.91	0.52	0.25

数据来源：贵州省草业研究所

野生株丛及生境

成熟果荚
托叶
种子
花期株丛
幼荚
成熟种子
花
栽培群体
植株局部

多花黄耆 *Astragalus floridulus* Podlech

形态特征　多年生直立草本，高30～60 cm。羽状复叶长4～12 cm；叶柄长约1 cm；托叶离生，长约8 mm，散生白色柔毛；小叶线状披针形，长8～22 mm，宽2.5～5 mm，腹面绿色无毛，背面被灰白色伏毛。总状花序腋生；苞片膜质；花萼钟状，长约5 mm，被黑色伏毛；花冠淡黄色，旗瓣匙形，长11～13 mm，翼瓣比旗瓣略短，瓣片线形，宽约1.5 mm，龙骨瓣与旗瓣近等长；子房线形，混生白色柔毛。荚果纺锤形，长约15 mm，宽约6 mm，两端尖，表面被倒伏柔毛；果颈与萼筒近等长。种子3～5。花果期7～9月。

生境与分布　生于海拔2600～4300 m的高山草坡或灌丛下。川西北高原有分布。

饲用价值　再生能力强，较耐牧，是放牧型牧草。适口性较好，各类家畜喜食，尤以牛、马最喜食，是天然草场上饲用价值较高的牧草。其化学成分如下表。

多花黄耆的化学成分（%）

样品情况	干物质	占干物质					钙	磷
		粗蛋白	粗脂肪	粗纤维	无氮浸出物	粗灰分		
盛花期　干样	96.95	25.27	1.65	5.78	59.77	7.53	—	—

数据来源：四川农业大学

叶片局部　幼茎局部　花序　幼荚

植株

多枝黄耆 *Astragalus polycladus* Bur. et Franch.

形态特征 多年生草本。匍匐茎多分枝，长约50 cm。奇数羽状复叶，长约5 cm；叶柄长约1 cm；小叶近卵形，长约5 mm，宽约3 mm，先端钝尖，基部宽楔形，两面被白色伏贴柔毛。总状花序密集呈头状；苞片膜质，长约2 mm，背面被伏贴柔毛；花梗极短；花萼钟状，长约2 mm，外面被短伏毛，萼齿线形，与萼筒近等长；花冠青紫色，旗瓣宽倒卵形，长约7 mm，翼瓣与旗瓣近等长，瓣柄长约2 mm，龙骨瓣较翼瓣短；子房线形，被短柔毛。荚果长圆形，微弯曲，长约1 cm，先端尖，被伏毛。花果期7～9月。

生境与分布 生于海拔2000 m以上的干旱山坡、河滩、路边、沟谷。云南西北部、四川西部和西北部、甘肃南部均有分布。

饲用价值 返青早，耐牧力强，草质优良，营养成分高，适口性好，为各类家畜所喜食，是天然草场上的优良豆科牧草。其化学成分如下表。

多枝黄耆的化学成分（%）

样品情况	干物质	占干物质					钙	磷
		粗蛋白	粗脂肪	粗纤维	无氮浸出物	粗灰分		
现蕾期　干样	89.21	16.32	2.29	19.73	48.34	13.32	—	—

数据来源：《中国饲用植物》

株丛 叶片 托叶 花序 幼果

黄花黄耆 *Astragalus luteolus* Tsai et Yu

形态特征　多年生草本。茎直立，高50～100 cm，具棱。羽状复叶，具小叶5～15对；小叶披针形，具短柄；托叶褐色。总状花序稍密，约有20花；苞片线形；无小苞片；花梗被毛；花萼钟状，被毛，萼齿三角状，两面被毛；花冠黄色或带紫色，旗瓣倒卵形，瓣柄较瓣片稍长；子房密被柔毛。荚果梭状，被毛，果颈与萼筒近等长或稍短，1室。种子4～7，深褐色。

生境与分布　生于海拔3000 m左右的林下、林缘及山坡草地中。川西北高原有分布。

饲用价值　牛、羊喜食其枝叶，是高山草地中的重要放牧利用型草种，属良等饲用植物。

叶片

幼荚

花序

生境

株丛

云南黄耆 | *Astragalus yunnanensis* Franch.

形态特征 多年生近莲座状草本。羽状复叶基生；小叶近圆形，长约10 mm，宽约7 mm，先端钝圆，基部圆形，两面被白色长柔毛。总状花序，总花梗生于基部叶腋，与叶近等长或较叶长，散生白色细柔毛；苞片膜质，被白色长柔毛；花冠黄色，旗瓣匙形，长约20 mm，翼瓣与旗瓣近等长，瓣片长圆形，龙骨瓣较翼瓣短或近等长；子房被长柔毛，有柄。荚果膜质，狭卵形，被褐色柔毛，果颈与萼筒近等长。花果期6～8月。

生境与分布 生于海拔3000 m以上的山坡草地。四川西部、云南西北部及西藏有分布。

饲用价值 云南黄芪质地柔软，适口性良好，家畜喜食。其化学成分如下表。

云南黄耆的化学成分（%）

样品情况	干物质	占干物质					钙	磷
		粗蛋白	粗脂肪	粗纤维	无氮浸出物	粗灰分		
初花期　干样	89.42	11.81	3.60	21.68	55.75	7.16	0.73	0.20

数据来源：《中国饲用植物》

斜茎黄耆 *Astragalus laxmannii* Jacquin

形态特征 多年生草本。茎直立或斜上。羽状复叶；托叶三角形；小叶长圆形，长10～25 mm，基部圆形，腹面疏被伏贴毛，背面较密。总状花序圆柱状，花密集；苞片狭披针形至三角形；花萼管状钟形，长约5 mm，萼齿狭披针形；花冠近蓝色，旗瓣长11～15 mm，倒卵圆形，先端微凹，基部渐狭，翼瓣较旗瓣短，瓣片长圆形，与瓣柄等长，龙骨瓣长7～10 mm，瓣片较瓣柄稍短；子房被密毛。荚果长圆形，顶端具下弯的短喙。花果期6～10月。

生境与分布 生于向阳山坡灌丛及林缘地带。东北、华北、西北、西南有分布。

饲用价值 适口性好，营养价值高，各类家畜均喜食。斜茎黄耆饲养的家畜，膘肥体壮，是草原区极为重要的牧草。其化学成分如下表。

斜茎黄耆的化学成分（%）

样品情况	干物质	占干物质					钙	磷
		粗蛋白	粗脂肪	粗纤维	无氮浸出物	粗灰分		
初花期 鲜样	33.29	14.57	6.58	27.04	45.65	7.06	—	—

数据来源：西南民族大学

植株局部

花序

营养期株丛
植株分枝局部
结荚期植株
茎部特征
叶片背面
种子

无茎黄耆 *Astragalus acaulis* Baker

形态特征 多年生低矮小草本。根粗壮，直伸。茎短缩，呈垫状。奇数羽状复叶，长5～7 cm，具21～27小叶；托叶膜质，边缘疏被白色长柔毛；小叶卵状披针形，幼时边缘疏被白色长柔毛。总状花序生2～4花；总花梗极短；花梗长2～4 mm；花萼管状，长约10 mm，散生白色长柔毛；花冠淡黄色，旗瓣长约2 cm，瓣片宽卵形，瓣柄与瓣片近等长，翼瓣与旗瓣近等长，瓣片狭长圆形，龙骨瓣与翼瓣近等长；子房线形，无毛，具短柄。荚果半卵形，膨胀，长约4 cm，宽约1.5 cm，无毛，假2室。种子圆肾形，长约4 mm。花果期6～8月。

生境与分布 喜冷凉气候。生于海拔5000 m左右的高山草地及流石滩。云南西北部、四川西南部和西藏东部有分布。

饲用价值 牛、羊喜食其嫩枝叶，属良等饲用植物。

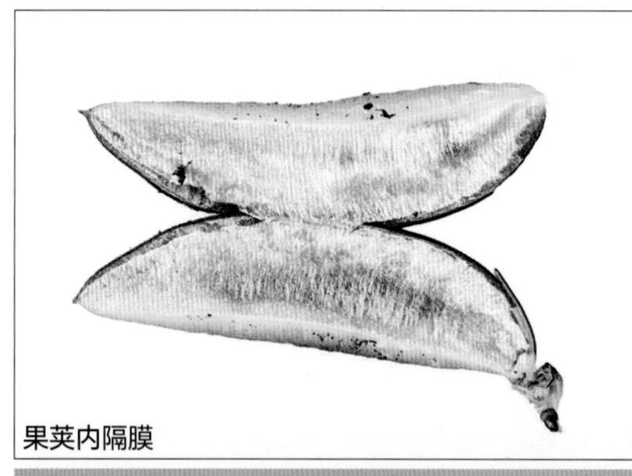
果荚内隔膜

果荚特写

植株整体

叶片形态

植株及生境

种子形态

示果荚着生

棘豆属
Oxytropis DC.

急弯棘豆 *Oxytropis deflexa* (Pall.) DC.

形态特征 多年生草本。茎直立，被开展长柔毛。羽状复叶长5～20 cm；小叶卵状长圆形，长约1 cm，宽约5 mm，两面被贴伏柔毛。总状花序，被开展长柔毛；苞片膜质，线形，与花萼近等长；花萼钟状，长约6 mm，萼齿披针形，较萼筒短或与之近等长；花冠淡蓝紫色，旗瓣卵圆形，先端微凹，翼瓣与旗瓣近等长，龙骨瓣较翼瓣短，喙长约1 mm。荚果膜质，下垂，长圆状椭圆形，略凹陷，长约1.5 cm，宽约5 mm，先端具喙，被贴伏短柔毛。花果期6～8月。

生境与分布 生于中高海拔的河谷、草原灌丛的砾石中。川西北高原有分布。

饲用价值 高原区放牧型牧草，适口性较差，绵羊、山羊和马偶有采食。其化学成分如下表。

急弯棘豆的化学成分（%）

样品情况	干物质	占干物质					钙	磷
		粗蛋白	粗脂肪	粗纤维	无氮浸出物	粗灰分		
初花期 绝干[1]	100.00	15.70	1.80	27.10	47.20	8.20	—	—
开花期 干样[2]	98.26	15.37	1.32	16.59	58.07	8.65	—	—

数据来源：1. 兰州大学；2. 四川农业大学

生境 花序 叶片

镰荚棘豆 | *Oxytropis falcata* Bunge

形态特征　多年生草本。羽状复叶；小叶25～45，披针形；托叶膜质。总状花序，具6～10花；苞片草质，披针形；花萼筒状，密被柔毛，密生腺点，萼齿披针形；花冠蓝紫色；子房披针形，被贴伏白色短柔毛，具短柄。荚果镰刀状弯曲，具喙，被腺点和短柔毛，具隔膜；果梗短。种子多数，肾形，棕色。花期5～8月；果期7～9月。

生境与分布　生于高山和亚高山灌丛草地、山坡草地、山坡沙砾地、冰川阶地、河岸阶地上，有时成群落分布。川西北草原有分布。

饲用价值　高原区放牧型牧草，适口性较差，绵羊、山羊和马偶有采食。

长喙棘豆 *Oxytropis thomsonii* Benth. ex Bunge

形态特征 多年生草本。茎被绢状长柔毛。托叶纸质，长约10 mm；叶柄和叶轴密被白色长柔毛；小叶长圆状披针形，长约10 mm，宽约3 mm，两面密被绢状长柔毛。总状花序；花萼近筒状，密被黑色和白色长柔毛；花冠蓝紫色；子房疏被黑色和白色短柔毛。荚果线状长圆形，近三棱状，长约1.5 cm，宽约4 mm，喙长3 mm，腹缝具深沟，被贴伏白色长柔毛。种子4～6。花果期5～9月。

生境与分布 生于亚高山草甸或灌丛下。川西北高原有分布。

饲用价值 高原草原区放牧利用型牧草，适口性较差，绵羊、山羊和马偶有采食。

幼荚

茎局部特征

叶片

花序

株丛

米口袋属
Gueldenstaedtia Fisch.

少花米口袋 | *Gueldenstaedtia verna* (Georgi) Boriss.

形态特征 多年生草本，主根圆锥状。叶片长约10 cm，被长柔毛；小叶椭圆形，长约1 cm，宽约8 mm。伞形花序有2～6花；总花梗被长柔毛；苞片三角状线形；花萼钟状，长约7 mm，被贴伏长柔毛；花冠紫色，旗瓣长倒卵形，翼瓣斜长倒卵形，龙骨瓣倒卵形；子房椭圆状，密被柔毛，花柱无毛。荚果圆筒状，长约2 cm，直径约4 mm，被长柔毛。种子三角状肾形，具凹点。花果期4～6月。

生境与分布 生于低海拔的山坡、路旁。川西北草原有分布。

饲用价值 牛、羊采食，属良等饲用植物。其化学成分如下表。

少花米口袋的化学成分（%）

样品情况	干物质	占干物质					钙	磷
		粗蛋白	粗脂肪	粗纤维	无氮浸出物	粗灰分		
初花期 鲜样	90.87	22.79	2.21	25.60	34.09	15.31	2.42	0.41

数据来源：《中国饲用植物》

植株

叶片绒毛
果荚
示种子着生
花序
根系

高山豆属
Tibetia (Ali) H. P. Tsui

高山豆 *Tibetia himalaica* (Baker) Tsui

形态特征 多年生草本。叶长约5 cm；小叶椭圆形，长约6 mm，宽约4 mm，被贴伏长柔毛；叶柄被疏长柔毛。伞形花序具1～3花；总花梗与叶等长，被长柔毛。花萼钟状，长约4 mm，被长柔毛；花冠蓝紫色；旗瓣卵状扁圆形，顶端微缺至深缺；翼瓣宽楔形，龙骨瓣近长方形；子房被长柔毛，花柱折曲成直角。荚果圆筒形或有时稍扁，被稀疏柔毛。种子肾形，光滑。花果期5～9月。

生境与分布 生于高山草地。川西北草原有分布。

饲用价值 蛋白质含量高，草质柔软，牲畜喜食，是优良的豆科牧草，但植株低矮，产量较低，只适于放牧利用。其化学成分如下表。

高山豆的化学成分（%）

样品情况	干物质	占干物质					钙	磷
		粗蛋白	粗脂肪	粗纤维	无氮浸出物	粗灰分		
盛花期 干样[1]	92.29	23.30	4.21	26.30	39.82	6.37	0.83	0.18
开花期 干样[2]	94.20	13.69	1.27	20.17	47.56	17.30	—	—

数据来源：1. 西南民族大学；2. 四川农业大学

叶片特征

植株及生境
花
果荚
根系

黄花高山豆 *Tibetia tongolensis* (Ulbr.) Tsui

形态特征 多年生草本，分枝细弱。叶长约8 cm；小叶多为7，倒卵形，两面被疏柔毛。伞形花序具2～3花；总花梗一般与叶等长；花梗长5 mm，被贴伏长硬毛；花萼钟状，长约5 mm，密被棕色贴伏长硬毛；花冠黄色，旗瓣宽卵形，翼瓣宽斜卵形，龙骨瓣倒卵形；子房棒状，光滑无毛。荚果圆棒状，无毛。种子肾形，平滑。花果期4～9月。

生境与分布 喜高山气候。生于海拔3000 m以上的山坡草地。四川及云南有分布。

饲用价值 草质柔软，牲畜喜食，是高山放牧草地中重要的饲用植物。其化学成分如下表。

黄花高山豆的化学成分（%）

样品情况	干物质	占干物质					钙	磷
		粗蛋白	粗脂肪	粗纤维	无氮浸出物	粗灰分		
盛花期 干样	92.37	17.12	1.64	35.22	40.21	5.81	1.32	0.36

数据来源：西南民族大学

果期植株

株丛及生境
托叶
花萼特征
花序
叶片腹面
叶片背面
果荚
根系

云南高山豆 *Tibetia yunnanensis* (Franch.) Tsui

形态特征 多年生草本。根纺锤状。叶长约6 cm；小叶多为7枚，倒卵形至倒心形，被贴伏疏柔毛。伞形花序具1～2花；总花梗长5～10 cm，具稀疏柔毛；苞片披针形，长2 mm；花萼钟状，被贴伏长柔毛；花冠紫色，旗瓣倒心形，翼瓣近楔形，龙骨瓣倒卵形；子房被长柔毛，柱头折曲成直角。荚果圆筒形，长约1 cm，被疏柔毛。种子肾形，平滑。花果期5～9月。
生境与分布 喜暖凉的高山气候。生于海拔2500 m以上的山坡草地。四川及云南有分布。
饲用价值 草质柔软，牲畜喜食，是高山放牧草地中重要的饲用植物。其化学成分如下表。

云南高山豆的化学成分（%）

样品情况	干物质	占干物质					钙	磷
		粗蛋白	粗脂肪	粗纤维	无氮浸出物	粗灰分		
盛花期 干样	92.28	23.57	5.10	26.30	37.91	7.12	0.90	0.26

数据来源：西南民族大学

株丛及生境

植株
植株局部特征
叶片形态
荚果
果荚
叶片
根系
花

甘草属
Glycyrrhiza L.

云南甘草 | *Glycyrrhiza yunnanensis* Cheng f. et L. K. Dai ex P. C. Li

形态特征 多年生直立草本，株高60～100 cm，密被鳞片状腺点。叶长约12 cm；小叶多为11，披针形，长约5 cm，宽约1.5 cm，腹面深绿色，背面淡绿色，两面密被鳞片状腺点并疏生短柔毛。总状花序腋生，花多数，密集成球状；苞片披针形，长约6 mm，密生腺点；花萼钟状，长约5 mm；花冠紫色。果序球状，长约4 cm，荚果密集，长卵形，长约1.5 cm，密被褐色硬刺。种子褐色，肾形，长约4 mm。花果期5～9月。

生境与分布 生于海拔1800～2900 m的河谷、林缘或山坡灌丛中。云南和四川有分布。

饲用价值 羊有采食其嫩叶，属良等饲用植物。其化学成分如下表。

云南甘草的化学成分（%）

样品情况	干物质	占干物质					钙	磷
		粗蛋白	粗脂肪	粗纤维	无氮浸出物	粗灰分		
初花期 鲜样	91.45	15.63	8.48	32.64	35.58	7.67	3.23	1.02

数据来源：西南民族大学

果序

叶片

叶片背面局部

刺果甘草 | *Glycyrrhiza pallidiflora* Maxim.

形态特征　多年生直立草本，茎多分枝，密被黄褐色鳞片状腺点。叶长约10 cm；叶柄无毛，密生腺点；小叶多为11，披针形，长约4 cm，宽约1.5 cm，两面密被鳞片状腺体。总状花序腋生，花密集成球状；花萼钟状，密被腺点，基部疏被短柔毛；花冠淡紫色。果序呈椭圆状，荚果卵圆形，长约15 mm，宽约6 mm，顶端具突尖，外面被硬刺。种子2，黑色，圆肾形，长约2 mm。花果期5～9月。

生境与分布　喜生于向阳的河滩地、岸边或山坡路旁。华东有分布。

饲用价值　花期前茎叶柔嫩多汁，绵羊、山羊喜采食。干枯枝叶马，驴、骡均喜食，羊尤喜食，冬季牛乐食，属放牧型良等饲用植物。其化学成分如下表。

刺果甘草的化学成分（%）

样品情况	占干物质					钙	磷
	粗蛋白	粗脂肪	粗纤维	无氮浸出物	粗灰分		
现蕾期　绝干	25.14	6.69	26.06	33.61	8.50	—	—

数据来源：江苏省农业科学院

腋生果序
叶片
开裂果荚
株丛及生境
荚果

岩黄芪属
Hedysarum L.

多序岩黄耆 *Hedysarum polybotrys* Hand-Mazz.

形态特征 多年生直立草本。丛生多分枝，茎外皮暗红褐色。叶长约7 cm；小叶11～19，卵状披针形，长约2 cm，宽约5 mm，腹面无毛，背面被贴伏柔毛。总状花序腋生；花多数；苞片钻状披针形，被柔毛；花萼斜宽钟状，被短柔毛，萼齿三角状钻形；花冠淡黄色，长约1 cm，旗瓣倒长卵形，翼瓣线形，龙骨瓣长于旗瓣；子房线形，被短柔毛。荚果2～4节，被短柔毛，荚节近圆形，两侧微凹，具明显网纹和狭翅。花果期6～9月。

生境与分布 喜温暖湿润气候。散生于森林草原和山地沟谷或林缘。川西北多地有分布。

饲用价值 适口性好，为各种家畜喜食，在牧区常被啃食而不能开花结实，是营养价值高的优质豆科饲草。

叶片局部 植株分枝 幼荚 成熟果荚

植株及生境

花序

锡金岩黄耆 *Hedysarum sikkimense* Benth ex. Baker

形态特征 多年生草本，根系肥厚。茎直立，约20 cm。奇数羽状复叶；小叶长圆形，腹面无毛，背面沿主脉和边缘被疏柔毛；托叶棕褐色，干膜质，被白色长柔毛。总状花序，腋生，明显高于叶，花序轴和总花梗被毛；苞片被毛；花萼钟状，花冠蓝紫色；子房线形。荚果1～2节，下垂，荚节具网纹，被毛。种子黄褐色。

生境与分布 高山和亚高山草甸的主要建群种之一。云南、四川有分布。

饲用价值 适口性好，营养价值高，家畜喜采食，是家畜长膘、催乳的重要饲草。

生境 花序 株丛 叶片局部

驴食豆属
Onobrychis Mill.

驴食草 | *Onobrychis viciifolia* Scop.

形态特征 多年生草本。主根粗壮，侧根发达。茎直立，高30～120 cm，具纵条棱，被短柔毛。奇数羽状复叶；小叶长圆披针形或披针形，长约2.5 cm，腹面无毛，背面被贴伏柔毛。总状花序超出叶层，腋生；花多数，花萼钟状，萼齿披针状，花冠蝶形，粉红色至深红色；子房密被贴伏柔毛。荚果压扁，果皮粗糙有凸形网纹，边缘有尖齿，不开裂，内含1种子。种子肾形，光滑，暗褐色。

生境与分布 喜温暖干旱气候。适宜生长在含碳酸盐的土壤和阴坡地，常见于森林草原以及高山草原地带。川西北高原有分布。

饲用价值 饲用价值较高，矿物质含量也较丰富，各类牲畜均喜食，属优等饲用牧草。其化学成分如下表。

驴食草的化学成分（%）

样品情况	占干物质					钙	磷
	粗蛋白	粗脂肪	粗纤维	无氮浸出物	粗灰分		
营养期　绝干	16.70	1.50	31.10	43.30	7.40	—	—

数据来源：四川农业大学

花序　嫩叶　株丛

百脉根属
Lotus L.

百脉根 | *Lotus corniculatus* L.

形态特征 多年生草本。茎丛生，平卧或上升。羽状复叶，具5小叶，顶端3小叶，基部2小叶呈托叶状；小叶柄短，密被黄色长柔毛。伞形花序；总花梗长达10 cm；花3～7集生于总花梗顶端；苞片叶状，与萼等长，宿存；萼钟形，长5～7 mm，宽2～3 mm，萼齿近等长，狭三角形；花冠黄色，旗瓣扁圆形，瓣片和瓣柄几等长，翼瓣和龙骨瓣等长，龙骨瓣呈直角三角形弯曲，喙部狭尖；雄蕊二体，花丝分离部略短于雄蕊筒；子房线形，胚珠35～40。荚果直，线状圆柱形，长约3 cm，直径2～4 mm，褐色，二瓣裂，扭曲，有多数种子。种子细小，卵圆形，灰褐色。花期5～9月；果期7～10月。

生境与分布 生于海拔2000 m以上的湿润山坡草地。西南有分布，华中及华东有引种栽培。

饲用价值 半上繁牧草，茎半匍匐，分枝旺盛，叶量多而柔嫩，具有较高的营养价值，属优等牧草。其化学成分如下表。

百脉根的化学成分（%）

样品情况	干物质	占干物质					钙	磷
		粗蛋白	粗脂肪	粗纤维	无氮浸出物	粗灰分		
现蕾期 绝干[1]	100.00	21.36	5.69	19.84	44.23	8.65	—	—
营养期 鲜样[2]	18.60	17.04	2.36	24.54	46.46	9.60	—	—

数据来源：1. 四川农业大学；2. 重庆市畜牧科学院

成熟期植株基部
果荚
花序

花期株丛
营养期株丛
种子
叶片
植株分枝

细叶百脉根 *Lotus tenuis* Waldst. et Kit. ex Willd. Enum.

形态特征 多年生小草本。茎细柔，节间较长。羽状复叶，具5小叶；小叶长圆状线形，大小不等。伞形花序；花1～4，顶生；苞片1～3，叶状；花梗短；萼钟形，长5～6 mm，宽3 mm，几无毛，萼齿狭三角形渐尖，与萼筒等长；花冠黄色带细红脉纹，旗瓣圆形，稍长于翼瓣和龙骨瓣，翼瓣略短；雄蕊二体，上方离生1较短；子房线形，胚珠多数。荚果直，圆柱形，长2～4 cm，直径2 mm。种子球形，直径约1 mm，橄榄绿色。花期5～8月；果期7～9月。

生境与分布 生于海拔3000 m左右的潮湿山坡草地。云南有分布。

饲用价值 各类家畜均喜食，但生物量较小，适宜放牧利用，属良等饲用植物。

植株

分枝局部
花萼局部特征
花序
幼荚
成熟果荚

落地豆属
Rothia Pers.

落地豆 *Rothia indica* (L.) Druce.

形态特征 一年生披散草本，全株被短毛，直立部高约20 cm。掌状三出复叶；小叶倒披针形，长约2 cm，宽约5 mm，两面被贴伏短柔毛，基部楔形，先端圆形。总状花序顶生或与叶对生，具1～5花；花萼管状，裂片5，近等长，上部2裂片近镰形；旗瓣卵形或长圆形，瓣柄线形，翼瓣、龙骨瓣和旗瓣近等长；雄蕊10，单体，花丝连合成管状。荚果线形，顶端急尖，开裂，具多数种子。花果期7～11月。

生境与分布 喜干热气候。生于海边沙质草地。海南、广东有分布。

饲用价值 株丛致密，茎叶细嫩，适口性好，营养价值高，牛、羊喜采食，适于放牧利用，属良等饲用植物。其化学成分如下表。

落地豆的化学成分（%）

样品情况	占干物质					钙	磷
	粗蛋白	粗脂肪	粗纤维	无氮浸出物	粗灰分		
营养期嫩叶 绝干	25.62	1.26	22.05	44.84	6.23	1.21	0.23

数据来源：中国热带农业科学院热带作物品种资源研究所

植株及生境

幼荚
种子
初花期栽培草地
叶片腹面
结荚期栽培草地

小冠花属
Coronilla L.

多变小冠花 | *Coronilla varia* L.

形态特征 多年生草本。茎直立，高50～100 cm，多分枝。奇数羽状复叶；小叶薄纸质，椭圆形，长约2 cm，宽约7 mm，两面无毛。伞形花序腋生，花密集排列成绣球状，花5～10；花萼膜质，萼齿短于萼管；花冠淡红色，旗瓣近圆形，翼瓣近长圆形，龙骨瓣先端成喙状。荚果细长圆柱形，稍扁，具4棱，先端有宿存的喙状花柱。种子长圆状倒卵形，光滑，黄褐色，长约3 mm，宽约1 mm。花果期6～9月。

生境与分布 原产欧洲地中海地区。我国引种栽培，西南有栽培。

饲用价值 茎叶繁茂幼嫩，叶量大，营养成分含量高，属优等饲用植物。其化学成分如下表。

多变小冠花的化学成分（%）

样品情况	干物质	占干物质					钙	磷
		粗蛋白	粗脂肪	粗纤维	无氮浸出物	粗灰分		
盛花期 鲜样	18.80	22.04	1.84	32.28	34.18	9.66	1.63	0.24

数据来源：《中国饲用植物》

花序

株丛
分枝
果荚
幼荚
叶片

野豌豆属
Vicia L.

救荒野豌豆 | *Vicia sativa* L.

形态特征 一年生或二年生草本。茎具棱，被微柔毛。偶数羽状复叶长约7 cm；叶轴顶端卷须有2～3分枝；托叶戟形；小叶2～7对，长约1.8 cm，宽约8 mm，具短尖头，两面被贴伏黄柔毛。花1～2，腋生；萼钟形，外面被柔毛；旗瓣长倒卵圆形，翼瓣短于旗瓣，长于龙骨瓣；子房线形，微被柔毛。荚果长4～6 cm，宽约7 mm，成熟时背腹开裂，果瓣扭曲。种子4～8，圆球形。

生境与分布 喜温暖湿润气候。生于荒山、田边草丛及林中。原产欧洲；现已广为栽培。西南、华中及华东常见栽培。

饲用价值 茎叶柔嫩，营养丰富，适口性好，马、牛、羊、猪、兔等家畜均喜食。籽实是优良的精饲料。茎秆可作青饲料、调制干草，也可用作放牧。其化学成分如下表。

救荒野豌豆的化学成分（%）

样品情况	干物质	占干物质					钙	磷
		粗蛋白	粗脂肪	粗纤维	无氮浸出物	粗灰分		
盛花期 鲜样[1]	11.43	19.22	3.05	32.21	38.11	7.41	0.68	0.17
营养期 干样[2]	90.26	21.25	2.85	30.25	35.14	10.51	2.39	0.32

数据来源：1. 江苏省农业科学院；2. 贵州省草业研究所

株丛

嫩茎叶被微柔毛

果荚

花萼特征

花

幼茎及卷须

广布野豌豆 *Vicia cracca* L.

形态特征 多年生草本。茎有棱，多分枝，被柔毛。偶数羽状复叶；叶轴顶端卷须有2～3分枝；托叶上部2深裂；小叶5～12对，互生。总状花序，花多数；花萼钟状；旗瓣长圆形，中部缢缩呈提琴形，翼瓣与旗瓣近等长，明显长于龙骨瓣；子房有柄，胚珠4～7。荚果长约2.5 cm，宽约5 mm，先端有喙。种子3～6，扁圆球形，种皮黑褐色。花果期5～9月。

生境与分布 生于草甸、林缘、山坡、河滩草地及灌丛。全国广泛分布。

饲用价值 草质柔嫩，各类家畜喜食，可青饲、调制干草或干粉草，也可与其他牧草混合做青贮饲料。其化学成分如下表。

广布野豌豆的化学成分（%）

样品情况	干物质	占干物质					钙	磷
		粗蛋白	粗脂肪	粗纤维	无氮浸出物	粗灰分		
营养期 鲜样[1]	14.39	17.81	2.54	33.44	39.16	7.05	0.67	0.15
初花期 绝干[2]	100.00	27.32	0.81	27.37	35.13	9.27	2.23	0.68
结荚期 绝干[3]	100.00	18.55	1.95	27.33	46.88	5.21	—	—

数据来源：1. 江苏省农业科学院；2. 湖北省农业科学院畜牧兽医研究所；3. 四川农业大学

株丛

花序

示茎有棱

茎叶局部
叶片
幼荚
果荚
叶片
种子
卷须

四籽野豌豆 *Vicia tetrasperma* (L.) Schreber

形态特征 一年生缠绕草本。茎纤细柔软有棱，多分枝，被微柔毛。偶数羽状复叶，长约4 cm；顶端为卷须；小叶2～6对。总状花序长约3 cm，1～2花着生于花序轴先端；花小；花萼斜钟状，萼齿圆三角形；旗瓣长圆状倒卵形，翼瓣与龙骨瓣近等长。荚果长圆形，长约1 cm，宽约4 mm，表皮棕黄色，近革质，具网纹。种子扁圆形，直径约2 mm，褐色；种脐白色。

生境与分布 喜生于温暖湿润的生境。常见于低海拔的山谷、草地或田野。分布较广，华东、华中及西南分布较多。

饲用价值 草质柔嫩，适口性好，营养价值高，各类家畜喜食，刈割青饲或晒制干草均可，为南方重要的豆科饲用植物。

幼荚

叶片
种子
花
株丛
株丛

窄叶野豌豆 *Vicia sativa* subsp. *nigra* Ehrhart

形态特征 一年生或二年生草本。茎斜升，多分枝，被疏柔毛。偶数羽状复叶长2～6 cm；叶轴顶端卷须发达；托叶半箭头形；小叶4～6对，长约2 cm，宽约4 mm，两面被浅黄色疏柔毛。花1～2，腋生，有小苞叶；花萼钟形；花冠红色，旗瓣倒卵形，翼瓣与旗瓣近等长，龙骨瓣短于翼瓣。荚果长线形，长约3.4 cm。花果期3～9月。

生境与分布 生于河滩、山沟谷地或田边草丛。华东、华中、华南及西南各地均有分布。

饲用价值 柔嫩多汁，无异味，马、牛、羊喜食其茎叶，切碎调制后，猪、鸭、鹅等也喜食。种子加工后是很好的精饲料，属优良野生牧草。其化学成分如下表。

窄叶野豌豆的化学成分（%）

样品情况	干物质	占干物质					钙	磷
		粗蛋白	粗脂肪	粗纤维	无氮浸出物	粗灰分		
营养期 鲜样	15.37	12.28	2.50	34.51	44.85	5.86	0.78	0.19

数据来源：江苏省农业科学院

株丛

植株局部

嫩荚

花

叶片

二色野豌豆 *Vicia dichroantha* Diels

形态特征 多年生草本。茎直立，具棱。偶数羽状复叶约10 cm；托叶对生，扇形；小叶4～6对，狭长圆披针形。总状花序腋生，明显长于叶，约20花；花冠黄色；旗瓣长圆形，长约1 cm，翼瓣与旗瓣近等长，龙骨瓣略短于翼瓣。荚果镰刀形，草绿色，被毛，长约4 cm，先端具喙。种子2～4，扁圆形。花果期5～9月。

生境与分布 喜温暖的湿润气候，常生于高山灌丛、溪边及谷地。云南及四川有分布。

饲用价值 草质柔嫩，适口性好，各种家畜均喜食，为优等牧草。其化学成分如下表。

二色野豌豆的化学成分（%）

样品情况	干物质	占干物质					钙	磷
		粗蛋白	粗脂肪	粗纤维	无氮浸出物	粗灰分		
营养期 鲜样	90.18	23.48	8.09	27.37	37.03	4.03	0.78	0.14

数据来源：西南民族大学

植株局部

花序

示旗瓣内面条纹

叶片特征

大花野豌豆 *Vicia bungei* Ohwi

形态特征 一年生草本。茎有棱，多分枝。托叶半箭头形，长约5 mm，有锯齿；小叶3～5对，长圆形，长约2 cm，宽约4 mm，背面叶脉明显被疏柔毛。总状花序长于叶或与叶轴近等长；花2～4着生于花序轴顶端，长约2 cm；萼钟形，被疏柔毛；旗瓣倒卵披针形，先端微缺，翼瓣短于旗瓣，长于龙骨瓣。荚果扁长圆形，长约3 cm，宽约6 mm。种子2～8，球形，直径约3 mm。

生境与分布 生于海拔280～3800 m的山坡、谷地、田边及路旁。华中及华东均有分布。

饲用价值 适口性良好，各种家畜均喜采食，属优等牧草。

生境

栽培群体
幼荚
花序
叶片特征
托叶

多茎野豌豆 *Vicia multicaulis* Ledeb.

形态特征 多年生草本。根茎粗壮。茎多分枝，具棱。偶数羽状复叶，顶端卷须分枝或单一；托叶半戟形，长3～6 mm；小叶4～8对，长圆形至线形，长1～2 cm，宽约4 mm，具短尖头，基部圆形，腹面近无毛，背面被疏柔毛。总状花序长于叶，具14～15花；花萼钟状，萼齿5，狭三角形，下萼齿较长；花冠紫色，旗瓣长圆状倒卵形，中部缢缩，瓣片短于瓣柄，翼瓣及龙骨瓣短于旗瓣。荚果长约3 cm，棕黄色，先端具喙。种子扁圆。花果期7～9月。

生境与分布 生于砾石滩、沙地或灌丛中。云南香格里拉有分布。

饲用价值 茎叶柔软，适口性好，各类家畜均喜食。可青饲，也可制成干草，有驯化栽培前景，属优等牧草。

植株生境

幼荚

成熟果荚

株丛
分枝局部
叶片腹面
托叶

小巢菜 *Vicia hirsuta* (L.) S. F. Gray

形态特征 一年生草本。茎细柔有棱。偶数羽状复叶，末端卷须分枝；托叶线形，基部有2～3裂齿；小叶4～8对。总状花序明显短于叶；花萼钟形，萼齿披针形；花2～4密生于花序轴顶端；花冠旗瓣椭圆形，翼瓣近勺形，龙骨瓣较短；子房无柄，密被褐色长硬毛。荚果长圆菱形，长约1 cm，宽约5 mm，表皮密被棕褐色长硬毛。种子2，扁圆形，两面凸出。花果期2～7月。

生境与分布 喜温暖湿润气候。生于山沟、河滩、田边或路旁草丛。华东、华中及西南均有分布。

饲用价值 茎枝细嫩，叶片柔软，适口性良好，各类家畜均喜采食，为优等牧草。其化学成分如下表。

小巢菜的化学成分（%）

样品情况	干物质	占干物质					钙	磷
		粗蛋白	粗脂肪	粗纤维	无氮浸出物	粗灰分		
营养期 干样	88.64	19.17	2.80	28.94	40.28	8.81	0.85	0.30

数据来源：《中国饲用植物》

生境

株丛
叶片
种子
花
花特写
植株分枝
成熟果荚

歪头菜 *Vicia unijuga* A. Br.

形态特征 多年生草本，根茎粗壮近木质。茎丛生，具棱。叶轴末端为细刺尖头；小叶1对，长约5 cm，宽约3 cm，两面疏被微柔毛。花萼紫色，萼齿明显短于萼筒；花冠长约1.5 cm，旗瓣倒提琴形，中部缢缩，翼瓣先端钝圆，长约1.5 cm，龙骨瓣短于翼瓣。荚果扁，长圆形，长约3 cm，宽约7 mm，近革质，两端渐尖，先端具喙，成熟时腹背开裂，果瓣扭曲。种子3～7，扁圆球形，种皮黑褐色。花果期6～9月。

生境与分布 生于低海拔至海拔4000 m的山地、林缘、草地、沟边及灌丛。东北、华北、华东和西南有分布。

饲用价值 牲畜喜食，为优良牧草，嫩时亦可作为蔬菜。其化学成分如下表。

歪头菜的化学成分（%）

样品情况	干物质	占干物质					钙	磷
		粗蛋白	粗脂肪	粗纤维	无氮浸出物	粗灰分		
开花期 干样[1]	91.59	19.44	2.85	39.98	29.50	8.23	1.58	0.18
营养期 绝干[2]	100.00	27.00	1.70	20.40	40.20	10.70	—	—

数据来源：1. 贵州省草业研究所；2. 四川农业大学

株丛

生境
花序
叶片
叶片及托叶
果荚
花朵局部特征

蚕 豆 *Vicia faba* L.

形态特征 一年生草本。茎粗壮，直立，具四棱。偶数羽状复叶，叶轴顶端卷须短缩为短尖头；托叶戟头形；小叶1～3对，互生，长圆形，长约5 cm，宽约2.5 cm，先端圆钝，两面均无毛。总状花序腋生；花萼钟形，萼齿披针形；花2～4呈丛状着生于叶腋；花冠白色或浅紫色，具紫色脉纹，旗瓣中部缢缩，基部渐狭，翼瓣短于旗瓣，长于龙骨瓣。荚果肥厚，长约7 cm，宽约2.5 cm，表皮绿色被绒毛，内有白色海绵状横隔膜，成熟后表皮变为黑色。种子2～4，长方圆形，青绿色；种脐线形，黑色。花果期4～6月。

生境与分布 栽培作物。原产欧洲地中海沿岸。全国均有栽培。

饲用价值 嫩茎叶是牲畜的优质青饲料，可用来喂牛羊，也可煮熟后喂猪。籽粒是畜禽的优质精饲料。秸秆及荚壳可作牲畜粗饲料。其化学成分如下表。

蚕豆的化学成分（%）

样品情况	干物质	占干物质					钙	磷
		粗蛋白	粗脂肪	粗纤维	无氮浸出物	粗灰分		
秸秆　干样	85.60	4.68	1.05	60.51	28.39	5.37	1.02	0.04
豆秧　鲜样	12.70	23.94	3.23	21.26	40.32	11.26	—	—

数据来源：中国热带农业科学院热带作物品种资源研究所

栽培群体

花

果荚

植株
花序
托叶
花萼
叶片（左为腹面，右为背面）

豌豆属 *Pisum* L.

豌 豆 | *Pisum sativum* L.

形态特征 一年生攀援草本。全株绿色，光滑无毛。叶具4～6小叶；托叶叶状，心形；小叶卵圆形，长约4 cm，宽约2 cm。花于叶腋单生或数花排列为总状花序；花萼钟状，深5裂；花冠白色、紫色或红色。荚果肿胀，长椭圆形，长约4 cm，宽约1 cm，顶端斜急尖，背部近于伸直，内侧有坚硬纸质的内皮。种子2～5，青绿色。花果期5～10月。

生境与分布 栽培作物，适应性较广。全国广泛栽培，四川、湖北、江苏、云南等是南方主产区。

饲用价值 营养价值高，利用率高，适口性极佳，各类家畜均喜食，青刈豌豆是猪、牛、羊的优良青饲料，可粉碎或打浆鲜饲喂，也可晒干制粉饲喂。其化学成分如下表。

豌豆的化学成分（%）

样品情况	干物质	占干物质					钙	磷
		粗蛋白	粗脂肪	粗纤维	无氮浸出物	粗灰分		
豆蔓 鲜样	20.80	6.73	2.40	27.89	55.77	7.21	0.96	0.19

数据来源：中国热带农业科学院热带作物品种资源研究所

卷须

花
托叶
果荚
植株

山黧豆属
Lathyrus L.

大山黧豆 | *Lathyrus davidii* Hance

形态特征 多年生草本。茎粗壮，圆柱状，具纵沟。托叶大，半箭形；小叶3～4对，通常为卵形，两面无毛，腹面绿色，背面苍白色，具羽状脉。总状花序腋生，约与叶等长，有10余花；萼钟状，无毛；花深黄色，长约1.5 cm，旗瓣长约1.5 cm，翼瓣与旗瓣等长，龙骨瓣约与翼瓣等长；子房线形，无毛。荚果线形，长约10 cm，宽约6 mm，具长网纹。种子紫褐色，宽长圆形，长3～5 mm，光滑。

生境与分布 喜温暖湿润气候。生于山坡、林缘、灌丛。安徽、湖北等有分布。

饲用价值 鲜草适口性良好，营养价值较高，为各类家畜所喜食；调制成草粉，也是兔、鸡、猪的优质饲料；属优等饲用植物。

嫩茎 花序 花蕾 托叶 果荚

生境

牧地山黧豆 *Lathyrus pratensis* L.

形态特征 多年生草本。叶具1对小叶；托叶箭形；叶轴末端具卷须；小叶长约4 cm，宽约1 cm，先端渐尖。总状花序腋生，具5～12花；花黄色，长12～18 mm；花萼钟状，被短柔毛，最下1齿长于萼筒；旗瓣长约1.5 cm，翼瓣稍短于旗瓣，龙骨瓣稍短于翼瓣。荚果线形，长约3 cm，宽约6 mm，具网纹。种子近圆形，直径2.5～3.5 mm，厚约2 mm；种脐长约1.5 mm。

生境与分布 生于山坡草地、疏林下、路旁背阴处。四川、云南及贵州有分布。

饲用价值 茎叶鲜嫩多汁，蛋白质及矿物质较丰富，营养价值较高，适口性好，各类家畜喜采食，尤为牛、羊所喜食。其化学成分如下表。

牧地山黧豆的化学成分（%）

样品情况	占干物质					钙	磷
	粗蛋白	粗脂肪	粗纤维	无氮浸出物	粗灰分		
开花期 绝干	19.60	2.20	24.70	45.40	8.10	—	—

数据来源：四川农业大学

株丛

生境
叶片
叶片及托叶
叶片背面
花序
开裂后卷曲的种荚
幼荚

紫雀花属
Parochetus Buch.-Ham. ex D. Don

紫雀花 *Parochetus communis* Buch.-Ham ex D. Don

形态特征 匍匐草本，被稀疏柔毛。掌状三出复叶；小叶倒心形，长约2 cm，宽约1 cm，腹面无毛，背面被贴伏柔毛；小叶柄甚短，长约1 mm。伞状花序生于叶腋，具1～3花；苞片2～4；花长约2 cm；萼钟形，长约7 mm，密被柔毛；花冠蓝紫色，旗瓣阔倒卵形，翼瓣长圆状镰形，龙骨瓣比翼瓣稍短，三角状阔镰形；子房线状披针形，胚珠多数，上部渐狭至花柱，花柱向上弯曲，稍短于子房。荚果线形，无毛，长约2.2 cm，宽约4 mm。种子肾形，棕色，有时具斑纹，圆形。花果期4～11月。

生境与分布 喜亚热带温暖气候。生于林缘草地、山坡、路旁荒地。四川、云南、贵州有分布。

饲用价值 茎叶柔嫩，无毛，无特殊气味，适口性好，营养价值高，牛、羊喜食，适宜放牧利用。生产上可作为改良天然草地和人工草地的混播草种。其化学成分如下表。

紫雀花的化学成分（%）

样品情况	干物质	占干物质					钙	磷
		粗蛋白	粗脂肪	粗纤维	无氮浸出物	粗灰分		
结荚期 干样	68.93	13.24	8.33	30.02	42.39	6.02	1.33	0.32

数据来源：西南民族大学

株丛

匍匐枝

栽培群体

叶片

花特写

成熟果荚

果荚

种子

草木樨属
Melilotus (L.) Mill.

白花草木樨 *Melilotus albus* Desr.

形态特征 一年生或二年生草本。茎直立，圆柱形，多分枝。羽状三出复叶；小叶长1.5～3 cm，宽约8 mm，先端钝圆，基部楔形，腹面无毛，背面被细柔毛。总状花序长可达20 cm，腋生，排列疏松；花梗短，长约1.5 mm；萼钟形，长约2.5 mm，微被柔毛；花冠白色，旗瓣椭圆形，稍长于翼瓣；子房卵状披针形，上部渐窄至花柱，胚珠3～4。荚果椭圆形至长圆形，长约3.5 mm，具尖喙，棕褐色，老熟后变黑褐色。种子1～2，卵形，棕色，表面具细瘤点。

生境与分布 喜温暖湿润气候。生于田边、路旁荒地及湿润的沙地。西南及华东均有栽培。

饲用价值 植株分枝多而细软，适口性好，牛、羊等家畜喜食，可以放牧、青刈，也可制成干草或青贮。开花后香豆素含量升高，过量采食对家畜有危害，宜在开花前利用。其化学成分如下表。

白花草木樨的化学成分（%）

样品情况	干物质	占干物质					钙	磷
		粗蛋白	粗脂肪	粗纤维	无氮浸出物	粗灰分		
营养期 鲜样	42.97	15.87	1.73	32.46	41.86	8.08	—	—

数据来源：重庆市畜牧科学院

株丛局部

株丛及生境
花序局部
果荚
嫩茎叶
叶片形态
茎叶局部
叶片
种子

草木樨 *Melilotus officinalis* (L.) Pall.

形态特征 二年生草本。茎直立，多分枝，具纵棱。羽状三出复叶；小叶倒卵形，长约2 cm，宽约6 mm，腹面无毛，背面散生短柔毛。总状花序长约12 cm，腋生，花多数；苞片刺毛状，长约1 mm；萼钟形，长约2 mm，萼齿三角状披针形；花冠黄色，旗瓣倒卵形，与翼瓣近等长，龙骨瓣稍短；雄蕊筒在花后常宿存；子房卵状披针形。荚果卵形，长3～5 mm，宽约2 mm，先端具宿存花柱，表面具凹凸不平的横向细网纹，棕黑色。种子1～2，卵形，长2.5 mm，黄褐色，平滑。花果期5～10月。

生境与分布 生于山坡、河岸、路旁、沙质草地及林缘。东北、华南及西南有分布，其余省区常见栽培。

饲用价值 分枝繁茂，营养丰富，牛、羊等家畜喜食，可以放牧、青刈，也可制成干草或青贮。其化学成分如下表。

草木樨的化学成分（%）

样品情况	干物质	占干物质					钙	磷
		粗蛋白	粗脂肪	粗纤维	无氮浸出物	粗灰分		
营养期 干样	90.00	18.25	2.74	31.51	37.33	10.17	0.85	0.26

数据来源：中国热带农业科学院热带作物品种资源研究所

花序

果荚及种子
植株基部他枝
成熟果荚
嫩叶
叶片
栽培群体

印度草木樨 *Melilotus indicus* (L.) Allioni

形态特征 一年生草本。茎直立，圆柱形，初被细柔毛。羽状三出复叶；小叶倒卵状楔形，长约2 cm，约1 cm，腹面无毛，背面被贴伏柔毛。总状花序细，长约4 cm，总梗较长，被柔毛，约20花；苞片刺毛状；花小，长约3 mm；萼杯状，长约1.5 mm，萼齿三角形，稍长于萼筒；花冠黄色，旗瓣阔卵形；子房卵状长圆形，花柱比子房短，胚珠2。荚果球形，长约2 mm，稍伸出萼外，表面具网状脉纹，橄榄绿色，熟后红褐色。种子1，阔卵形，直径1.5 mm，暗褐色。

生境与分布 喜湿润向阳的生境。生于空旷草地或路旁。华中、西南、华南各地均有分布。

饲用价值 鲜草茎叶柔软，鲜嫩多汁，各种畜禽均采食，尤其猪、牛、羊特别喜食。制成干草或草粉饲用价值也高，属优等饲用植物。

果荚　花序

植株及生境

叶片

托叶及茎局部特征

苜蓿属
Medicago L.

南苜蓿 *Medicago polymorpha* L.

形态特征 一年生或二年生草本。茎平卧或直立，近四棱形，基部分枝。羽状三出复叶；小叶倒卵形，腹面无毛，背面被疏柔毛。花序头状伞形，具2～8花，总花梗腋生；苞片甚小；花长约4 mm，黄色；旗瓣倒卵形，翼瓣长圆形，龙骨瓣比翼瓣稍短。荚果盘形，暗绿褐色，螺面平坦无毛，近边缘处环结；每圈具1～2种子。种子长肾形，棕褐色，平滑。

生境与分布 喜湿润肥沃的生境。常见于农田边或潮湿草地。西南、华中及华东常见，华南偶见。

饲用价值 草质柔嫩，适口性好，有较高的饲用价值，猪、牛、羊、家禽等都喜食，可青饲，调制干草粉或青贮。一般年均鲜草产量3000～3500 kg/亩（1亩≈666.7m^2），在长江以南的利用时期是4～6月，属优等饲用植物，其化学成分如下表。

南苜蓿的化学成分（%）

样品情况	干物质	占干物质					钙	磷
		粗蛋白	粗脂肪	粗纤维	无氮浸出物	粗灰分		
成熟期 干样	92.46	12.73	2.24	34.55	39.93	10.54	1.31	0.19
盛花期 干样	91.91	24.60	1.87	23.51	38.36	11.65	2.30	0.79
枯黄期 干样	95.54	12.68	2.45	37.31	26.59	20.97	0.51	0.22

数据来源：湖北省农业科学院畜牧兽医研究所

总花梗比叶柄短

株丛

花

托叶及茎局部特征

托叶

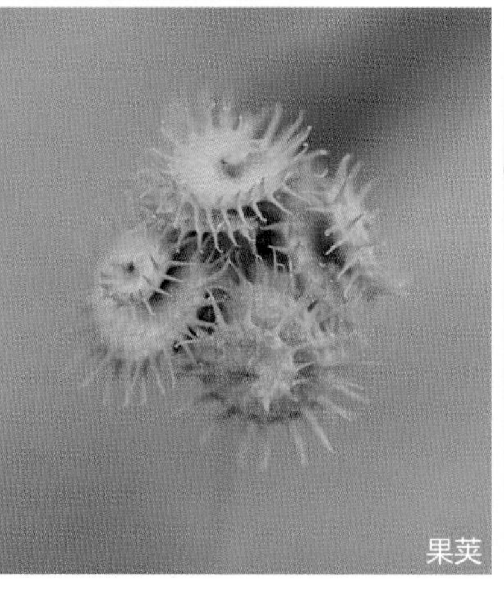
果荚

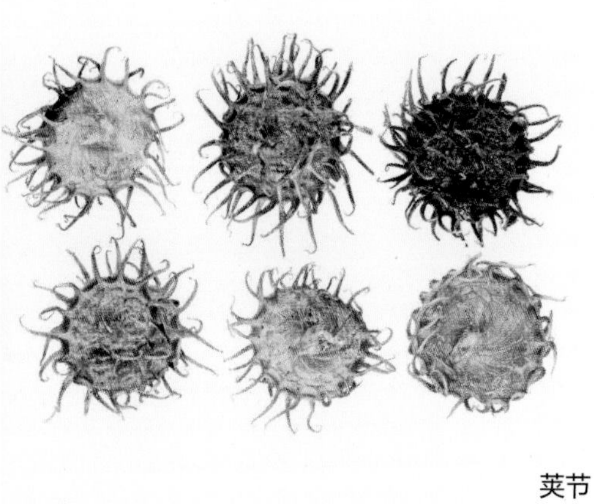
荚节

小苜蓿 *Medicago minima* (L.) Grufb.

形态特征 一年生草本，全株被伸展柔毛。茎平卧，基部多分枝。羽状三出复叶；托叶卵形；小叶倒卵形，长约9 mm，宽约6 mm，先端圆，凹缺，边缘三分之一以上具锯齿，两面均被毛。花序头状，具3～6花；总花梗细，挺直，腋生，通常比叶长；花长约4 mm；萼钟形，密被柔毛；花冠淡黄色，旗瓣阔卵形，显著比翼瓣和龙骨瓣长。荚果球形，旋转3～5圈，边缝具3棱，被长棘刺，通常长等于半径，水平伸展，尖端钩状；每圈1～2种子。花果期3～8月。

生境与分布 喜湿润肥沃的生境。生于田边、路旁、旷野及沟谷等地。西南、华中及华东均有分布。

饲用价值 草质柔嫩，适口性好，具有较高的饲用价值，猪、牛、羊、家禽等都喜食，通常为放牧利用。

托叶

果荚

总花梗比叶柄长

花期株丛
结荚期株丛
株丛局部
叶片

紫花苜蓿 *Medicago sativa* L.

形态特征 多年生草本。茎直立，四棱形，分枝多。羽状三出复叶；托叶大，卵状披针形，基部全缘；小叶长卵形，长约1.5 cm，宽约9 mm，腹面无毛，背面被贴伏柔毛。花序总状，长约2 cm，花多数；花长约1 cm；萼钟形，长约3.5 mm；花冠蓝色，旗瓣长圆形，先端微凹，明显较翼瓣和龙骨瓣长，翼瓣较龙骨瓣稍长。荚果螺旋状紧卷2～4圈，中央无孔，被柔毛，熟时棕色。种子卵形，长约2 mm，平滑，黄色、棕色。花果期5～9月。

生境与分布 喜亚热带或温带暖性半湿润气候，不耐高温。生于田边、路旁、旷野、草原、河岸及沟谷等地。西南、华中及华东有栽培，亦有逸为野生者。

饲用价值 紫花苜蓿为各种牲畜最喜食的牧草之一，越是幼嫩，叶的比重越大，营养价值越高。进入开花期后可刈割调制干草，属优等牧草。其化学成分如下表。

紫花苜蓿的化学成分（%）

样品情况	干物质	占干物质					钙	磷
		粗蛋白	粗脂肪	粗纤维	无氮浸出物	粗灰分		
开花期 干样	96.53	19.89	5.91	33.57	34.25	6.38	1.39	0.30

数据来源：湖北省农业科学院畜牧兽医研究所

生境

叶片绒毛及托叶特征
花序
嫩枝
果荚
株丛

凉苜 1 号紫花苜蓿 *Medicago sativa* L. 'Liangmu No. 1'

品种来源 凉山彝族自治州畜牧兽医科学研究所、四川省金种燎原种业科技有限责任公司、四川农业大学申报，2016年通过全国草品种审定委员会审定；品种登记号505；申报者为柳茜、敖学成、傅平、姚明久、郝虎。

形态特征 多年生草本。主根发达。茎直立，略呈方形，株高70～98 cm，多小分枝。羽状三出复叶；小叶长圆形或卵圆形，中间小叶略大。总状花序，花簇生于主茎和分枝顶部。果实为二回至四回的螺旋形荚果，每荚内含2～6种子。种子肾形，黄色或淡黄褐色，表面具光泽；千粒重2.38 g。

生物学特性 播种当年，从出苗到结荚需230天，从第二年起冬季刈割进入留种期，从分枝到种子成熟需126天。秋眠级数8.4，适宜我国西南地区海拔1000～2000 m、降雨量1000 mm左右的亚热带地区种植。

饲用价值 刈割型饲草，产草量高，草质优良，叶量丰富，可用于刈割青饲、制作干草和青贮。在适宜的亚热带地区每年可刈割6～8次，年均鲜草产量96 932～103 683 kg/hm^2。其化学成分如下表。

栽培要点 春播或秋播；条播，行距25～30 cm；播种量18～22.5 kg/hm^2；播种深度1～2 cm。幼苗期除草，雨季防积水，旱季合理灌水。初花期刈割利用，留茬高度5 cm，冬前停止刈割留种，第二年3月即可现蕾开花结实，5月下旬至6月初种子收获。

凉苜1号紫花苜蓿的化学成分（%）

样品情况	占干物质					钙	磷
	粗蛋白	粗脂肪	粗纤维	无氮浸出物	粗灰分		
初花期 绝干	17.00	2.50	24.30	47.10	9.10	1.29	0.16

数据来源：四川农业大学

叶片 种子 花序 栽培群体 果荚

天蓝苜蓿 | *Medicago lupulina* L.

形态特征　多年生草本，全株被柔毛。茎平卧或上升，多分枝。羽状三出复叶；托叶卵状披针形，基部圆或戟状，常齿裂；小叶倒卵形，长约20 mm，宽约10 mm，两面均被毛。花序头状，具10～20花；总花梗细，挺直，比叶长，密被贴伏柔毛；萼钟形，长约2 mm，密被毛；花冠黄色，旗瓣近圆形，翼瓣和龙骨瓣近等长，均比旗瓣短；子房阔卵形，被毛。荚果肾形，长约3 mm，宽约2 mm，表面具同心弧形脉纹，被稀疏毛，熟时变黑；有1种子。种子卵形，褐色，平滑。花果期6～10月。

生境与分布　适于凉爽湿润气候。生于河岸、路边、田野及林缘。我国分布较广，华东、华中及西南均有分布。

饲用价值　枝条细嫩，叶量大、质柔软、无异味，适口性好，为各种家畜所喜食，尤以羊最喜食；此外，猪、兔、鹅也喜食。营养价值可与紫花苜蓿媲美，其化学成分如下表。

天蓝苜蓿的化学成分（%）

样品情况	占干物质					钙	磷
	粗蛋白	粗脂肪	粗纤维	无氮浸出物	粗灰分		
营养期　绝干	29.01	2.66	29.61	26.92	11.78	2.57	1.27
开花期　绝干	25.85	2.95	26.38	34.30	10.49	1.51	0.30

数据来源：四川农业大学

茎叶绒毛

托叶齿裂

果荚

植株局部

荚节

成熟果荚
（果荚不作螺旋状扭曲）

株丛局部

毛荚苜蓿 | *Medicago edgeworthii* Sirj. ex Hand.-Mazz.

形态特征 多年生矮小草本。茎基部分枝，圆柱形，密被柔毛。羽状三出复叶；托叶卵状披针形；叶柄被柔毛；小叶长倒卵形或倒卵形，长约1 cm，宽约7 mm，边缘二分之一以上具锯齿，两面散生柔毛，顶生小叶稍大，侧生小叶柄甚短。花序头状，具2～3花，疏松；总花梗腋生，比叶稍长，被柔毛；花长约5 mm；萼钟形，密被柔毛，萼齿线状披针形；花冠黄色，旗瓣倒卵状圆形，翼瓣比旗瓣短，龙骨瓣卵形。荚果长圆形，扁平，长约1.2 cm，宽约5 mm，密被伏毛，先端具短喙。种子椭圆状卵形，黑褐色，平滑。花期6～8月；果期7～8月。

生境与分布 喜温暖气候。生于海拔3000 m左右的林缘、石滩或河谷。云南丽江和德钦等有分布。

饲用价值 家畜喜食，属优等饲用植物。

车轴草属
Trifolium L.

白三叶 | *Trifolium repens* L.

形态特征 多年生草本。茎匍匐蔓生，全株无毛。掌状三出复叶；托叶卵状披针形，膜质，基部抱茎成鞘状；小叶倒卵形，长约2.2 cm，宽约1.5 cm；小叶柄被微柔毛。花序顶生，直径约2.5 cm；总花梗比叶柄长，花密集；苞片披针形，膜质，锥尖；花长约1.2 cm；萼钟形；花冠白色或乳黄色，旗瓣椭圆形，比翼瓣和龙骨瓣长近1倍，龙骨瓣比翼瓣稍短。荚果长圆形；种子3，阔卵形。

生境与分布 喜亚热带及暖温带气候。西南、东南、东北等有野生种布，除华南之外全国广泛栽培。

饲用价值 植株柔嫩，适口性好，营养价值高，为各种家畜所喜爱。其化学成分如下表。

白三叶的化学成分（%）

样品情况	干物质	占干物质					钙	磷
		粗蛋白	粗脂肪	粗纤维	无氮浸出物	粗灰分		
初花期 鲜样	14.27	21.97	4.74	18.44	44.08	10.77	1.41	0.28

数据来源：江苏省农业科学院

株丛局部

根系
花序
叶片
托叶
植株基部特征
生境

川引拉丁诺白三叶 *Trifolium repens* L. 'Chuanyin Ladino'

品种来源 四川雅安市畜牧局和四川农业大学申报，1997年通过全国草品种审定委员会审定，登记为引进品种；品种登记号180；申报者为蒲朝龙、周寿荣、张新全、毛凯、陈元江。

形态特征 多年生草本。主根短，侧根发达。茎匍匐生长，长达60 cm。三出掌状复叶，互生；小叶倒卵形，叶面具明暗不均的"V"形斑纹。总状花序头状，自叶腋处生出，花白色。种子细小，每荚3～4，心形，黄色或棕黄色；千粒重0.5～0.7 g。

生物学特性 喜温凉湿润气候，对土壤要求不严，耐瘠、耐酸不耐盐碱，能在四川盆地及各丘陵地区安全越夏越冬。适于海拔200～3500 m，pH 5～8的长江中上游丘陵、平坝、山地种植，5月中旬为盛花期，花期长达2个月，每年有春秋两次生长高峰。

饲用价值 茎叶细软，叶量丰富，纤维含量低，消化率和营养价值高，适口性好，在不同生育阶段，营养成分和饲用价值都比较稳定，为各种畜禽所喜食，属优等牧草。其化学成分如下表。

栽培要点 温暖地区宜秋播，低湿地区宜春播，春播宜在3月上中旬，秋播不得迟于10月中旬。播前精细整地，播种量4.5～7.5 kg/hm^2，撒播、穴播或条播均可，条播行距20 cm～30 cm，覆土1 cm，播前施有机肥和磷肥，并用根瘤菌接种效果更佳，苗期应及时防除杂草。

川引拉丁诺白三叶的化学成分（%）

样品情况	干物质	占干物质					钙	磷
		粗蛋白	粗脂肪	粗纤维	无氮浸出物	粗灰分		
初花期 绝干	100.00	27.32	4.04	15.99	42.25	10.4	—	—
花后期 干样	90.00	21.00	2.00	22.00	46.00	9.00	1.35	0.32

数据来源：四川农业大学

栽培群体
叶片
种子

花序

沙费蕾肯尼亚白三叶 *Trifllium semipilosum* Fres. var. *glabrescens* Gillet 'Safari'

品种来源 云南省草地动物科学研究院申报，2002年通过全国草品种审定委员会审定，登记为引进品种；品种登记号250；申报者为周自玮、黄梅芬、吴维琼、奎嘉祥、匡崇义。

形态特征 多年生草本。主根发达，粗壮。匍匐茎斜向生长，茎节上生根并抽出新枝条。叶片1/3处沿中脉有一条纺锤形白斑将中脉包在中间，明显区别于白三叶小叶上与中脉垂直的"V"形白斑。花梗较长，花序球形，直径约2 cm，含10～20小花；花冠粉红色，长8～9 cm。荚果长约5 mm，宽近3 mm，成熟时由浅绿色变为褐色；每荚含2～6种子。种子呈黄色、褐色、浅橄榄色或黑色。

生物学特性 抗烟草花叶病毒能力弱、耐寒性和耐水淹能力不如白三叶，霜冻后再生缓慢。适宜的土壤pH 5～7，在酸性土壤生长及结瘤情况比白三叶好。

饲用价值 全株体外消化率为71%，叶片80%，高于绝大多数热带、亚热带豆科牧草，适于放牧利用，其化学成分如下表。

栽培要点 播前精细整地，施足基肥。云南最适播种期为5～7月，南方其他省份宜3～4月春播或9～10月秋播。播种时将种子播于土壤表面，播后轻耙压实。播种当年秋冬可轻度利用。

沙费蕾肯尼亚白三叶的化学成分（%）

样品情况	干物质	占干物质					钙	磷
		粗蛋白	粗脂肪	粗纤维	无氮浸出物	粗灰分		
营养期	90.36	19.90	3.60	20.70	11.20	44.60	1.14	0.35

数据来源：云南省草地动物科学研究院

植株及花序

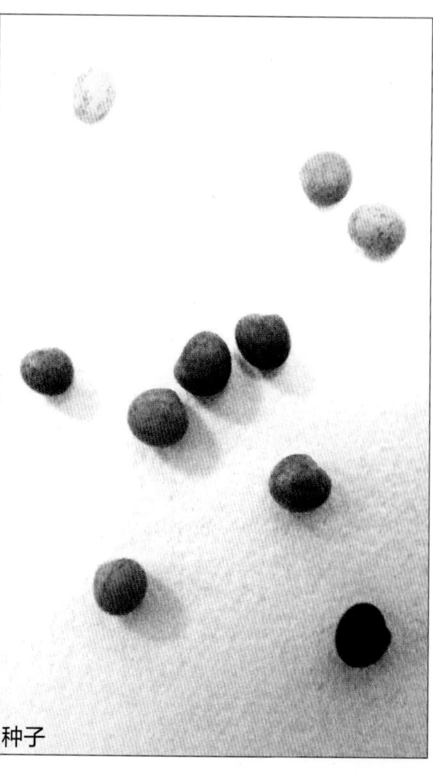

种子

海法白三叶 *Trifllium repens* L. 'Haifa'

品种来源　云南省草地动物科学研究院申报，2002年通过全国草品种审定委员会审定，登记为引进品种；品种登记号249；申报者为奎嘉祥、胡汉栗、薛世明、周自玮、黄梅芬。

形态特征　短期多年生草本。茎匍匐蔓生，节上生根，全株无毛。掌状三出复叶；托叶卵状披针形，膜质，基部抱茎成鞘状；小叶倒卵形，长约2 cm，宽约1.4 cm。总状花序球形；总花梗甚长，花密集；苞片披针形；花冠白色，旗瓣椭圆形；子房线状长圆形，具3～4胚珠。荚果长圆形；通常3种子。种子阔卵形；千粒重0.67 g。花果期5～10月。

生物学特性　抗旱、耐牧、耐热、耐瘠薄。生态适应范围广，最适海拔1400～3000 m，年降雨量650～1500 mm地区种植。

饲用价值　叶量丰富，草质柔嫩，适口性好，可放牧利用或刈割利用。在昆明、丽江等地种植，年均干草产量为2000～3000 kg/hm^2。其化学成分如下表。

栽培要点　种子细小，幼苗顶土力弱，因此播种前需整地精细并进行化学除草，以控制播种后杂草生长。播种分春播和秋播。播种方法有撒播或条播，播后覆细土1 cm。因种子细小、播种量少，可加5～10倍细沙土拌匀后播种，利于播种均匀；裸露种子播种量为7.5 kg/hm^2，包衣种子播种量15 kg/hm^2。

海法白三叶的化学成分（%）

样品情况	干物质	占干物质					钙	磷
		粗蛋白	粗脂肪	粗纤维	无氮浸出物	粗灰分		
营养期　绝干[1]	100.00	21.80	3.00	29.80	36.20	9.20	0.97	0.43
盛花期　干样[2]	94.26	24.35	21.38	7.49	9.61	37.17	1.23	94.26

数据来源：1. 云南省草地动物科学研究院；2. 西南民族大学

大面积草坪　花序　叶片形态

红三叶 *Trifolium pratense* L.

形态特征 多年生草本。茎直立或平卧上升，具纵棱。掌状三出复叶；托叶近卵形，膜质，每侧具8～9脉纹，基部抱茎；小叶卵状椭圆形，长1.5～3.5 cm，宽1～2 cm，两面疏生褐色长柔毛，腹面上常有“V”形白斑。花序球状，具30～70花，花密集；萼钟形，被长柔毛；花冠淡红色，旗瓣匙形，先端圆形，微凹缺，基部狭楔形，明显比翼瓣和龙骨瓣长，龙骨瓣稍比翼瓣短；子房椭圆形，具1～2胚珠。荚果卵形；通常有1扁圆形种子。花果期5～9月。

生境与分布 生于林缘、路边、草地等湿润处。西南、华中及华东有栽培，也有逸为野生。

饲用价值 优质豆科牧草，在现蕾、开花期以前，叶多茎少，适口性佳，各家畜均喜食，可刈割青饲，一年可刈割5～6次，年均鲜草产量达95 000 kg/hm^2；进入开花期后适口性有所下降，适宜刈割晒制干草，干草的品质高于一般豆科牧草。其化学成分如下表。

红三叶的化学成分（%）

样品情况	干物质	占干物质					钙	磷
		粗蛋白	粗脂肪	粗纤维	无氮浸出物	粗灰分		
分枝期 鲜样[1]	13.74	17.11	3.41	19.14	48.96	11.38	1.57	0.30
开花期 绝干[2]	100.00	20.81	5.17	39.05	20.93	14.04	—	—

数据来源：1. 江苏省农业科学院；2. 四川农业大学

叶片形态

植株及生境
茎部特征
花序局部特征
株丛
叶片腹面
叶片背面
托叶
花序

巫溪红三叶 *Trifolium pratense* L. ‘Wuxi’

品种来源 中国科学院自然资源综合考察委员会、四川省草原工作总站等单位联合申报，1994年通过全国草品种审定委员会审定，登记为野生驯化种；品种登记号145；申报者为刘玉红、肖飏、王淑强、樊江文、李兆芳。

形态特征 多年生草本。茎直立或斜生，带紫色环状条纹，具白色绒毛，上部密而短，分枝通常为17～30个。掌状三出复叶，互生，具短柄；小叶椭圆状卵形，长3.5～4.7 cm，宽1.5～2.9 cm，腹面有灰白色“V”形斑纹，叶缘与叶背面密被细短白色绒毛。总状花序呈头状；小花蝶形，花色红色或淡紫色；花萼5；二体雄蕊。荚果倒卵形，含1种子。种子椭圆形或肾形，棕黄色或紫色；千粒重1.5～1.8 g。

生物学特性 分枝能力强，耐刈割、耐牧。适于我国亚热带海拔800～2100 m地区种植。耐寒性强，冬季气温-25℃左右仍能安全越冬；耐热性差。

饲用价值 产草量高，草质柔软，叶量丰富，适口性好，牛、羊、猪、鹅、兔等多种畜禽喜食，可刈割后青饲或调制干草，在南方一年可刈割4～5次。其化学成分如下表。

栽培要点 春夏播种为宜。播前精细整地，施农家肥2000 kg/亩为基肥。种子田和刈割草地建议条播为主，株行距20～30 cm，播后浅覆土1～2 cm。放牧草地建议与禾本科牧草混播。苗期生长缓慢，注意杂草防除。刈割青饲应在孕蕾至初花期进行，晒制干草的应在初花至盛花期刈割；放牧利用宜在株丛高度15～20 cm开始；每次放牧或刈割利用留茬高度不得低于3 cm。播种当年不宜放牧，初次刈割要在初花期后进行。早春返青前和每次刈割放牧后注意松土、施追肥以提高产量。

巫溪红三叶的化学成分（%）

样品情况	干物质	占干物质					钙	磷
		粗蛋白	粗脂肪	粗纤维	无氮浸出物	粗灰分		
初花期 绝干	100.00	25.49	7.15	21.73	36.03	9.60	2.25	0.27

数据来源：四川农业大学

花 叶片

株丛

绛三叶 *Trifolium incarnatum* L.

形态特征 一年生草本。茎直立，具棱，被柔毛。掌状三出复叶；托叶椭圆形，膜质，大部分与叶柄合生；小叶阔倒卵形，长2～3.5 cm，先端钝圆，基部阔楔形，两面密生长柔毛。花序圆筒状顶生，长约5 cm，宽约1.5 cm，花密集；萼筒形，密被长硬毛；花冠深红色，旗瓣狭椭圆形，明显比翼瓣和龙骨瓣长；子房阔卵形，花柱细长，胚珠1。荚果卵形；种子长圆形，千粒重约3.0 g。花果期4～8月。

生境与分布 喜温暖湿润气候，不抗寒，不耐热，也不耐旱。原产意大利、非洲南部和地中海沿岸，我国20世纪50年代引入。适宜在年降雨量600～1000 mm的长江中下游地区种植。

饲用价值 开花前植株幼嫩，适口性好，营养价值高，各家畜均喜食，适合放牧利用或青饲。开花后，茎秆老化，适口性下降，营养价值也下降，不利青饲，刈割晒制干草大畜仍然喜采食。其化学成分如下表。

绛三叶的化学成分（%）

样品情况	占干物质					钙	磷
	粗蛋白	粗脂肪	粗纤维	无氮浸出物	粗灰分		
孕蕾期 绝干	19.30	3.68	21.73	38.16	17.12	0.57	0.82
初花期 绝干	17.82	3.40	25.53	42.71	10.54	0.39	0.79

数据来源：《中国饲用植物》

营养期栽培群体

株丛

花序

开花期栽培群体

猪屎豆属
Crotalaria L.

猪屎豆 | *Crotalaria pallida* Ait.

形态特征 短期多年生草本。茎枝圆柱形，具小沟纹。托叶刚毛状，通常早落；三出复叶，柄长约4 cm；小叶长圆形，长3～6 cm，宽1.5～3 cm，先端钝圆，腹面无毛，背面略被短毛。总状花序顶生，长达40 cm，花多数；花萼近钟形，长约6 mm，5裂，密被短柔毛；花冠黄色，伸出萼外，旗瓣圆形，长约1 cm，翼瓣长圆形，长约8 mm，下部边缘具柔毛，龙骨瓣最长，约12 mm，具长喙，基部边缘具柔毛。荚果长圆形，长约3.5 cm，直径约8 mm，幼时被毛，成熟后脱落，果瓣开裂后扭转；具20～30种子。花果期7～12月。

生境与分布 喜热带、亚热带气候。常见于低海拔的荒山草地及沙质草地之中。西南、华南及华中常见，华东偶见。

饲用价值 生长快，产量高，植株幼嫩，羊有采食。因含有野百合碱，家畜过量采食后会引起肝中毒，一般不作全草青饲，可作添加利用。另外，现也有研究认为，猪屎豆不同种质资源中有毒生物碱的含量有差异，有些种质资源有毒生物碱含极低，不影响家畜采食。其化学成分如下表。

猪屎豆的化学成分（%）

样品情况	干物质	占干物质					钙	磷
		粗蛋白	粗脂肪	粗纤维	无氮浸出物	粗灰分		
营养期 鲜样	25.80	29.22	3.69	12.94	49.80	4.35	0.70	0.13

数据来源：中国热带农业科学院热带作物品种资源研究所

花序　花各部特写　成熟果荚

株丛
幼枝
幼果1
花序局部
幼果2
种子形态

圆叶猪屎豆 *Crotalaria incana* L.

形态特征 一年生草本，高达1 m，全株密被棕黄色短柔毛。托叶针形，长约3 mm，早落；三出复叶；小叶椭圆形，先端钝圆，具短尖头，基部近圆，长约3 cm，宽约2 cm，两面被毛。总状花序顶生或腋生，长约25 cm，花多数；花萼近钟形，长约7 mm，5裂，被柔毛；花冠黄色，伸出萼外，旗瓣椭圆形，长约1 cm，翼瓣长圆形，长约8 mm，龙骨瓣约与翼瓣等长。荚果长圆形，密被柔毛，长约3 cm；具20～30种子。花果期4～12月。

生境与分布 喜湿热气候。常见于低海拔旷野荒地及田园路旁。原产美洲；现广布亚洲及非洲。江苏、安徽、浙江、广东、广西、海南及云南等有栽培，亦有野生居群。

饲用价值 生长速度快，栽种后3个月便开花结实，华南地区一年可繁育3茬，草产量高，饲用价值同猪屎豆。另外，本种结实率高，种子落粒性强，自然发芽率高，头茬成熟后自然落粒，遇雨水便发芽，可作果园绿肥。其化学成分如下表。

圆叶猪屎豆的化学成分（%）

样品情况	干物质	占干物质					钙	磷
		粗蛋白	粗脂肪	粗纤维	无氮浸出物	粗灰分		
营养期 干样	87.60	21.15	2.08	29.16	38.11	9.50	1.02	0.31

数据来源：中国热带农业科学院热带作物品种资源研究所

栽培群体

幼枝
叶片腹面
叶片背面
幼果
花序
成熟果荚
花序局部

三尖叶猪屎豆 *Crotalaria micans* Link

形态特征 多年生亚灌木。茎枝圆柱形。托叶线形，早落；叶三出，小叶椭圆形，长4～7 cm，宽2～4 cm。总状花序顶生，长10～30 cm，约20花；苞片细小，线形，早落；花萼近钟形，长约10 mm，5裂，密被锈色丝质柔毛；花冠黄色，伸出萼外，旗瓣圆形，长约1.5 cm，翼瓣长圆形，长约13 mm，龙骨瓣中部以上弯曲，长约10 mm。荚果长圆形，长约3 cm，直径约1 cm，幼时密被锈色柔毛，成熟后部分脱落。种子20～30，马蹄形，成熟时黑色或黄色，光滑。花果期4～12月。

生境与分布 喜生于低海拔路边草地或山坡草丛中。原产美洲；现广布非洲、亚洲热带及亚热带地区。福建、江西、广东、广西、海南及云南等有栽培。

饲用价值 茎叶柔嫩，牛、羊喜采食，可刈割青饲，也可晒制干草，本种也可与禾本科牧草搭配加工颗粒饲料投喂食草鱼类。其化学成分如下表。

三尖叶猪屎豆的化学成分（%）

样品情况	干物质	占干物质					钙	磷
		粗蛋白	粗脂肪	粗纤维	无氮浸出物	粗灰分		
营养期茎叶 鲜样	24.30	24.24	3.81	9.77	56.67	4.59	0.79	0.25

数据来源：中国热带农业科学院热带作物品种资源研究所

花序 叶片腹面 叶片背面

营养期植株

植株基部茎秆

苞片

示种子着生

幼荚

成熟果荚

种子

光萼猪屎豆 *Crotalaria trichotoma* Bojer

形态特征 一年生草本。茎圆柱形，具小沟纹，被短柔毛。叶三出，小叶长椭圆形，两端渐尖，长4～10 cm，宽约2 cm，腹面光滑无毛，背面被短柔毛。总状花序顶生，花序长达20 cm；苞片线形，长约2 mm；花萼长约5 mm，5裂；花冠黄色，伸出萼外，旗瓣圆形，翼瓣长圆形，约与旗瓣等长，龙骨瓣最长，约1.5 cm。荚果长圆柱形，长约3.5 cm，幼时被毛，成熟后脱落，果皮常呈黑色。种子20～30，肾形，成熟时朱红色。花果期4～12月。

生境与分布 喜热带、亚热带气候。多生于低海拔的田园路边及荒山草地。原产南美洲；现非洲、亚洲、大洋洲及美洲的热带、亚热带广布。福建、湖南、广东、海南、广西、四川、云南等有分布。

饲用价值 牛、羊有采食，属良等饲用植物。

株丛

花序

植株叶片

花序局部

植株基部分枝

成熟果荚

幼荚

种子

西非猪屎豆 *Crotalaria goreensis* Guill. et Perr.

形态特征 一年生直立草本，高达80 cm，基部多分枝。叶互生，三出复叶；小叶狭倒披针形或倒卵形，长3～5 cm，宽约2 cm，腹面无毛或疏生贴伏短柔毛，背面薄贴伏短柔毛；叶柄长3.5～6.5 cm；托叶半月形，长1～2.5 cm，宽3～9 mm，渐尖。总状花序长达25 cm；苞片钻形或丝状，长约 mm，早落；花萼长约5 mm；花冠长约1 cm，黄色，常带有橙色或红棕色。荚果近无梗，长约1.5 cm，具短柔毛。种子肾形，长约4 mm，呈橙黄色。

生境与分布 喜热带气候。原产非洲；现广泛分布于亚洲及美洲的热带地区。海南和台湾有归化分布。

饲用价值 植株生长快，叶量丰富，茎部幼嫩，适口性高于同属的猪屎豆，饲用价值高，在原产国是重要的豆科牧草，牛、羊喜采食。

幼荚
花萼特写
小叶背面
种子形态

嫩枝
花
托叶
叶片腹面
株丛
叶片背面

长喙野百合 *Crotalaria longirostrata* Hook. et Arn.

形态特征 一年生草本。茎圆柱形，稍具棱，基部常为紫色，幼枝被短柔毛。叶互生，三出复叶；小叶椭圆形，长3～5 cm，宽约2 cm，中脉两侧各有7～12脉，腹面无毛，背面贴生短柔毛，先端圆形，基部楔形；托叶线形，长约4 mm。总状花序顶生，长可达35 cm，花多数；花萼贴生短柔毛，萼管长约5 mm，裂片长约5 mm；旗瓣黄色或黄绿色，长约1.5 cm，椭圆形，翼瓣椭圆形，长约1 cm，龙骨瓣具扭曲延长的喙，边缘具纤毛。荚果成熟时褐色，长约2 cm，密被刺状毛及短柔毛；每荚具10～16种子。种子棕褐色至褐色或黄色，长约3 mm。花果期3～12月。

生境与分布 喜热带气候。原产墨西哥及中美洲；现美洲、亚洲及南太平洋等热带国家广泛分布。海南东方等地有野生归化种群。

利用价值 长喙野百合在墨西哥及中美洲国家是重要的栽培蔬菜，西班牙语名为Chipilín，食用部位是嫩茎叶及花朵。长喙野百合的刈割性能好，生长恢复快，水肥条件好的情况下，刈割周期为35天；适口性好、营养价值高，各类家畜均喜食，可刈割青饲，也可调制干草，是重要的热带豆科牧草资源，属优等牧草，其化学成分如下表。

长喙野百合的化学成分（%）

样品情况	干物质	占干物质					钙	磷
		粗蛋白	粗脂肪	粗纤维	无氮浸出物	粗灰分		
嫩茎叶 鲜样	22.00	30.16	2.69	21.80	37.90	7.45	0.47	0.31
叶片 鲜样	14.12	36.81	3.47	11.25	41.92	6.55	0.41	0.33

数据来源：中国热带农业科学院热带作物品种资源研究所

栽培群体

植株基部分枝 嫩茎叶 幼荚 花特写 花序 叶片腹面 叶片背面 茎色及托叶

凹叶野百合 *Crotalaria retusa* L.

形态特征 一年生直立草本。茎枝圆柱形，具浅小沟纹，被短柔毛。托叶钻状，长约1 mm；单叶，叶片长圆形，长3～10 cm，宽约3 cm，腹面无毛，背面略被短柔毛。总状花序顶生，有10～20花；花萼二唇形，长约1.2 cm；花冠黄色，旗瓣圆形，长约1.7 cm，翼瓣长圆形，长约1.5 cm，龙骨瓣约与翼瓣等长，中部以上变狭形成长喙，伸出萼外。荚果长圆形，长约3 cm，无毛；具10～20种子。花果期5～12月。

生境与分布 喜热带、亚热带气候。多生于荒山草地及海滨沙质草地。海南、广东、广西有分布。

饲用价值 营养价值高，但带有气味，青饲家畜不乐采食，调制干草后适口性明显改善，各家畜喜食。

植株

花序

花

幼枝
小苞片及花萼
果序
叶片背面
叶片腹面
示种子着生
种子

长果猪屎豆 *Crotalaria ochroleuca* G. Don

形态特征 直立草本，株高约80 cm。三出复叶，小叶线形或线状披针形，长3～9 cm，宽约1 cm，两面无毛或被极稀疏的短柔毛。总状花序顶生，长达20 cm，有10～40花；花梗长3～5 mm；花萼近钟形，长约3 mm，5裂，萼齿三角形，被短柔毛，较萼筒稍短；花冠黄色，远伸出萼外，旗瓣圆形，直径约1 cm，基部具2胼胝体，翼瓣长圆形，长约1 cm，基部边缘被柔毛，龙骨瓣与翼瓣等长，中部以上弯曲。荚果长圆柱形，长约3 cm，成熟后果皮黑色；种子多数。花果期8～11月前后。

生境与分布 喜热带气候。原产非洲；现世界热带广布。海南、广东、广西及云南有分布，为偶见种。

饲用价值 饲用价值与光萼猪屎豆接近。

叶片 幼荚 花序

植株

多疣猪屎豆 | *Crotalaria verrucosa* L.

形态特征　一年生直立草本。茎四棱形。托叶叶状，半月形，长约1 cm；单叶互生，叶片薄膜质，卵状长圆形，先端渐尖，基部阔楔形，长5～10 cm，宽3～5 cm，腹面近无毛，背面密被锈色短柔毛。总状花序顶生或腋生；花梗长约3 mm；花萼近钟形，长约10 mm；花冠紫蓝色，旗瓣圆形，长约1.5 cm，翼瓣长圆形，长约1.5 cm，龙骨瓣与翼瓣等长，伸出萼外。荚果长圆形，被短柔毛，长约3 cm；具10～12种子。花果期7～12月。

生境与分布　喜热带、亚热带气候。生于低海拔的荒山草地或山坡疏林下。非洲及亚洲的热带、亚热带地区分布较广。广东及海南有分布。

饲用价值　饲用价值与同属的猪屎豆、光萼猪屎豆等相似，羊有采食。

植株

叶片
花序
四棱状茎
托叶
幼荚

翅托叶猪屎豆 | *Crotalaria alata* Buch.-Ham. ex D. Don

形态特征　一年生直立草本。托叶下延至另一茎节而成翅状；单叶，倒卵状椭圆形，长3～8 cm，宽约2.5 cm，先端钝或圆，具细小的短尖头，基部渐尖或略楔形，两面被毛。总状花序顶生或腋生，有2～3花；花萼二唇形，长约10 mm，萼齿披针形，先端渐尖；花冠黄色，旗瓣倒卵状圆形，长约8 mm，翼瓣长圆形，比旗瓣稍短，龙骨瓣卵形，具长喙；子房无毛。荚果长圆形，长约3 cm，无毛或被稀疏的短柔毛，先端具稍弯曲的喙；具30～40种子。花果期6～12月。

生境与分布　生于低海拔的荒山草地中。福建、广东、海南、广西、四川及云南均有分布。

饲用价值　茎叶柔嫩，羊喜食，其化学成分如下表。

翅托叶猪屎豆的化学成分（%）

样品情况	干物质	占干物质					钙	磷
		粗蛋白	粗脂肪	粗纤维	无氮浸出物	粗灰分		
营养期茎叶　鲜样	18.40	15.63	0.97	19.67	49.26	14.48	2.22	0.27

数据来源：中国热带农业科学院热带作物品种资源研究所

植株

茎叶局部
叶片
幼荚
翅状托叶

大托叶猪屎豆 | *Crotalaria spectabilis* Roth

形态特征　一年生直立草本。托叶卵状三角形，长约1 cm；单叶，叶片质薄，长椭圆形，长5～15 cm，宽2～5 cm，腹面无毛，背面被短柔毛。总状花序顶生或腋生，花多数；花萼二唇形，长约1.5 cm；花冠淡黄色，旗瓣长圆形，长约2 cm，先端钝，翼瓣倒卵形，长约2 cm，龙骨瓣极弯曲，中部以上变狭形成长喙，下部边缘具白色柔毛。荚果长圆形，长约3 cm，无毛；具20～30种子。花果期6～12月。

生境与分布　喜热带、亚热带气候。生于低海拔的田园路旁及荒山草地。江苏、安徽、浙江、江西、福建、湖南、广东、广西及海南等有分布。

利用价值　植株幼嫩，但有特殊气味，多数家畜少采食，只有山羊采食。植株水分含量较高，木质纤维含量少，刈割或枯死后极易腐化，适于作绿肥。

株丛局部　幼荚　成熟果荚

栽培群体
花期植株
花序
苞片
托叶
种子

长托叶猪屎豆 *Crotalaria stipularia* Desv.

形态特征　一年生草本，高约60 cm。茎直立或斜展，被棕黄色短柔毛。托叶下延至另一茎节而呈翅状，顶部两侧向上延伸呈角状，两面疏被短伏毛；单叶，互生，叶片椭圆形或卵圆形，长2～6 cm，宽1～3 cm，两面被毛，先端钝或渐尖，基部圆形。总状花序顶生或腋生，具2～10花；苞片披针形，小苞片与苞片同型，生于萼筒基部；花萼长约1 cm，密被长柔毛，深裂，裂片5；花冠黄色，旗瓣长椭圆形，翼瓣长圆形，龙骨瓣与翼瓣等长。荚果长圆形，无毛，长约3 cm；具20～30种子。花果期7～9月。

生境与分布　喜热带、亚热带气候。生于低海拔的荒地路旁及山谷草地。原产非洲；我国海南东方有归化种。

饲用价值　牛、羊喜采食，属中等饲用植物。

成熟果荚

嫩荚

叶片及托叶

植株

大猪屎豆 *Crotalaria assamica* Benth.

形态特征 短期多年生直立草本。茎圆柱形，被锈色柔毛。托叶细小，线形，贴伏于叶柄两旁；单叶，叶片质薄，长椭圆形，长约12 cm，宽2～5 cm，腹面无毛，背面被锈色短柔毛。总状花序顶生或腋生，有20～30花；苞片线形，长约3 mm，小苞片与苞片的形状相似；花萼二唇形，长约1.5 cm；花冠黄色，旗瓣圆形，长约2 cm，翼瓣长圆形，长约1.5 cm，龙骨瓣弯曲与翼瓣近等长，中部以上变狭形成长喙。荚果长圆形，长约4 cm，直径约1.5 cm；具20～30种子。花果期5～12月。

生境与分布 喜热带、亚热带气候。生于低海拔的山坡草地及山谷草丛中。广东、海南、广西、贵州及云南等常见。

饲用价值 山羊采食，牛少食，属中等饲用植物。

幼株及生境
叶片
株丛

嫩枝
植株局部
花序
叶片腹面
老茎形态
叶片背面
幼荚
种子

菽麻 *Crotalaria juncea* L.

形态特征 一年生或多年生直立草本。茎枝圆柱形，具小沟纹，密被丝质短柔毛。托叶细小，线形，长约2 mm；单叶，叶片长圆状线形，长5～10 cm，宽约2 cm，两面均被毛。总状花序顶生或腋生；苞片细小，披针形，长约4 mm，密被短柔毛；花萼长约1.5 cm，被锈色长柔毛；花冠黄色，旗瓣长圆形，长约2 cm，翼瓣倒卵状长圆形，长约1.5 cm，龙骨瓣与翼瓣近等长，中部以上变狭成长喙，伸出萼外。荚果长圆形，长约3 cm，密被锈色柔毛；具10～15种子。花果期5～12月。

生境与分布 原产印度；现广泛栽培或逸生于亚洲、非洲、大洋洲、美洲热带和亚热带。华南及西南均有栽培，亦有逸为野生者。

饲用价值 猪、牛、兔、马乐食其幼株。通常为青饲，也可晒制干草，一般在现蕾时先割一次，留茬20 cm，再生后至花期再割一次，年均鲜草产量约为45 000 kg/hm^2。其化学成分如下表。

菽麻的化学成分（%）

样品情况	干物质	占干物质					钙	磷
		粗蛋白	粗脂肪	粗纤维	无氮浸出物	粗灰分		
营养期 干样	90.17	16.74	2.87	28.95	38.92	12.52	0.86	0.17

数据来源：中国热带农业科学院热带作物品种资源研究所

株丛局部

花序

植株局部

果荚特写

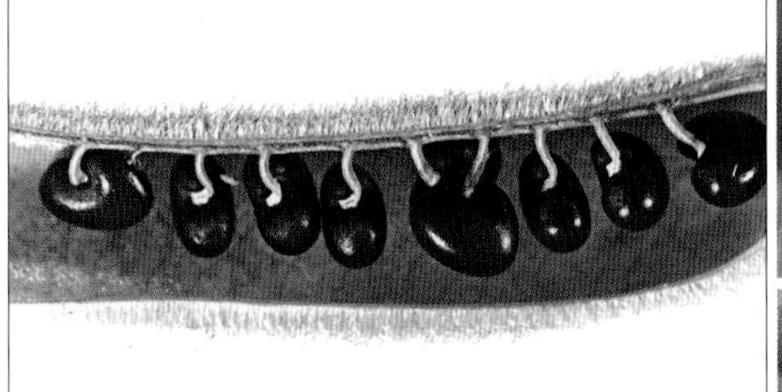
示种子着生

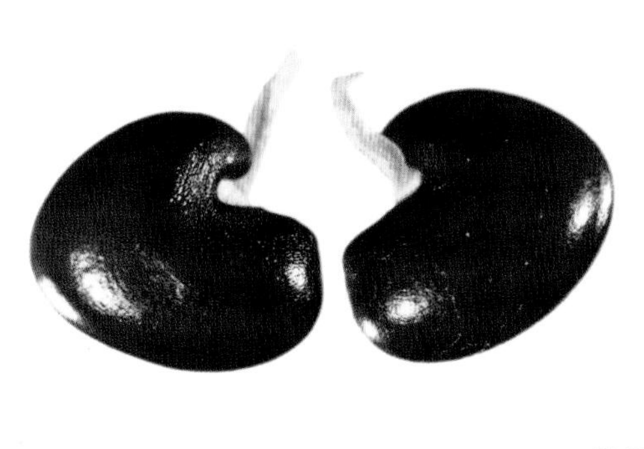
种子

幼荚

四棱猪屎豆 *Crotalaria tetragona* Roxb. ex Andr.

形态特征 多年生草本。茎四棱形，被短柔毛。托叶线形，长约5 mm；单叶，叶长圆状线形，长10～20 cm，宽约2 cm，两面被毛。总状花序顶生或腋生；苞片披针形，长约5 mm；花梗长约1.5 cm；花萼二唇形，长约2 cm；花冠黄色，旗瓣圆形，长约2.5 cm，翼瓣长椭圆形，长约2 cm，龙骨瓣与旗瓣等长，具喙；子房无柄。荚果长圆形，长约4 cm，密被棕黄色绒毛；具10～20种子。花果期7～12月。

生境与分布 喜热带、亚热带气候。生于低海拔的山坡路旁及疏林边。广东、广西、四川、云南等有分布。

饲用价值 牛、羊采食，属中等饲用植物。

植株局部

种子

幼荚

四棱形茎

植株及生境
花序及花萼
花特写
叶片腹面
叶片背面

假地蓝 *Crotalaria ferruginea* Grah. ex Benth.

形态特征 一年生草本。茎多分枝，被长柔毛。托叶披针形，长约5 mm；单叶，叶椭圆形，长2～6 cm，宽约2 cm，两面被毛。总状花序顶生或腋生，有2～6花；苞片披针形，长约4 mm；花梗长约3 mm；花萼二唇形，长约1 cm，密被长柔毛；花冠黄色，旗瓣长椭圆形，长约1 cm，翼瓣长圆形，长约8 mm，龙骨瓣与翼瓣等长。荚果长圆形，无毛，长约2 cm；具20～30种子。花果期6～12月。

生境与分布 喜热带、亚热带气候。生于山坡疏林及荒山草地。长江以南均有分布。

饲用价值 牛、羊采食其嫩茎叶。其化学成分如下表。

假地蓝的化学成分（%）

样品情况	干物质	占干物质					钙	磷
		粗蛋白	粗脂肪	粗纤维	无氮浸出物	粗灰分		
营养期茎叶 鲜样[1]	17.00	15.13	2.16	20.15	52.76	9.80	13.36	0.25
开花期茎叶 鲜样[1]	18.10	11.28	2.40	24.12	53.66	8.54	1.72	0.29
结荚期茎叶 鲜样[1]	20.20	11.13	2.95	29.42	46.30	10.20	1.50	0.35
初花期茎叶 干样[2]	94.18	17.56	4.42	27.87	41.86	8.29	1.74	0.20

数据来源：1. 中国热带农业科学院热带作物品种资源研究所；2. 湖北省农业科学院畜牧兽医研究所

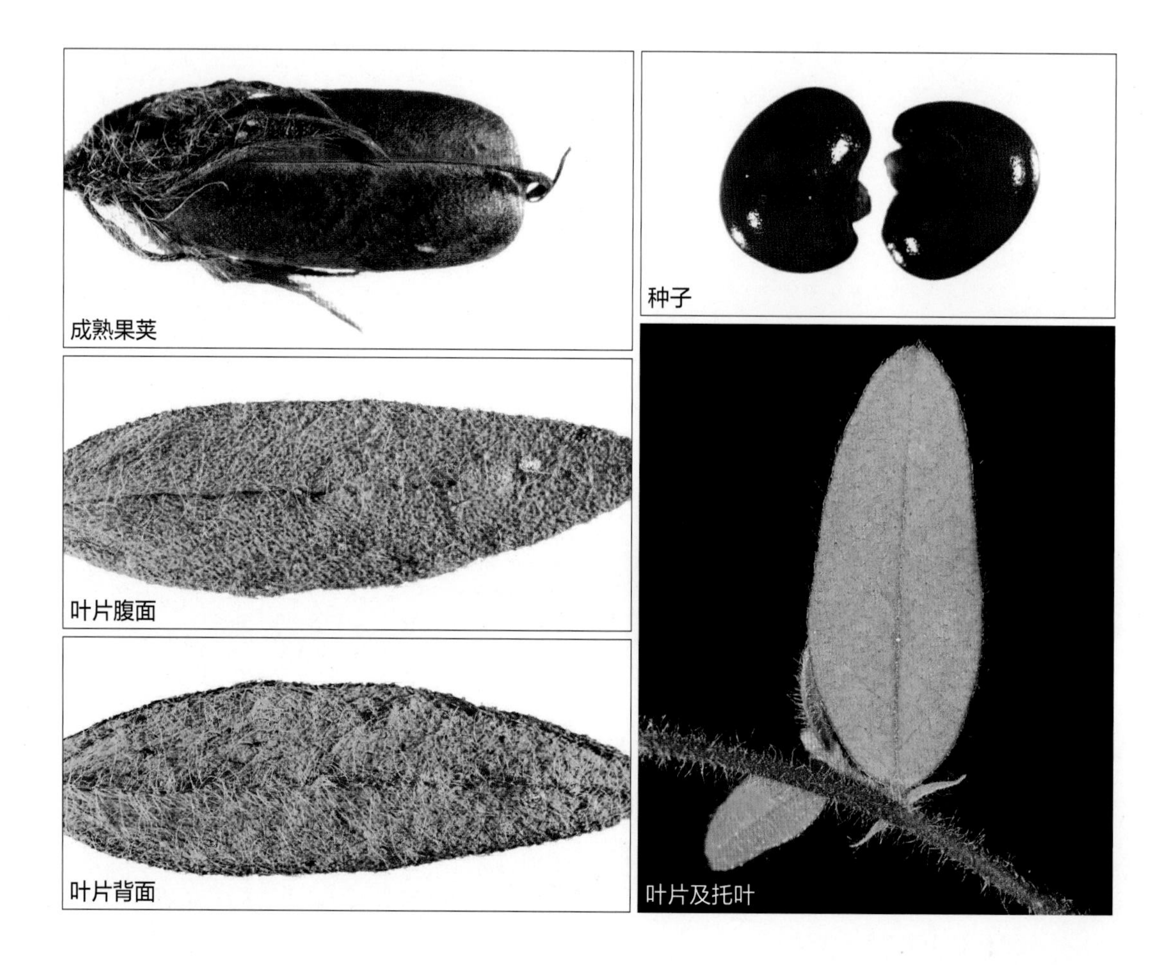

成熟果荚

种子

叶片腹面

叶片背面

叶片及托叶

株丛
托叶
植株
果荚及茎部绒毛
生境及结荚期株丛
花

长萼猪屎豆 *Crotalaria calycina* Schrank

形态特征 一年生直立草本。茎圆柱形，密被长柔毛。托叶丝状，长约1 mm；单叶，长圆状线形，长3～8 cm，宽约1.5 cm，腹面沿中脉有毛，背面密被长柔毛。总状花序顶生；花萼二唇形，长约2.5 cm，深裂，萼齿披针形，外面密被棕褐色长柔毛；花冠黄色，全部包被萼内，旗瓣倒卵圆形，长约2 cm，先端或上面靠上方有微柔毛，翼瓣长椭圆形，约与旗瓣等长，龙骨瓣近直生，具长喙。荚果圆形，成熟后黑色，长约1.5 cm，无毛；具20～30种子。花果期6～12月。

生境与分布 生于山坡疏林及荒地路旁。福建、广东、海南、广西、云南等有分布。

饲用价值 通常伴生于草地中，植株个体较小，牛和羊有采食。

株丛及生境

示萼片褐色长柔毛

果荚

茎叶局部

花序

种子

响铃豆 *Crotalaria albida* Heyne ex Roth

形态特征　多年生直立草本，基部常木质，被紧贴的短柔毛。托叶细小，刚毛状，早落；单叶，长圆状椭圆形，长1～2.5 cm，宽约7 mm，腹面绿色近无毛，背面灰色被短柔毛。总状花序顶生或腋生，长达20 cm；花萼二唇形，长约7 mm，深裂；花冠黄色，旗瓣椭圆形，长约8 mm，翼瓣长圆形，约与旗瓣等长，龙骨瓣弯曲，中部以上变狭形成长喙。荚果短圆柱形，长约10 mm，无毛，稍伸出萼外；具6～12种子。花果期5～12月。

生境与分布　喜向阳干燥的生境。生于低海拔荒山草坡。长江以南均有分布。

饲用价值　牛和羊乐食，属良等饲用植物，其化学成分如下表。

响铃豆的化学成分（%）

样品情况	干物质	占干物质					钙	磷
		粗蛋白	粗脂肪	粗纤维	无氮浸出物	粗灰分		
营养期　干样	89.80	19.85	2.36	33.25	34.39	10.15	0.85	0.55

数据来源：贵州省草业研究所

果荚　种子　幼果　花　叶片

植株
株丛
植株上部分枝
花序

假苜蓿 *Crotalaria medicaginea* Lamk.

形态特征　一年生散生草本。茎及分枝细弱，多分枝，被紧贴短柔毛。托叶丝状，长约2 mm；三出复叶，小叶倒披针形，长约1.2 cm，宽约5 mm，腹面无毛，背面密被短柔毛。总状花序顶生或腋生，有花数朵；花萼近钟形，长约2 mm，略被短柔毛；花冠黄色，旗瓣椭圆形，长约4 mm，先端被微柔毛，翼瓣长圆形，长约3 mm，龙骨瓣约与旗瓣等长；荚果圆球形，先端具短喙，直径约4 mm，被微柔毛；具2种子。花果期8～12月。

生境与分布　喜干热气候。生于荒地或干旱山坡。四川、广东、广西及云南有分布。

饲用价值　牛和羊喜食，属良等饲用植物，其化学成分如下表。

假苜蓿的化学成分（%）

样品情况	干物质	占干物质					钙	磷
		粗蛋白	粗脂肪	粗纤维	无氮浸出物	粗灰分		
营养期　干样	90.80	20.25	1.45	29.25	37.90	11.15	0.65	0.35

数据来源：贵州省草业研究所

植株分枝　幼果及茎部特征　成熟果荚　植株及生境　根系

球果猪屎豆 *Crotalaria uncinella* Lamk.

形态特征　多年生草本。茎枝圆柱形。三出复叶；小叶椭圆形，长1～2 cm，宽1～1.5 cm，腹面无毛，背面被短柔毛。总状花序顶生，腋生或与叶对生，有10～30花；苞片极小；花萼近钟形，长3～4 mm，密被短柔毛；花冠黄色，伸出萼外，旗瓣圆形，长约5 mm，翼瓣长圆形，约与旗瓣等长，龙骨瓣长于旗瓣，弯曲，具长喙；子房无柄，荚果卵球形，长约5 mm，被短柔毛。种子2，成熟后朱红色。花果期8～12月。

生境与分布　喜热带气候。生于干热的山坡草地或海滨稀树灌丛间。广东、海南、广西有分布。

饲用价值　牛和羊采食，属中等饲用植物。

托叶 叶片腹面 叶片背面

果荚

花序

营养期株丛

花期株丛

植株基部

植株分枝

紫花野百合 *Crotalaria sessiliflora* L.

形态特征 直立草本，基部常木质。托叶线形，宿存或早落；单叶，线状披针形，两端渐尖，长3～8 cm，宽约8 mm，腹面近无毛，背面密被丝质短柔毛。总状花序顶生或腋生；苞片线状披针形，长4～6 mm，小苞片与苞片同形，成对生于萼筒基部；花梗短，长约2 mm；花萼二唇形，长约1.2 cm，被棕褐色长柔毛，萼齿阔披针形，先端渐尖；花冠紫蓝色，包被于萼内，旗瓣长圆形，长约8 mm，先端钝或凹，基部具2胼胝体，翼瓣长圆形或披针状长圆形，约与旗瓣等长，龙骨瓣中部以上变狭，形成长喙；子房无柄。荚果短圆柱形，长约10 mm，苞被于萼内；具10～15种子。花果期5月至翌年2月。

生境与分布 喜热带、亚热带气候。生于低海拔的荒地路旁及山谷草地。华南、华中及西南均有分布。

饲用价值 山羊喜采食，属中等饲用植物。

株丛
种子
成熟果荚
蕾期花序（示花萼特征）

叶片

花序

叶片背面

矮猪屎豆 *Crotalaria pumila* Ort.

形态特征 多年生草本，高约40 cm，分枝多。茎斜升或直立，光滑，呈紫色，初时疏被短伏毛；羽状三出复叶，互生，长约2.5 cm，腹面无毛或疏被短伏毛，背面甚密；顶生小叶长圆形，长约2 cm，宽约6 mm，腹面绿色，背面灰白色；侧生小叶较小，卵圆形，顶端微凹。总状花序顶生或腋生，长约7 cm，顶部具1～10花，排列稀疏；苞片和小苞片相似，细小，线形，小苞片生于萼筒基部；花萼近钟形，长约5 mm，被短伏毛，5裂，萼齿三角形，与萼筒等长；花冠淡黄色，伸出萼外，旗瓣长圆形，基部具胼胝体2枚，翼瓣倒卵形，龙骨瓣中部以上变狭，呈喙状。荚果长圆形，长约2 cm，被稀疏短毛，成熟时膨大；具20～30种子。花果期8～10月。

生境与分布 喜热带、亚热带气候。生于低海拔的荒地路旁及山谷草地。原产非洲；我国有引种栽培。

饲用价值 山羊喜采食，属中等饲用植物。

枝叶局部 花序

植株
叶片腹面
叶片背面

扇叶猪屎豆 *Crotalaria grahamiana* Wight et Arn.

形态特征 一年生直立草本。茎中空，有棱，被短绒毛。叶掌状，具5～7小叶；小叶倒披针形，中间小叶较长，长约4 cm，宽约6 mm，腹面无毛，背面被伏毛，侧生小叶稍小。总状花序顶生；苞片线状披针形，长约1 cm；花萼长约1.2 cm，裂片卵形三角形；旗瓣椭圆状倒卵形，黄色；翼瓣长圆形，长于龙骨瓣；龙骨瓣圆形，顶部具喙；雄蕊二体。荚果圆柱形，光滑无毛，长约3.5 cm，宽约8 mm，先端具短喙，成熟后横脉明显。种子20～30，肾形，成熟时黄褐色，光滑。花果期9～12月。

生境与分布 喜干热气候。生于沿海沙质草地。原产印度；中国海南发现新归化居群。

利用价值 在印度及马达加斯加等地作绿肥用。

植株

叶片腹面 叶片背面

花 幼荚 成熟果荚

花序 种子形态

野决明属
Thermopsis R. Br.

矮生野决明 | *Thermopsis smithiana* Pet.-Stib.

形态特征 多年生草本。根状茎匍匐。茎被白色长柔毛，四棱，基部具关节。三出掌状复叶；托叶叶状，长约1.5 cm，宽约7 mm；小叶狭椭圆形，长约1.5 cm，宽约7 mm，背面被白色长柔毛。总状花序顶生，短缩；花3轮生，长约2 cm；花梗短；苞片阔卵形；萼近二唇形，长约1.5 cm；花冠鲜黄色，旗瓣近圆形，长约2 cm，基部渐狭至长瓣柄，瓣柄长7 mm，翼瓣和龙骨瓣等宽，长与旗瓣相等。荚果长圆形或倒卵形，长3～5 cm，宽约2 cm，先端圆钝，具短尖头，基部渐狭，膜质，被白色伸展长柔毛。种子椭圆形，暗红色，长约7 mm，宽约5 mm。花果期6～8月。

生境与分布 喜冷凉气候。生于海拔5000 m左右的高山草甸。四川西部及云南西北部有分布。

饲用价值 属中等饲用植物。

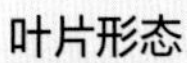
叶片形态

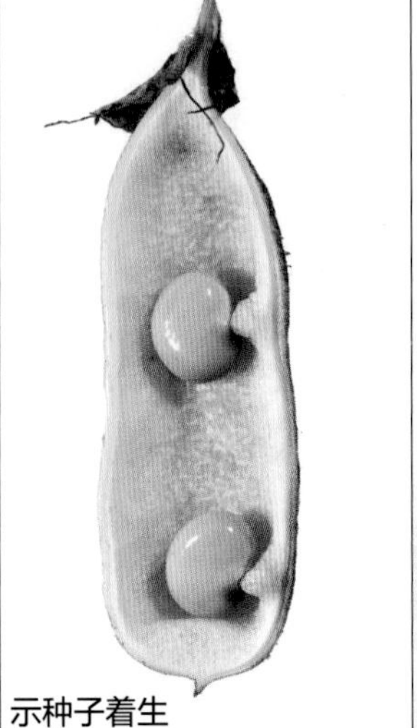
示种子着生

示果序着生

种子形态

果荚特写

株丛及生境

株丛特写

罗顿豆属
Lotononis (DC.) Eckl. et Zeyh

迈尔斯罗顿豆 *Lotononis bainesii* Baker 'Miles'

品种来源 中国农业科学院土壤肥料研究所祁阳红壤实验站申报，2001年通过全国草品种审定委员会审定，登记为引进品种；品种登记号223；申报者为文石林。

形态特征 多年生匍匐草本，草层高约60 cm。茎细长光滑。掌状三出复叶，偶有4叶或5叶；小叶长条形，顶端尖，基部略圆。总状花序，花密集成伞状，有8～23花；花梗长约15 cm，花黄色。荚果长条形，成熟时易裂荚。种子米色至黄色或品红色，椭圆形或不对称心形。

生物学特性 耐酸性瘦土、耐干旱和霜冻、稍耐阴。根系发达，根瘤多，固氮能力强。茎节着地生根，繁殖速度快，竞争能力强，能与多种禾本科牧草混播生长良好。

饲用价值 适口性极佳，猪、牛、羊、兔均喜食。

栽培要点 建植方式有直播和育苗移栽。直播建植草地最适播期为每年4月，播种量1.2～2.1 kg/hm^2，播前根瘤菌拌种，可撒播，播后不覆土，但最好用稻草或地膜覆盖以防雨水将种子淋入深层使土壤板结而影响出苗，播后8周生长迅速，当年主要是营养生长，开花结荚少。在红壤地种植，施尿素45 kg/hm^2、氯化钾165 kg/hm^{2}作基肥。育苗移栽适宜在3～4月，肥力较好地块按50 cm × 50 cm定植，肥力较差地块按30 cm × 30 cm定植，一般栽后一个月即可封行，当草层高于15 cm时，即可刈割利用。

群体

果序
荚果
种子形态
叶片及花序
匍匐茎及茎芽

主要参考文献

陈灵芝，孙航，郭柯．2014. 中国植物区系与植被地理 [M]. 北京：科学出版社

陈默君，贾慎修．2002. 中国饲用植物 [M]. 北京：中国农业出版社

陈咸吉．1982. 中国气候区划新探 [J]. 气象学报，40(1): 35-48

戴声佩，李海亮，刘海清，刘恩平．2012. 中国热区划分研究综述 [J]. 广东农业科学，39(23): 205-208

国家林业局野生动植物保护和自然保护区管理司，中国科学院植物研究所．2013. 中国珍稀濒危植物图鉴 [M]. 北京：中国林业出版社

国家牧草产业技术体系．2015. 中国栽培草地 [M]. 北京：科学出版社

胡自治．1997. 草原分类学概述 [M]. 北京：中国科学技术出版社

皇甫江云，毛凤显，卢欣石．2012. 中国西南地区的草地资源分析 [J]. 草业学报，21(1): 75-82

蒋凯文，潘勃，田斌．2019. 近年来中国国产豆科的属级分类学变动 [J]. 生物多样性，27(6), 689-697

廖国藩，贾幼陵．1996. 中国草地资源 [M]. 北京：中国科学技术出版社

刘国道．2010. 海南禾草志 [M]. 北京：科学出版社

刘起．1999. 中国草地资源生态经济价值的探讨 [J]. 四川草原，(4): 1-4

刘起．2015. 中国自然资源通典草地卷 [M]. 呼和浩特：内蒙古教育出版社

全国畜牧总站．2017. 中国草种质资源重点保护名录 [M]. 北京：中国农业出版社

任继周．2008. 草业大辞典 [M]. 北京：中国农业出版社

沈海花，朱言坤，赵霞，耿晓庆，高树琴，方精云．2016. 中国草地资源的现状分析 [J]. 科学通报，61(2): 139-154

苏大学．1994. 中国草地资源的区域分布与生产力结构 [J]. 草地学报，2(1): 71-77

苏大学．2013. 中国草地资源调查与地图编制 [M]. 北京：中国农业出版社

吴征镒，孙航，周浙昆，李德铢，彭华．2011. 中国种子植物区系地理 [J]. 生物多样性，19(1): 148

吴征镒，孙航，周浙昆，彭华，李德铢．2005. 中国植物区系中的特有性及其起源和分化 [J]. 云南植物研究，27(6): 577-604

吴征镒．1965. 中国植物区系的热带亲缘 [J]. 科学通报，(1): 25-33

吴征镒．1980. 中国植被 [M]. 北京：科学出版社

徐柱．1998. 面向 21 世纪的中国草地资源 [J]. 中国草地，(5): 2-9

杨勤业，郑度，吴绍洪．2006. 关于中国的亚热带 [J]. 亚热带资源与环境学报，1(1): 1-10

郑景云，尹云鹤，李炳元．2010. 中国气候区划新方案 [J]. 地理学报，65(1): 3-12

郑景云，卞娟娟，葛全胜，郝志新，尹云鹤，廖要明．2013. 1981 ～ 2010 年中国气候区划 [J]. 科学通

报 , 58(30): 3088-3099

中国科学院华南植物研究所 . 1965. 海南植物志 第 2 卷 [M]. 北京：科学出版社

中国科学院中国植物志编辑委员会 . 1993 ～ 1998. 中国植物志 第 40 卷～第 42 卷 [M]. 北京：科学出版社

中国南方草地牧草资源调查项目组 . 2019. 中国南方草地牧草资源调查执行规范 (2017—2022)[M]. 北京：科学出版社

中国饲用植物志编辑委员会 . 1987 ～ 1997. 中国饲用植物志 (第一卷～第六卷) [M]. 北京：农业出版社

中国自然资源丛书编撰委员会 . 1995. 中国自然资源丛书：草地卷 [M]. 北京：中国环境科学出版社

Egan AN, Pan B. 2015. Resolution of polyphyly in *Pueraria* (Leguminosae, Papilionoideae): the creation of two new genera, haymondia and toxicopueraria, the resurrection of neustanthus, and a new combination in teyleria[J]. Phytotaxa, 218(3): 201-226

Egan AN, Puttock C. 2016. *Toxicopueraria peduncularis* (Fabaceae), a new genus and species record for Thailand[J]. Thai Forest Bulletin (Botany), 44(1): 15-21

Egan AN, Vatanparast M, Cagle W. 2016. Parsing polyphyletic pueraria：delimiting distinct evolutionary lineages through phylogeny. Molecular Phylogenetics & Evolution[J], 104：44-59

Ohashl H, Ohash K, Nata K. 2017. *Harashuteria*, a new genus of Leguminosae (Fabaceae) subfam. Papilionoideae tribe Phaseoleae[J]. Taxonomy of Legumes, 92(1): 34-43

Pan B, Liu B, Yu ZX, Yang YQ. 2015. *Pueraria grandiflora* (Fabaceae), a new species from Southwest China. Phytotaxa, 203(3): 287-291

中文名索引

拉丁名索引

www.sciencep.com
(S-2049.01)
ISBN 978-7-03-070760-4
9 787030 707604 >
定价：848.00元